安全管理

（第二版）

饶国宁　娄　柏　主编

U0250565

教学课件

南京大学出版社

图书在版编目(CIP)数据

安全管理 / 饶国宁,娄柏主编. —2 版. —南京：
南京大学出版社,2021.1
ISBN 978 - 7 - 305 - 24187 - 1

Ⅰ. ①安… Ⅱ. ①饶… ②娄… Ⅲ. ①安全管理—教
材 Ⅳ. ①X92

中国版本图书馆 CIP 数据核字(2021)第 023315 号

出版发行　南京大学出版社
社　　址　南京市汉口路 22 号　　　　　邮　编　210093
出 版 人　金鑫荣

书　　名　安全管理
主　　编　饶国宁　娄　柏
责任编辑　刘　飞　　　　编辑热线　025 - 83686531

照　　排　南京南琳图文制作有限公司
印　　刷　南京京新印刷有限公司
开　　本　787×1092　1/16　印张 14.75　字数 350 千
版　　次　2021 年 1 月第 2 版　2021 年 1 月第 1 次印刷
ISBN 978 - 7 - 305 - 24187 - 1
定　　价　45.00 元

网址：http://www.njupco.com
官方微博：http://weibo.com/njupco
官方微信号：njupress
销售咨询热线：(025) 83594756

第二版前言

《安全管理》自 2010 年首次出版至今已经十年,先后被多所高校选用为安全工程专业教材,还成为众多大学图书馆馆配图书。本书在安全工程专业本科学生的培养过程中,取得了良好的教学效果,并在江苏省品牌专业建设中列为 MOOC 课程项目,本课程参与的教改项目还获得了教学成果特等奖。

21 世纪第二个十年,也是我国安全工程专业快速发展的十年。目前全国高等院校中开设安全工程专业的本科院校总数达 164 所,其中 40 所学校的安全工程专业通过了教育部主管、中国工程教育认证协会组织的工程教育认证。南京理工大学从 2011 年起,已经三次顺利通过认证和复评。本版教材的修订原则也正是以工程教育的理念为指导,希望融合安全管理的理论与工业界安全管理的实践,为此,以工程教育认证为契机,多次组织与工业界人士座谈,并将当前安全生产领域实践的新成果、新理念、新方法、新法规引入修订版;同时也希望培养的安全工程专业本科生不但具备坚实的理论知识和安全素养,并且在步入工业界后,能够与安全管理实践产生共鸣。

此次改版增加了本质安全化策略、HSE 管理体系、安全生产标准化、风险分级管控与隐患排查治理双重预防机制、上锁挂牌(LOTO)、变更管理(MOC)、作业许可管理(PTW)、工艺安全管理(PSM)等内容。根据 GB/T45001—2020 重新修编了职业健康安全管理体系(OHSMS);根据国务院机构改革,修编安全管理体制的内容;基于最新的法律、法规、标准,对第 3 章安全生产法律法规和第 7 章应急管理的内容进行增补和修订;删除了"0123"安全管理模式和生物节律管理等内容。本书的修订延续第 1 版的特点,一是面向工程实践,注重与工业界实践相结合,内容反映教育部正在推行的工程教育专业认证的思想;二是吸收新成果,将国内外企业实践中先进的安全管理思想、体系、方法和政策法规介绍给读者,内容丰富、知识新颖。

本次改版特邀请连云港市应急管理局娄柏先生参与编写,编写分工如下:第 1

章、第 2 章、第 5 章由饶国宁编写,第 3 章由娄柏编写,第 4 章、第 6 章、第 7 章由饶国宁、娄柏共同编写。南京理工大学化工学院安全工程系彭金华教授对全书进行了审订。

感谢本书第一版作者郭学永博士和陈网桦教授。在本次修编过程中,参考并吸取了许多专家、学者的研究成果,参阅了大量文献资料(包括电子文献),在此对原作者表示最真挚的谢意。感谢南京大学出版社蔡文彬主任多年来的支持和鼓励。

由于作者学识所限,书中难免出现疏漏和错误,敬请各位读者批评指正。

编　者

2020 年 8 月

目　录

1 概　论 ……………………………………………………………………… 1

  1.1 安全管理概述 ……………………………………………………… 1

    1.1.1 安全的定义及其相关概念 ……………………………………… 1

    1.1.2 管理的定义及其相关概念 ……………………………………… 5

    1.1.3 安全管理及基本概念 …………………………………………… 7

  1.2 安全管理的产生和发展 …………………………………………… 9

  1.3 与安全管理有关的学科体系 ……………………………………… 11

2 安全管理的基础理论 ……………………………………………………… 13

  2.1 管理理论概述 ……………………………………………………… 13

    2.1.1 X 理论 …………………………………………………………… 13

    2.1.2 参与管理理论 …………………………………………………… 13

    2.1.3 Y 理论 …………………………………………………………… 14

    2.1.4 权变理论 ………………………………………………………… 14

    2.1.5 超 Y 理论 ……………………………………………………… 15

  2.2 管理的原理和原则 ………………………………………………… 15

    2.2.1 系统原理 ………………………………………………………… 15

    2.2.2 人本原理 ………………………………………………………… 19

    2.2.3 弹性原理 ………………………………………………………… 21

  2.3 安全管理的原理和原则 …………………………………………… 21

    2.3.1 预防原理 ………………………………………………………… 21

    2.3.2 强制原理 ………………………………………………………… 27

  2.4 事故致因理论 ……………………………………………………… 29

    2.4.1 事故因果连锁理论 ……………………………………………… 29

    2.4.2 流行病学方法模型 ……………………………………………… 31

    2.4.3 能量意外转移理论 ……………………………………………… 32

    2.4.4 人-环匹配论 …………………………………………………… 34

    2.4.5 扰动起源事故模型——P 理论 ……………………………… 36

    2.4.6 轨迹交叉论 ……………………………………………………… 37

  2.5 行为科学的基本理论 ……………………………………………… 39

　　　2.5.1　Maslow 的需要层次论 ……………………………………………… 39

　　　2.5.2　双因素理论 …………………………………………………………… 40

　　　2.5.3　强化理论 ……………………………………………………………… 41

　　　2.5.4　挫折理论 ……………………………………………………………… 42

　　　2.5.5　期望理论 ……………………………………………………………… 44

　　　2.5.6　公平理论 ……………………………………………………………… 44

3　安全管理体制和法制 ………………………………………………………… 46

　3.1　安全生产的工作方针 …………………………………………………… 46

　　　3.1.1　安全生产方针的确立 ………………………………………………… 46

　　　3.1.2　安全生产方针的内涵 ………………………………………………… 47

　3.2　安全生产管理体制 ……………………………………………………… 50

　　　3.2.1　安全生产管理体制的发展历程 ……………………………………… 51

　　　3.2.2　安全生产管理体制的内涵 …………………………………………… 53

　　　3.2.3　"三必须"的管理原则 ……………………………………………… 54

　　　3.2.4　"三结合"的监督管理格局 ………………………………………… 55

　3.3　安全生产法律法规 ……………………………………………………… 57

　　　3.3.1　我国法的分类和效力 ………………………………………………… 57

　　　3.3.2　安全生产的法律法规体系 …………………………………………… 58

　　　3.3.3　安全生产法 …………………………………………………………… 61

　　　3.3.4　主要相关安全生产法律法规内容简介 ……………………………… 64

4　安全管理制度和体系 ………………………………………………………… 72

　4.1　安全管理制度 …………………………………………………………… 72

　　　4.1.1　安全生产责任制 ……………………………………………………… 72

　　　4.1.2　安全技术措施计划 …………………………………………………… 73

　　　4.1.3　安全教育制度 ………………………………………………………… 74

　　　4.1.4　安全检查制度 ………………………………………………………… 76

　　　4.1.5　"三同时"安全审查制度 …………………………………………… 78

　　　4.1.6　其他相关企业安全管理制度 ………………………………………… 81

　4.2　安全管理体系 …………………………………………………………… 82

　　　4.2.1　职业健康安全管理体系(OHSMS) ………………………………… 82

　　　4.2.2　健康、安全与环境管理体系(HSE) ……………………………… 89

　4.3　安全生产标准化 ………………………………………………………… 90

　　　4.3.1　安全生产标准化概述 ………………………………………………… 90

　　　4.3.2　安全生产标准化的特点 ……………………………………………… 91

4.3.3 安全生产标准化的基本原则 ……………………………… 91

4.3.4 安全生产标准化的构成要素 ……………………………… 92

4.3.5 风险分级管控与隐患排查治理双重预防机制 …………… 93

5　安全管理方法 …………………………………………………………… 96

5.1 安全文化 ……………………………………………………………… 97

5.1.1 安全文化的概念 ………………………………………… 97

5.1.2 安全文化的起源与发展 ………………………………… 98

5.1.3 安全文化的主要作用 …………………………………… 98

5.1.4 安全文化建设的层次理论 ……………………………… 99

5.1.5 企业安全文化的建设 …………………………………… 100

5.1.6 运用实例 ………………………………………………… 101

5.2 安全目标管理 ………………………………………………………… 103

5.2.1 概述 ……………………………………………………… 103

5.2.2 目标设置理论 …………………………………………… 104

5.2.3 安全目标管理的内容 …………………………………… 105

5.2.4 安全目标管理的作用 …………………………………… 108

5.3 安全决策 ……………………………………………………………… 110

5.3.1 概述 ……………………………………………………… 110

5.3.2 安全决策方法 …………………………………………… 110

5.4 安全培训观察程序(STOP) ………………………………………… 113

5.4.1 概述 ……………………………………………………… 113

5.4.2 安全培训观察程序的实施 ……………………………… 114

5.4.3 STOP 卡的运用技巧和注意事项 ……………………… 116

5.4.4 运用实例 ………………………………………………… 117

5.5 预知危险训练(KYT) ………………………………………………… 118

5.5.1 概述 ……………………………………………………… 118

5.5.2 预知危险训练的实施 …………………………………… 118

5.5.3 指认呼唤和指认唱和 …………………………………… 119

5.5.4 运用实例 ………………………………………………… 120

5.6 上锁挂牌管理(LOTO) ……………………………………………… 121

5.6.1 概述 ……………………………………………………… 121

5.6.2 上锁挂牌的作用 ………………………………………… 122

5.6.3 需要进行上锁挂牌的情景 ……………………………… 122

5.6.4 上锁挂牌的实施 ………………………………………… 122

5.6.5 沟通 ……………………………………………………… 125

　　　5.6.6　恢复 ……………………………………………………… 125
　5.7　工作安全分析(JSA) ………………………………………… 125
　　　5.7.1　概述 ……………………………………………………… 125
　　　5.7.2　工作安全分析的实施 ………………………………… 126
　　　5.7.3　工作安全分析的管理 ………………………………… 129
　5.8　作业许可管理(PTW) ………………………………………… 129
　　　5.8.1　概述 ……………………………………………………… 129
　　　5.8.2　作业许可的目的 ………………………………………… 130
　　　5.8.3　作业许可管理流程 ……………………………………… 130
　　　5.8.4　作业许可管理的注意事项 ……………………………… 134
　5.9　变更管理(MOC) ……………………………………………… 135
　　　5.9.1　概述 ……………………………………………………… 135
　　　5.9.2　变更和变更管理的定义 ………………………………… 135
　　　5.9.3　变更的分类 ……………………………………………… 135
　　　5.9.4　变更管理的分级 ………………………………………… 136
　　　5.9.5　变更管理的流程和步骤 ………………………………… 137
　5.10　"5S"管理 …………………………………………………… 138
　　　5.10.1　概述 …………………………………………………… 138
　　　5.10.2　"5S"管理内容 ……………………………………… 139
　　　5.10.3　目视管理在"5S"中的运用 ………………………… 140
　5.11　三级危险点管理 ……………………………………………… 142
　　　5.11.1　概述 …………………………………………………… 142
　　　5.11.2　三级危险点管理的特点 ……………………………… 143
　　　5.11.3　三级危险点管理的实施 ……………………………… 143
　5.12　工艺安全管理(PSM) ………………………………………… 145
　　　5.12.1　概述 …………………………………………………… 145
　　　5.12.2　工艺安全与作业安全的区别 ………………………… 147
　　　5.12.3　工艺安全管理的要素 ………………………………… 147

6　事故管理和统计 ……………………………………………………… 153
　6.1　概述 ……………………………………………………………… 153
　6.2　事故分类 ………………………………………………………… 154
　　　6.2.1　按人员伤亡或者直接经济损失分类 …………………… 154
　　　6.2.2　按事故类别分类 ………………………………………… 154
　　　6.2.3　按伤害程度分类 ………………………………………… 155
　6.3　事故报告 ………………………………………………………… 157

　　6.3.1　事故报告的程序 ……………………………………………… 157
　　6.3.2　报告事故的内容 ……………………………………………… 158
　　6.3.3　事故报告后采取的措施 ……………………………………… 158
　6.4　事故调查 …………………………………………………………… 159
　　6.4.1　事故调查的目的和作用 ……………………………………… 159
　　6.4.2　事故调查对象 ………………………………………………… 161
　　6.4.3　事故调查的原则和权限 ……………………………………… 161
　　6.4.4　事故调查组的组建和职责 …………………………………… 162
　　6.4.5　事故调查工作的程序和重点 ………………………………… 163
　　6.4.6　事故调查报告 ………………………………………………… 175
　　6.4.7　事故资料归档 ………………………………………………… 177
　6.5　事故分析 …………………………………………………………… 178
　　6.5.1　现场分析 ……………………………………………………… 178
　　6.5.2　事后深入分析 ………………………………………………… 179
　　6.5.3　原因分析 ……………………………………………………… 181
　　6.5.4　责任分析 ……………………………………………………… 182
　6.6　事故处理 …………………………………………………………… 183
　　6.6.1　事故处理的依据 ……………………………………………… 183
　　6.6.2　事故处理的内容 ……………………………………………… 183
　　6.6.3　事故处理的责任追究 ………………………………………… 184
　6.7　事故的统计和分析 ………………………………………………… 189
　　6.7.1　事故统计分析的目的和作用 ………………………………… 189
　　6.7.2　事故统计的指标体系 ………………………………………… 190
　　6.7.3　生产安全事故统计报表制度 ………………………………… 192
　　6.7.4　常用的伤亡事故统计分析方法 ……………………………… 193
　6.8　事故经济损失统计和计算 ………………………………………… 196
　　6.8.1　伤亡事故经济损失的定义 …………………………………… 196
　　6.8.2　经济损失的统计范围 ………………………………………… 196
　　6.8.3　伤亡事故经济损失计算方法 ………………………………… 197
　　6.8.4　伤亡事故经济损失的评价指标 ……………………………… 200

7　应急管理 ………………………………………………………………… 201
　7.1　概述 ………………………………………………………………… 201
　7.2　应急管理体系 ……………………………………………………… 202
　　7.2.1　应急管理的体制 ……………………………………………… 202
　　7.2.2　应急管理的机制 ……………………………………………… 204

　　　7.2.3　应急管理的法制 ……………………………………………………… 205
　7.3　应急预案 ………………………………………………………………… 207
　　　7.3.1　概述 …………………………………………………………………… 207
　　　7.3.2　应急预案的主要内容 …………………………………………………… 209
　　　7.3.3　应急预案的基本结构 …………………………………………………… 213
　　　7.3.4　应急预案的文件体系 …………………………………………………… 214
　　　7.3.5　应急预案的编制 ……………………………………………………… 215
　7.4　应急响应 ………………………………………………………………… 219
　　　7.4.1　应急响应分级 ………………………………………………………… 219
　　　7.4.2　应急响应程序 ………………………………………………………… 219
　7.5　应急演练 ………………………………………………………………… 221
　　　7.5.1　概述 …………………………………………………………………… 221
　　　7.5.2　应急演练基本流程 …………………………………………………… 222

参考文献 ……………………………………………………………………… 226

1 概 论

安全管理是安全科学的一个重要组成部分,并伴随现代安全科学于 20 世纪 30 年代迅速发展起来。其目标是减少和控制危险有害因素,尽量避免生产过程中的人身伤害、财产损失、环境污染以及其他损失,保障人民群众生命和财产安全,实现社会的安全发展。

安全管理既有一般管理科学的共性,又有安全科学的特殊规律、理论基础以及分析问题和解决问题的方法,涉及自然科学和社会科学两大领域的基础理论和技术,具有明显的边缘性和交叉性的特点。为了便于本书各章节的学习,首先介绍一下安全管理的有关概念和发展历程。

1.1 安全管理概述

1.1.1 安全的定义及其相关概念

1.1.1.1 安全和本质安全

安全(safety),顾名思义,"无危为安,无损为全",即意味着没有危险且尽善尽美。现代汉语词典将"安全"定义为"没有危险,不受威胁,不出事故"。这是与人们传统的安全观念相吻合的。然而现实中没有危险的状态是不存在的,随着人们对安全问题的研究不断深入,人们对安全的概念有了更深的理解,国内外学者从不同的角度给它下了各种定义。

其一,安全是指客观事物的危险程度能够为人们普遍接受的状态。

该定义从安全的相对性及安全与危险之间的辩证关系出发,指出了安全与危险不是互不相容的。当系统的危险性降低到某种程度时,该系统便是安全的,而这种程度即为人们普遍接受的状态。

人们常把危险程度分为高、中、低三个档次。发生事故可能性大且后果严重的为危险程度高;一般情况为危险程度中等;发生事故可能性小且事故后果不严重者为危险程度低。当客观事物状态处于高危险程度时,人们是不能接受的,是危险的;处于中等危险程度和低危险程度时,人们往往是可以接受的,是安全的。高危险程度为危险范围,中等及其以下危险程度为安全范围。

例如,骑自行车的人不戴头盔并非没有头部受伤的危险,只是人们普遍接受了该危险发生的可能性;而对于骑摩托车,交通法规明确规定骑乘者必须戴头盔,是因为发生事故的严重性和可能性都难以接受;自行车赛车运动员必须戴头盔,也是国际自行车联合会在经历一系列的事故及伤害之后所做出的规定。可以看出,同样是骑车,要求却不一样,体现了安全与危险的相对性。

其二,安全是指没有引起死亡、伤害、职业病或财产、设备的损坏(损失)或环境危害的条件。

　　这是最具有代表性且被广泛引用的一种传统说法,此定义来自美国军用标准《系统安全大纲要求》(MIL-STD-882C)。该标准是美国军方与军品生产企业签订定购合同时,约束企业保证产品整个寿命周期安全性的纲领性文件,也是系统安全管理基本思想的典型代表。从 1964 年问世以来,该标准历经 882、882A、882B、882C、882D 若干个版本,对安全的定义也从开始时仅仅关注人身伤害,进而到关注职业病,财产或设备的损坏、损失直至环境危害,体现了人们对安全问题的认识不断深化的过程,也从一个角度说明了人类对安全问题研究的不断扩展。

　　其三,安全是指不因人、机、媒介的相互作用而导致系统损失、人员伤害、任务受影响或造成时间的损失。

　　可以看出,第三种说法又进一步把安全的概念扩展到了任务受影响或时间损失,这意味着系统即使没有遭受直接的损失,也可能是安全科学关注的范畴。

　　综上所述,随着人们认识的不断深入,安全的概念已不限于传统的职业伤害或疾病,也并非仅仅存在于企业生产过程之中。近年来,安全学界和实践界普遍认为,大安全时代已经到来。所谓"大安全"(也称为"人类安全"),是指以人为核心的所有安全问题,是指最普遍、最广义意义上的安全,其关注的是所有可能对人造成各种威胁或伤害的不安全因素,是高度综合性的安全。大安全观是近年来逐渐形成的现代安全科学研究与实践的新的哲学观。强调要从"局部安全"认识上升至"总体(全面)安全"认识。大安全概念大幅拓展了传统安全概念的外延、领域和对象主体,体现了安全科学研究实践的大趋势。

　　本质安全的理念产生于第二次世界大战之后,自 20 世纪中叶以来逐渐成为许多工业发达国家的主流安全理念。狭义本质安全是指通过设计等手段使生产设备或生产系统本身具有安全性,即使在误操作或发生故障的情况下,也不会造成人身伤害事故,具体地讲,包含两个方面的内容:

　　(1) 失误-安全(Fool-Proof)功能。指操作者即使操作失误也不会发生事故和伤害,或者说设备、设施具有自动防止人的不安全行为的功能。

　　(2) 故障-安全(Fail-Safe)功能。指设备、设施发生故障或损坏时还能暂时维持正常工作或自动转变为安全状态。

　　广义的本质安全,是指通过追求企业生产流程中人、物、系统、制度等诸要素的安全可靠和谐统一,使各种危害因素始终处于受控制状态,进而逐步趋近本质型、恒久型安全目标。本质安全的基本出发点是要从根本上消除或减少系统中存在的危害,使系统处于风险可控状态。

1.1.1.2　危险、危害和风险

　　危险(hazard,有时也写成 danger),《系统安全大纲要求》中给出的定义是:可能导致意外事故的现有或潜在状况。并指出在非要求的场所存放燃料就是一种危险,尽管燃料本身并不是一种危险物品。德国学者 A. Kuhlmann 认为:危险意味着人员或财产遭受损失的可能性,这种可能性常常暂时受到限制,它来源于某种技术系统的应用。我国军用标准《系统安全性通用大纲》(GJB900—90)把危险定义为:可能导致事故的状态。我国学者刘荣海等人把危险的定义概括为:所谓危险,是指存在着导致人身伤害、物资损失与环境破坏的可能性;而这种可能性因某种(或某些)因素的激发或耦合而变成现实,就是事故。

这个定义描述了危险和事故之间的联系。

国内有时将危险翻译成危害,欧洲化学工程联合会给出危害的定义为:指可能造成人员伤害、职业病、财产损失、作业环境破坏的根源或状态。

为了区别各种因素对人体不利作用的特点和效果,通常将生产中的有关因素分为危险因素和危害因素。前者强调突发性和瞬间作用,后者强调在一定时间范围内的积累作用,如噪声危害、振动危害。有时对两者不加以区分,统称危险因素。客观存在的危险、有害物质和能量超过临界值的设备、设施和场所,都可能成为危险因素。

风险(risk)又称为风险度或危险度,是指特定危害性事件发生的可能性与后果的结合。风险用来定性、定量评价和比较危险的大小,是对人员伤害、环境破坏或经济损失的一种度量。可表述为危险发生的频率与严重程度的函数,其公式为:

$$R = F \times S$$

式中:R 是风险;F 是危险发生的频率,指危险由潜在状态转化为现实状态的可能性大小;S 是危险严重程度,指危险可能造成的后果即损失或伤害。例如,常用年死亡频率评价个人风险。

人类的活动,如生产、生活、竞技体育等,所造成的死亡率(即伴随这些活动的风险)一般随所追求的效益增大而增加。当每年死亡率达千分之一时,属高度风险,必须立即采取措施;为万分之一时,属中度风险,人们一般不愿意看到这种情况而投资改善它;为十万分之一时,这和游泳溺死事故的风险相当,需加以注意;为百万分之一时,大体与遭遇天灾致死的风险相当,一般会存侥幸心理,听天由命;降至千万分之一时就是可以忽略的危险性了。

国际上常见的死亡风险分级如表 1.1 所示。

表 1.1　死亡风险分级

年死亡频率	措　施	实　例	风　险
亿分之一	无	陨石坠落导致的死亡	安全度高
百万分之一	劝告	雷击导致的死亡	安全
十万分之一	教育,少量保护措施	游泳溺死	关注,可以承受
万分之一	采取强有力的安全措施	工业伤亡事故	不愿意出现这种情况,希望改善
千分之一	立即采取措施	工作条件较差的工业生产	危险,不愿承担

我国将工业生产中的年死亡频率控制在 0.03‰~0.2‰,各行各业的控制值不尽相同。例如,矿山、井下及建筑业的年死亡频率不大于 0.2‰,即万分之二;航空业小于 0.05‰。我国在 2020 年以前的安全工作的奋斗目标是年死亡频率降到 0.01‰,即十万分之一,达到基本上没有危害、人们可以承受的程度。

1.1.1.3　事故和事故隐患

"事故"对应的英语术语有几种:fault,如事故树分析 FTA;accident,如事故保险 accident insurance;在《系统安全性通用大纲》中是用 mishap。其定义为:

造成人员伤亡、职业病、设备损坏或财产损失的一个或一系列意外事件。

此定义与美国军用标准一致。从上述定义中可知,事故也包括职业病,但我国一般是把事故与职业病分开描述的。

美国化学工程师学会认为:危险是固有的物理或化学特性,具有对人员、财产或者环境造成损害的潜在可能。危险物料、操作环境,以及某些未预料的事件凑巧组合在一起,可能诱发意外事故。

在一般安全工程的书籍中,常用的定义为:个人或集体在时间的进程中,为实现某一意图而采取行动的过程中,突然发生了与人的意志相反的情况,迫使这种行为暂时或永远地停止的事件。

显然这种定义较为抽象和具有理论色彩,因此也更有广泛性与普遍意义。

日本学者主张把事故和由事故所造成的损失作为两个概念来考虑,二者的"和"构成"灾害"这个大概念。因为事故是正常生产(或其他活动)中产生的不正常情况,损失是这种不正常情况造成的结果,它们之间不一定是必然关系,一个事故造成损失的种类与大小由偶然因素决定,即使是反复发生的同一种事故,也不一定造成相同的损失,甚至事故发生了,而没有伴随损失的情况也有(这被叫做近事故或险肇事故或未遂事故,即 near accident)。由此引出了预防事故灾害的四大原则中的"损失偶然原则"。

事故隐患是安全生产事故隐患的简称。《安全生产事故隐患排查治理暂行规定》(安监总局令第 16 号)中这样定义,事故隐患是"指生产经营单位违反安全生产法律、法规、规章、标准、规程和安全生产管理制度的规定,或者因其他因素在生产经营活动中存在可能导致事故发生的物的危险状态、人的不安全行为和管理上的缺陷"。事故隐患实质为造成事故的直接原因是物的不安全状态和人的不安全行为,及其背后的深层原因——管理的缺陷。为了标本兼治遏制重特大事故,国务院安委会在安委办〔2016〕3 号文件中提出构建安全风险分级管控和隐患排查治理双重预防性工作机制。

1.1.1.4 安全与危险、事故

由前所述可知,安全与危险乃至事故,既对立,又统一,即共存于人们的生产、生活和一切活动中。这是不以人们愿望为转移的客观存在。用一种近似客观量来表达这种关系时,可以这样描述:

$$S=1-D$$

式中:S 为安全;D 为危险。

可见安全与危险是相辅相成,既互为存在条件,又互相转化;它们在一项活动中总是此涨彼落或此落彼涨的。这一点我们的祖先早就认识到了,在《庄子·则阳》中就有"安危相易,祸福相生"以及"祸兮福所倚,福兮祸所伏"的告诫。

一般来说,系统刚刚投入运行时,总有一个磨合期,存在人—机—环境系统的匹配问题。这一期间系统故障相对较多,人们一般认为这是系统危险期,因此倍加注意,这时系统存在的各种危险因素能够较快地被人们察觉,及时采取措施并得到控制,因此,系统能够很快地进入安全状态。随着时间的推移,系统故障大幅度减少,人们警惕性也随之下降;另外,设备由于长时间磨损,个别部件出现老化,使其可靠性逐渐下降,因此造成事故发生的可能性变大,事故后果的严重性增加,系统又进入危险状态,其事故风险就超过了人们容忍的限度。当人们认识到系统处于危险状态时,就又开始了向安全状态的转化。

对这种转化过程，人是可以施加影响的。首先是尽量加速危险向安全的转化；其次是尽量延续安全向危险的转化；再就是在由危险向安全转化中，促使系统向更高层次的安全状态发展。

传统的安全工作，往往把安全与危险绝对化，认为两者不相容，并且从主观的良好愿望出发追求绝对的安全，而一旦由某种存在的危险导致了事故，就认为是绝对的不安全了。这是不科学的，也是不现实的。因为系统中危险因素相互作用的复杂性、多变性和人认识的局限性、滞后性，不可能从全时空上消除一切危险、根绝一切事故。当然在某段时间内、某个具体工作中，做到无事故、特别是无人身伤亡等重大事故，是完全可能的。所以才有"零事故"活动、安全周、安全月活动等。

1.1.1.5 职业安全卫生、劳动保护与安全生产

由于我国安全管理体制的变革和安全生产工作主管部门的调整，在安全生产领域存在着相近、类似的专用名词和术语，常见的主要有职业安全卫生（劳动安全卫生）、安全生产和劳动保护。例如，《中华人民共和国劳动法》（以下简称《劳动法》）中表述为劳动安全卫生；政府劳动部门称为职业安全卫生和安全生产；政府经济管理部门称安全生产；工会组织称劳动保护；企业单位称安全生产与劳动保护等。下面简单介绍一下这三个名词之间的联系和区别。

职业安全卫生（Occupational Safety & Health）（国内也称劳动安全卫生或职业健康安全）这是世界上大多数国家采用的专业术语。它是安全科学研究的主要领域之一，通常是指影响作业场所内员工、外来人员和其他人员安全与健康的条件和因素。美、日、英等国均采用这种说法并设有相应的管理机构和法规体系，如美国的职业安全卫生管理局（OSHA）和职业安全卫生法等。

俄罗斯、德国、奥地利和我国等则称之为劳动保护（Labor Protection），并将其定义为：为了保护劳动者在劳动、生产过程中的安全、健康，在改善劳动条件、预防工伤事故及职业病，实现劳逸结合和女职工、未成年工的特殊保护等方面所采取的各种组织措施和技术措施的总称。新中国成立以来一直沿用劳动保护这个专有名词，在我国工会组织中使用最为频繁。但为了与国际接轨，我国目前正在推行职业安全卫生管理体系，职业安全卫生也日益得到广泛的运用。

可以看出，上述两个定义基本含义虽有所差异，但总体上基本一致，在各个国家实施时工作内容也基本相同，因而可认为是同一概念的两种不同命名。

安全生产，除我国之外，世界上尚无这类名词。它是在我国劳动部门把劳动安全卫生的工作范围扩展到交通、水上、远洋、航空、铁路运输安全等经济领域后提出的。按照《安全科学技术词典》的定义，安全生产是指企事业单位在劳动生产过程中的人身安全、设备和产品安全及交通运输安全。

1.1.2 管理的定义及其相关概念

1.1.2.1 管理的定义

我国古代把开锁的钥匙称为"管"，通过这个"管"人们可以打开各种类型的大门，当然

包括知识和智慧的大门。管理一词从字义上理解有"管辖、处理"的内涵。按《世界百科全书》的定义,管理就是对工商企业、政府机关、人民团体以及其他组织的一切活动的指导,它的目的是使每一行为或决策有助于实现既定的目标。

在管理理论的发展过程中,曾先后出现过许多管理学派,都对管理的概念做了一些解释。例如:

科学管理学派的泰勒、法约尔等认为,管理就是计划、组织、指挥、协调和控制等职能活动。

行动科学学派的梅奥等人认为,管理就是做人的工作,它是以研究人的心理、生理、社会环境影响为中心,激励职工的行为动机,调动人的积极性。

现代管理学派西蒙等人认为,管理的重点是决策,决策贯穿于管理的全过程。

目前,西方管理学者比较一致地认为:管理是为实现预定目标而组织和使用人力、物力、财力等各种物质资源的过程。

1.1.2.2　管理的要素

管理作为一种活动过程,必然要涉及一些事物和对象,也就是所谓的管理要素。

对管理要素的认识是一个渐进的过程,20 世纪初,法国的法约尔强调管理要素主要是对于人、财、物的组织和管理。

随着科技的不断创新和飞速发展,管理的理论水平和方法不断提高和完善,现代管理学认为,管理活动应包含四个要素:

(1)管理主体,即管理者,包括管理者个体和由个体组成的管理群体,管理主体是管理的动力之所在。

(2)管理客体,即管理对象,分为两种:其一为硬件要素,主要包括人、财、物、土地等;其二是软件要素,主要包括时间、空间、信息、技术、经验等,软件要素具有很大的开发潜力。

(3)管理目标,即管理活动所要达到的目的。

(4)管理的职能和手段,即为达到管理目标,管理者与管理对象之间进行协调活动的内容和方式。

这四个管理要素缺一不可,共同存在于管理活动的整个过程。

1.1.2.3　管理的职能

管理的基本职能就是管理者应做的主要工作,包括计划、组织、领导、控制。以航海为例,计划就是确定组织的发展目标,解决"干什么"的问题。我们要去哪里? 计划多长时间到达? 组织就是分工协作,解决"如何干"的问题。确立哪些部门,他们各自该干什么,谁该对这些任务负责,各任务之间的关系如何等。即谁掌舵? 谁是机轮手? 谁是水手? 谁导航? 领导职能是广义的领导,包括领导、激励、沟通、协调等,核心是解决"如何干得更好"。导航员如何将信息传给舵手? 机轮手士气不高,怎么办? 控制就是不断测定船实际航行状况,确保按期到达目的地。船的航向是否正确? 速度是否够? 一旦发现偏离计划目标,应采取措施纠正。控制是解决在达到目标过程中出现异常情况,给予正确导向的职能手段。

可见管理的基本职能也构成了管理的过程(程序),也称为管理循环。从理论上讲,管理的四项基本职能之间存在某种逻辑上的前后顺序关系,但在实际工作中并不是被严格分割开来的,经常有机融合在一起。管理过程是各职能活动相互交叉、周而复始地不断反馈和循环的过程。

1.1.2.4 管理的性质

管理具有二重性,即自然属性和社会属性。

自然属性是源于客观要求,是一系列科学方法的总结。管理的自然属性,是指管理中对物的资源、物的要素的管理,如成本管理、质量管理、财务管理、技术管理等。这些管理的规律是客观的、不因社会制度和社会文化的不同而变化,由此产生的与之相适应的管理手段、管理方法是通用的、共性的。管理活动只有遵循这些规律,利用这些方法与手段,才能有效,才能保证组织活动的顺利进行。

社会属性包括:① 管理的国家性,不同的国家具有不同的管理模式和管理方法;② 管理的社会性,与管理的国家性一致,不同的社会也决定着不同的管理活动,但都是为上层建筑服务的;③ 管理的个性,一个特定的管理活动,一个管理主体都有可能产生不同的管理模式和实现不同的管理目标,这就是管理的个性;④ 管理的时限性,特定的管理活动只能在特定的时期有效,这是不难理解的。

管理的二重性给我们的重要启示是:一方面,管理的自然属性为我们学习、借鉴发达国家先进的管理经验和方法提供了理论依据,使我们可以大胆地引进和吸收国外成熟的管理技术来迅速提高我国的管理水平;另一方面,管理的社会属性告诉我们,决不能全盘照搬国外的做法,必须结合我国国情和本单位实际,鉴别发展,灵活运用,才能收到好的效果。管理可以移植但不能复制。

1.1.3 安全管理及基本概念

1.1.3.1 安全管理

简单地说,安全管理是通过管理这一手段和过程,达到安全的最终目的。具体地讲:安全管理是为实现安全生产而组织和使用人力、物力和财力等各种物质资源的过程。它利用计划、组织、指挥、协调、控制等管理职能,控制来自自然界的、机械的、物质的不安全因素及人的不安全行为,避免发生伤亡事故,保证职工的生命安全和健康,保证生产顺利进行。

安全管理包括对人的安全管理和对物的安全管理两个主要方面。其中,对人的安全管理占有特殊的位置。人是工业伤害事故的受难者,对人的保护是安全管理的主要目的。而人往往又是伤害事故的肇事者,在事故致因中,人的不安全行为占有很大的比例。即使是来自物的方面的原因,在物的不安全状态的背后也隐藏着人的行为失误。因此,控制人的行为是安全管理的重要任务。人还是搞好安全生产的生力军,在控制人的行为的时候,尤其要注意发挥人的积极性、创造性。安全管理研究的一个重要方面就是关于人的因素的研究。

除了从管理科学的角度采取措施外,采取适当的技术措施也是控制人的行为的一条途径。安全技术是改善生产条件、防止伤亡事故发生的基本措施,也是实现对物的安全管理的重要技术手段。由于工业生产门类繁多,实际应用的安全技术千变万化,我们不能把所有的安全技术问题都纳入安全管理的范畴,只能把蕴含在各种安全技术中的共同原理提炼出来,构成指导选择预防伤亡事故对策的技术原则。

安全管理既是科学,也是艺术。学习安全管理要坚持辩证唯物主义和历史唯物主义,注重理论联系实际。一种安全管理理论或方法的产生有一定的历史背景,是一定生产力发展阶段的产物。因此,必须结合实际情况采取恰当的管理方法。

1.1.3.2　安全管理与企业管理

安全管理是企业管理的一个重要组成部分。而生产事故是人们在有目的的行动过程中,突然出现的违反人的意志的、致使该行动暂时或永远停止的事件。企业生产过程中发生的伤亡事故,一方面给受害者本人及其亲友带来痛苦和不幸,也给企业生产带来巨大的损失。因此,安全与生产的关系可以表述为:"安全寓于生产之中,安全与生产密不可分。安全促进生产,生产必须安全。"《安全生产法》中也明确规定:"管行业必须管安全、管业务必须管安全、管生产经营必须管安全。"安全是企业生产系统的主要特性之一。以实现安全生产、避免伤亡事故为目的的安全管理,与企业的生产管理、质量管理等各项管理工作密切关联、互相渗透。企业的安全状况是整个综合管理水平的反映。一般来说,在企业其他各项管理工作中行之有效的理论、原则、方法,也基本上适用于企业安全管理工作。

安全管理除了具有企业其他各项管理的共同特征外,它自身的目的决定了其还具有独自的特征。即安全管理的根本目的在于防止伤亡事故的发生,它必须遵从伤亡事故预防的基本原理和原则。

1.1.3.3　风险管理与安全管理

风险管理是管理科学中一个新兴的领域,越来越受到各国工业安全领域的重视,在企业安全管理中广泛而迅速地得到推广和应用。在西方发达国家,风险管理已经普及到大中小企业。

如前文所述,风险是危害性事件发生的可能性与后果的结合。严格地说,风险和危险是不同的,危险是客观的,常常表现为潜在的危害或可能的破坏性影响,而风险则不仅意味着这种能量或客观性的存在,而且还包含破坏性影响的可能性。因此风险的概念比危险要科学、全面。在生产和生活实践中,危险是客观存在的,但风险的水平是可控的。例如,人类要利用核能,就有核泄漏产生的辐射影响或破坏的危险,这种危险是客观固有的,但在核发电的实践中,人们采取各种措施使核泄漏的风险最小化,使之控制在可接受的范围内,甚至使人绝对与之相隔离,尽管它仍有受辐射的危险,但由于无发生的渠道,所以我们并没有受到辐射破坏或影响的风险。这说明人们关心系统的危险是必要的,但归根结底应该注重的是风险,因而直接与系统或人员发生联系的是风险,危险只是风险的一种前提表征。我们可以做到客观危险性很大,但实际承受的风险较小,即"固有危险性很大,但实现风险很低"。

风险管理就是指通过识别风险、衡量风险、分析风险,从而有效控制风险,用最经济的方法来综合处理风险,以实现安全生产的科学管理方法。风险管理包括风险分析、风险评估和风险控制三要素。

在实际工作中,安全工作人员一般将风险管理和安全管理视为同样的工作。其实,两者间关系虽然密切,但也有区别,主要体现在以下两个方面:

(1) 风险管理的内容较安全管理广泛。风险管理不仅包括预测和预防事故、灾害的发生,人机系统的管理等这些安全管理所包含的内容,而且还延伸到了保险、投资,甚至政治风险领域。

(2) 安全管理强调的是减少事故,甚至消除事故,是将安全生产与人机工程相结合,给从业人员以最佳工作环境。风险管理的目标是为了尽可能地减少风险的经济损失。由于两者的着重点不同,也就决定了它们控制方法的差异。

风险管理的产生和发展造成了对传统安全管理体制的冲击,促进了现代安全管理体制的建立,它对现有安全技术的成效做出评判并提出新的安全对策,促进了安全技术的发展。

在某种意义上说,风险管理是一种创新,但它毕竟是从传统的安全分析和安全管理的基础上发展起来的。因此,传统安全管理的宝贵经验和从以往事故中汲取的教训对于风险管理依然是十分重要的。

1.2　安全管理的产生和发展

安全问题是伴随着社会生产而产生和发展的。人类"钻木取火"的目的是利用火,如果不对火进行管理,火就会给使用的人们带来灾难。可以说防火技术是人类最早的安全管理技术之一。

在公元前 27 世纪,古埃及第三王朝在建造金字塔时,组织 10 万人用 20 年的时间开凿地下甬道、墓穴及建造地面塔体。对于如此庞大的工程,生产过程中没有安全管理是不可想象的。

我国古代在生产中就积累了一些安全防护的经验。早在公元前 8 世纪西周时期的《周易》一书中就有"水火相忌""水在火上既济"的记载,说明用水灭火的道理。自秦人开始兴修水利以来,其后几乎我国历朝历代都设有专门管理水利的机构。隋代医学家巢元方《病源诸侯论》一书中就记有凡进古井深洞,必须先放入羽毛,如观其旋转,说明有毒气上浮,便不得入内。公元 989 年,北宋木结构建筑物匠师俞皓在建造开宝寺灵感塔时,每建一层都要在塔的周围安设帷幕遮挡,既避免施工伤人,又利于操作。而且,北宋时代的消防组织已相当严密。据《东京梦华录》一书记载,当时的首都汴京消防组织相当完善,消防管理机构不仅有地方政府,而且有军队担负值勤任务。明代科学家宋应星《天工开物》中记述了采煤时防止瓦斯中毒的方法,"深至丈许,方始得煤,初见煤端时,毒气灼人,有将巨竹凿去中节,尖锐其末,插入炭中,其毒烟从竹中透上"就有着安全管理的雏形。

18 世纪下半叶,工业革命使工业生产产生了巨大变革,企业内部的分工协作使得企业管理应运而生。在工业革命后的许多年里,工人们在极其恶劣的环境下,每天从事超过 10 个小时的劳动,伤亡事故接连发生,工人健康受到严重摧残。而资本家认为频繁发生的伤亡事故是工业进步必须付出的代价,他们对工人的伤亡不负任何责任。为了生存,工人们进行了反抗资本家残酷压榨的斗争,社会上的进步人士也同情工人的悲惨遭遇。迫于工人的反抗和社会舆论的压力,到了19世纪初,英国、法国、比利时等国相继颁布了安全法令。例如1802年,英国通过的纺织厂和其他工厂学徒健康风纪保护法;1810年,比利时制定的矿场检查法案及公众危险防止法案;1829年,普鲁士规定了工厂雇用童工的限制并附带有工厂检查规定等。当时,尽管"安全"带有一种慈善和人道主义的观念,但在一定程度上推动了安全管理和保险事业的发展。

20世纪初,伴随着现代工业兴起和快速发展,重大生产事故和环境污染也相继发生,造成了大量的人员伤亡和巨大的财产损失,给社会带来了极大危害。如1984年12月3日凌晨,印度中央邦的博帕尔市美国联合碳化物属下的联合碳化物(印度)有限公司,设于博帕尔贫民区附近一所农药厂发生异氰酸甲酯(MIC)泄漏事故。当时有2 000多名博帕尔贫民区居民立即丧命,后来更有2万人死于这次灾难,20万博帕尔居民永久残废。由于这次大灾难,世界各国化学集团改变了拒绝与社区通报的态度,亦加强了安全措施。

联合碳化物公司是一家跨国集团,当时在美国所有大公司中名列第37位,在世界上38个国家设有子公司,从事多门类产品生产,雇用10万人,资产100亿美元。该事故发生后,公司股票价值下跌4.4亿美元,而且因这次惨剧要向印度政府赔偿4.7亿美元,亦要出售该集团持有的印度分公司50%股权,用以兴建治疗受影响居民的医院和研究中心。最终集团在2001年,成为美国陶氏化工(Dow)集团的全资附属公司。

2004年12月3日(事故发生20周年),英国广播公司播出访问片段,一名声称陶氏化工的代表宣布公司愿意清理灾难现场和赔偿死伤者。播出后陶氏化工的股价在23分钟内下跌4.2%,市值约20亿美元。虽然事后表明这只是一个恶作剧,但这也正反映出恶性事故对企业生存和社会稳定的巨大影响力。

正是由于这一系列恶性事故的发生,使人们不得不在一些企业设置专职安全人员从事安全管理工作,有些企业主不得不花费一定的资金和时间对工人进行安全教育。20世纪30年代,很多国家设立了安全生产管理的政府机构,发布了劳动安全卫生的法律法规,逐步建立了较完善的安全教育、管理、技术体系,初具现代安全生产管理雏形。1929年美国的Heinrich发表了《工业事故预防》一书,比较系统地介绍了当时的安全管理思想和经验,是安全管理理论方面的代表性著作。在其后的时间里,工业生产迅速发展,管理科学中新理论、新观点不断涌现,安全管理内容也不断充实、发展。《工业事故预防》一书差不多每10年修订一次,努力反映当代最新的安全管理理论和实践。

进入20世纪50年代,经济的快速增长,使人们的生活水平迅速提高,工人强烈要求不仅要有工作机会,还要有安全与健康的工作环境。一些工业化国家进一步加强了安全生产法律法规体系建设,在安全生产方面投入大量的资金进行科学研究,产生了一些安全生产管理原理、事故致因理论和事故预防原理等安全管理理论,以系统安全理论为核心的现代安全管理方法、模式、思想也基本形成。

到20世纪末,随着现代制造业和航空航天技术的飞速发展,人们对职业安全卫生问题的认识也发生了很大变化,安全生产成本、环境成本等成为产品成本的重要组成部分,职业安全卫生问题成为非官方贸易壁垒的利器。在这种背景下,"持续改进""以人为本"的安全管理理念逐渐被企业管理者所接受,以职业健康安全管理体系为代表的企业安全生产风险管理思想开始形成,现代安全生产管理的理论、方法、模式及相应的标准、规范也更加成熟。

现代安全生产管理理论、方法、模式自 20 世纪 50 年代开始进入我国。在 20 世纪 60～70 年代,我国开始吸收并研究事故致因理论、事故预防理论和现代安全生产管理思想。20 世纪 80～90 年代,我国开始研究企业安全生产风险评价、危险源辨识和监控,一些企业管理者开始尝试安全生产风险管理。20 世纪末,我国几乎与世界工业化国家同步研究并推行了职业健康安全管理体系。进入 21 世纪以来,我国有些学者提出了系统化的企业安全生产风险管理理论雏形,认为企业安全生产管理是风险管理,管理的内容包括危险源辨识、风险评价、危险预警与监测管理、事故预防与风险控制管理及应急管理等。该理论将现代风险管理完全融入到了安全生产管理之中。

1.3　与安全管理有关的学科体系

安全,是个历史悠久、发展永恒的话题。然而安全作为一种专门的学问、一个独立的学科、高等学校的一个专业,就是在世界范围内,也不过是近几十年来才有的事。1974 年美国南加州大学安全及系统管理学院提出了安全科学的命题,并创办了"安全科学文摘"。1981 年联邦德国人 A.库尔曼出版了德文版专著《安全科学导论》,1986 年 2 月又在美国出版了该书的英文版,1991 年我国翻译成了中文。书中第一次全面系统地论述了安全科学的性质、任务、内容、理论基础等。

安全科学主要研究生产劳动过程中人与自然(劳动工具、劳动对象、劳动环境)之间以及人与人之间的关系,以及在这些关系中如何防止事故,保证安全的规律,是人类在改造自然的实践中长期积累而形成的。

安全科学是新兴、综合、交叉学科,涉及到社会文化、公共管理、行政管理、建筑、土木、矿业、交通、运输、机电、林业、食品、生物、农业、医药、能源、航空等各个学科领域。安全科学既要研究职业安全卫生的方针政策和法律制度等属于社会科学方面的内容,又要研究属于自然科学方面的各种技术措施。就其改善劳动生产条件的技术措施而言,也是十分复杂的,既牵涉到基础科学,又牵涉到应用科学,还要考虑措施的经济效益和组织管理问题。所以,安全科学是一门综合性的边缘科学。1992 年 11 月 1 日,国家技术监督局批准了中国国家标准《学科分类与代码》(GB/T13745),该标准于 2009 年进行了修订。该标准规定"安全科学技术"为一级学科,下设 10 个二级学科和 48 个三级学科,在二级学科安全社会科学和安全社会工程下分别设有安全管理学和安全管理工程两个三级学科。该标准指出"安全科学技术"和"环境科学技术"、"管理学"这三个一级学科属综合学科,列在自然科学和社会科学之间。2011 年国务院学位委员会第二十八次会议通过的《学位授予和人才培养学科目录》,将安全学科单列为一级学科,成为工学门类下的第 37 个一级学科,名称:安全科学与工程,代码为 0837。

我国科技泰斗钱学森教授在吸取国外现代科学技术知识后,提出"现代科学技术可以分四个层次,首先是工程技术这一层次,然后是直接为工程技术作理论基础的技术科学这一层次,再就是基础科学这一层次,最后通过进一步综合,提炼达到最高概括的马克思主义哲学"。根据这样的划分,现代安全科学技术体系可以简化为表 1.2。

表 1.2 安全科学技术体系

层 次	内 容
安全哲学	安全观
安全基础科学	安全学
安全技术科学	安全工程学
安全工程技术	安全工程

属于哲学层次的安全科学技术是指安全观。包括对安全的看法、态度、价值取向、道德标准、行为规范、安全思维与方法论,安全的精神与物质、偶然与必然、相对与绝对等。正确的安全观认为,安全是人类进行社会生产、生活等一切活动的基本条件和保证,是赖以生存与发展的基础和动力,因此,要"生命高于一切""安全第一"。

正确的安全观不同于"保命哲学",它是把个人的安危置于人类、人群及事业的整体大安与发展之中,建立在唯物、辩证思维之上,既不畏足不前,也决不作无谓的冒险或牺牲,只有在特殊的情况下,非常之必要的时候才做出置个人安危于不顾、弃小安求大安的抉择。

属于基础科学层次的安全科学技术是指安全学。茅以升教授在《科学与技术》的论文中所说:"科学的内容包括:① 对自然规律的认识;② 对自然规律认识过程的系统化;③ 应用规律时的指导。技术内容包括:① 对自然规律的应用(实践与生产);② 对自然规律应用过程的系统化;③ 认识规律时的验证。""科学是看不见的,是用文字、图画和数学符号表达出来的,技术是从实际工作的效果上看出来的,是从生产任务的完成表达出来的。科学是认识,技术是方法,科学是理论,技术是实践。"其包括安全系统学、安全物理学、安全经济学、安全管理学、安全法学、安全社会学等。

属于技术科学层次的安全科学技术是指安全工程学,为各种生产系统和工程技术行业如何消除危险、避免事故、保证安全的通用知识体系。包括人、机、物、环境、政治、经济、历史、现状等的安全系统论、安全信息论、安全控制论、安全保险学、安全行为学等。

属于工程技术层次的安全科学技术是指具体行业、部门的具体安全工程。如防火与消防、防爆与抗爆、防毒与防职业病、机械与电力安全的设计、建造、评估、运行管理等具体实现的工程技术知识。其包括安全系统工程、系统可靠性分析、安全专家系统、机电安全技术、特种设备安全技术、防火防爆技术、运输安全、民用爆炸品安全管理、生产安全管理工程、作业安全管理等。

安全科学技术是一门综合性学科,它的学科体系与一般单纯的自然科学或社会科学的体系不完全相同。它不仅在本学科内每个层次之间存在着相互依存关系,而且又与其他各有关的自然科学、社会科学存在密切的关系。安全管理作为安全科学中的一个重要组成,尤其具有明显的边缘性和交叉性。安全管理的知识领域不但涵盖了安全科学技术的基础科学层次、技术科学层次和工程技术层次,而且其实际上是综合吸收了安全科学、管理科学、系统科学、人机工程学、心理学和行为科学等相关学科的知识。

2 安全管理的基础理论

2.1 管理理论概述

安全管理具有明显的边缘性和交叉性,既涉及了安全科学技术的理论和技术,同时又包含了管理学的基础理论。因而,要研究安全管理理论就应首先了解和掌握管理科学的一些基础理论。

管理的理论和实践中的一个重要问题,是管理者如何看待人的。现代的管理理论来源于西方,西方管理理论是以对"人性"的认识为基础的,对人性的假定不同,相应的管理制度、方法也不同。本节介绍西方管理理论中经典的基于"人性"假定的管理理论,以供参考和借鉴。

2.1.1 X 理论

科学管理理论的创始人泰勒首先提出了 X 理论,该理论把人看成单纯的"经济人",认为人的一切活动都是出于经济动机,把管理者和工人的行为本质看成是个人主义的。

该理论认为,人的天性就是好逸恶劳,总是设法逃避工作;人没有什么上进心,宁可听从别人指挥而不愿承担责任;人生下来就以自我为中心,对组织的要求和目标不大关心,人的行为动机只是建立在生理需要和安全需要基础上的。所以,往往要用强制、处罚等手段,迫使他们为实现组织目标而工作。

他还认为,人是缺乏理性的,本质上不能自己控制自己而容易受他人影响,只有少数人才具有胜任工作的创造力,才能负起管理责任。因而,相应的管理措施是:以经济报偿来收买工人,对消极怠工者则给予严厉的惩罚。管理特征是订立各种严格的制度和法规,运用领导的权威和严密的控制体系来保护组织本身,让工人完成组织任务。管理工作只是少数人的事情,不让工人参加管理。组织目标能达到何种程度,有赖于管理者如何控制工人。在这种管理方式下工人的劳动态度是"给多少钱,干多少活"。

2.1.2 参与管理理论

美国心理学家梅奥认为人是"社会人",提出了参与管理理论。他认为,人的工作动机基本上是由于社会需求引起的,并通过同事间的关系得到认同;工业革命和工作合理化使工作本身失去了意义,应该从社会关系方面去寻求工作的意义;群体对人的社会影响力要比管理者的经济报偿或控制作用更大;人的工作效率取决于管理者满足他的社会需要的程度。

根据这种认识,影响人行为动机的因素,除了物质利益外还有社会的和心理的因素,并且把人与人之间的关系看作是调动职工积极性的决定性因素。管理者除了要注意组织目标的完成外,特别要把注意力放在关心人、满足人的需要上。在实施控制或激励之前,应先了解职工对群体归属感的满足程度。如果管理者不能满足职工的社会需要,他们就会疏远正式组织,而献身于非正式组织。因此,个人奖励制度不如集体奖励制度。管理者的职能中要增加一项内容,即善于倾听和沟通职工的意见,正确处理人际关系。这样,必然导致参与管理。事实表明,参与管理比任务管理更为有效。因为参与管理改善了管理者与职工之间的对立,有利于沟通信息。

2.1.3　Y 理论

根据马斯洛的需要层次论,自我实现是人的需要的最高层次,最理想的人是"自我实现的人"。这种人除了社会需求外,还有一种想充分运用自己的能力,实现自己对生活追求的欲望,从而真正感到生活和工作的意义。

麦格雷戈据此提出了与 X 理论完全对立的 Y 理论。该理论认为,人并非生来就是好逸恶劳的,要求工作是人的本能,人们对工作的好恶取决于工作对他们是一种满足还是一种惩罚;外来的控制与奖罚并不是使人工作的唯一方法,人们为了心目中的目标而工作,能够自我控制;对企业目标的参与程度,与获得成绩的报偿直接相关,自我实现需要的满足是最重要的报偿,能显著地促使人们努力工作;不愿负责任、缺乏雄心大志并非人的天性,往往是本人特殊生活经验产生的结果;大多数人都有相当程度的想象力和创造力,但是人的智力一般只得到部分发挥。于是,应该把管理重点由经济报偿转移到人的作用和工作环境方面。管理者尽量把工作安排得富有意义,使工人能引以自豪,并使自尊心得到满足,以利于充分发挥个人的智慧和能力。鼓励人们参与自身目标和组织目标的制订,把责任最大限度地交给他们,相信他们能够自觉地迈向组织目标。应该用启发与诱导代替命令与服从,用信任代替监督。

2.1.4　权变理论

权变理论出现在 20 世纪 70 年代,美国心理学家西恩提出了"复杂人"的观点,他认为人的需求是多种多样的,而且人的需求是随条件的变化而变化的;人的原有需求与组织经验交互作用,使人获得在组织内行为的动机;在不同组织中,或同一组织的不同部门中,人的动机可能不同;不同人的需求和能力是不同的,他们对管理方式的反应也不同。

从这种认识出发,管理者不但要洞察职工的个体差异,还要适时地发挥其应变能力和弹性。对不同需要的人,应灵活地采用不同的管理措施或方法,不能千篇一律地采用一个固定的模式来管理。

该理论要求既看到各组织中的相似性,也要承认其差异性,在全面实际的情况下探寻任务,组织与人的协调配合。在企业管理中要根据企业所处的内外条件权宜应变,采取适宜的管理措施,而没有什么普遍适用的最好的管理理论和方法。

把上述四种管理理论与马斯洛的需要层次论相比较,可以看出上述几种理论分别对应于人的不同层次的需要(图 2.1)。

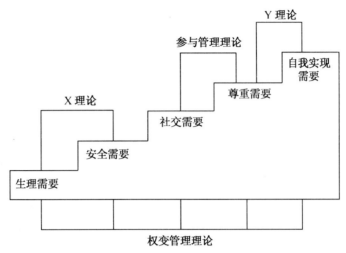

图 2.1 管理理论与需要层次论

2.1.5 超 Y 理论

行为科学家莫尔斯和罗尔施认为,X 理论并非全部错误而毫无用处,Y 理论也并非全部正确而随处可用,应该把 X 理论与 Y 理论结合起来,根据具体情况灵活运用。他们提出一种"超 Y 理论",认为人们怀着不同的需要和动机去工作,但最主要的需要是取得胜任感;人人都有取得胜任感的动机,但是不同的人可以用不同的方式来实现,这取决于一个人的这种需要与其他需要之间的相互作用;当工作性质与领导方式相结合时,人们工作的胜任感最能被满足;一个目标达到后,人们的胜任感可以继续被激励,从而为达到更新、更高的目标而努力。

超 Y 理论认为,任务和人员的多变性,使任务、组织和人员三者之间的关系比较复杂。然而,这种相互关系虽然复杂,管理人员可能采取的最好行动应是整顿组织使之适合任务和人员。也就是说,超 Y 理论的主要思想是使任务、组织和人员彼此适合。

我国企业安全管理中,不同程度上以不同的表现形式反映出关于人性假设对安全管理的影响。例如,一些持"经济人"观点的企业领导者,把满足职工经济需要作为主要激励方式,以扣发奖金或罚款作为主要控制手段,不注意满足职工的精神需要,不相信职工的创造性,很少考虑民主管理和职代会的作用等。对于现代企业,如何看待人的本质,如何看待企业中的广大职工,如何保障职工的民主权利,如何处理好管理者与被管理者之间的关系,如何选择正确的安全管理方式,是今后安全管理工作中必须解决的重大课题。

2.2 管理的原理和原则

2.2.1 系统原理

2.2.1.1 系统原理的含义

系统原理是现代管理科学中的一个最基本的原理。它是指人们在从事管理工作时,运用系统的观点、理论和方法对管理活动进行充分的系统分析,以达到管理的优化目标,即从系统论的角度来认识和处理企业管理中出现的问题。

首先看一下系统的概念:所谓系统,就是由相互作用和相互依赖的若干部分结合而成的,具有某种特定功能的,并处于一定环境中的有机整体。

安全管理系统是企业管理系统的一个子系统,其构成包括各级专兼职安全管理人员、安全防护设施设备、事故信息以及安全管理的规章制度、安全操作规程等。安全贯穿于企业各项基本活动之中,各项工作的开展都是以安全为第一原则,由此可见安全管理在企业管理中的重要性,它是为了防止意外的劳动(人、财、物)耗费,保障企业系统经营目标的实现。

系统的观点是现代科学技术发展的重要特征,必须从人—机—物—环全方面考虑问题。现代大多数产品都是多学科发展的成果,传统的单项的安全防护或单一学科的安全研究都难以解决整个产品系统的安全问题。1957 年,苏联发射第一颗人造地球卫星后,美国为了急于保护其空间技术优势,匆忙发展导弹武器,为了缩短开发时间,在发展井下弹道导弹发射系统时,安全问题仅依靠各专业技术人员单独研究,忽视了发射系统各子系统间的接口问题,导弹地下贮存库和发射基地发生了多起事故。1962 年,美国明确提出以系统工程的方法研究导弹系统安全性文件,这个文件成为研制民兵式导弹时实现系统安全性的依据。

按照系统的观点,企业及其管理系统有以下六个特征:

(1)集合性。它是指管理系统必须由两个或两个以上的,可以相互区别的要素所组成。集合性表明,在分析研究企业管理系统时,首先要明确它的构成。集合性是企业管理系统最基本的特性。

(2)相关性。它是指组成企业管理系统的各要素之间,要素与系统整体之间,存在相互联系相互制约的关系。孤立的要素是不存在的。

(3)目的性。企业管理系统必须有明确的目的,如果目的不明确或者发生了混淆,就会导致管理工作的混乱。一般地说,不同的管理体系有不同的目的,每一个管理系统的目的不是单一的,但通常只有一个中心目的。

(4)整体性。系统原理认为,企业不是若干要素的堆砌,而是具有一定功能的整体,企业系统各要素或子系统实现最佳效应并不一定能保证系统整体的效益。企业管理必须有全局的观点、统筹规划,实现整体最优。

(5)层次性。企业管理系统可以划分为不同的等级层次,各层次具有相对的独立性,有自己的目标和责任。系统的层次不清或被破坏,就会失去管理的有效性。

(6)适应性。它是指企业管理系统一定要适应外部环境的变化,否则无法生存。企业总是处在一定的环境之中,并且与环境存在着物质、能量、信息等的交流和相互作用。环境必然是发展变化的,并且不以企业的意志为转移,企业必须适应环境的变化。

2.2.1.2　系统分析

系统分析是指从系统观点出发,利用科学的分析方法,对所研究的问题进行全面的分析和探索,确定系统目标,列出实现目标的若干可行方案,通过分析对比提出可行建议,为决策者选择最优方案提供依据。

系统分析的主要内容有以下几点：

（1）系统界定，即把系统与环境划分清楚，也就是确定所研究的对象系统。进行系统界定，一般是从分析系统与环境之间的各种输入输出关系入手。

（2）系统要素，即分析系统是由哪些要素组成，这些要素又可构成怎样的子系统。

（3）系统结构，即找出与问题和研究目的有关的要素、环节和部门，确定其性质、数量和时空排列及层次关系。

（4）系统联系，即分析系统内各环节、系统与环境之间的联系媒介的种类、联系方式等。

（5）系统目标，即明确系统运行所要实现的目标，系统有总的目标，这个总目标还必须分解成各个环节或子系统的局部目标。

（6）系统功能，即为了实现系统的目标，明确系统的目的是什么，为此目的系统应该完成哪些任务，如何完成这些任务。确定系统功能还要设计选择最优解决问题的方案。

（7）系统变革，即弄清企业历史发展的过程、发展的由来，并预测未来发展的前景。

对企业安全管理来说，系统安全分析是一项重要的工作。第一，要确定分析的系统，一般是把全企业作为一个系统来分析，而不是只局限于某一部门、某个环节或某个过程的安全问题。第二，明确与安全有关的一些要素，这些要素构成哪些子系统，子系统中存在哪些危险因素，这些因素之间的联系怎样，等等。第三，分析安全管理的层次结构，明确从企业、车间到班组的各级安全管理的管理职责和权利。第四，对企业安全隐患进行定性定量的评价，包括对曾经发生的事故进行统计、分析，以便确定安全工作的管理重点。第五，落实各级安全管理的职能和任务选择最优的工作方案，以保证安全管理目标的实现。

2.2.1.3　运用系统管理的原则

1. 整分合原则

现代高效率的管理必须在整体规划下明确分工，在分工基础上进行有效的综合，这就是整分合原则。

该原则的基本要求是充分发挥各要素的潜力，提高企业的整体功能，即首先要从整体功能和整体目标出发，对管理对象有一个全面的了解和谋划；其次，要在整体规划下实施明确的、必要的分工或分解；最后，在分工或分解的基础上，建立内部横向联系或协作，使系统协调配合、综合平衡地运行。其中，分工或分解是关键，综合或协调是保证。

整分合原则在安全管理中也有重要意义。整，就是企业领导在制定整体目标、进行宏观决策时，必须把安全纳入，作为整体规划的一项重要内容加以考虑；分，就是安全管理必须做到明确分工，层层落实，要建立健全安全组织体系和安全生产责任制，使每个人都明确目标和责任；合，就是要强化安全管理部门的职能，树立其权威，以保证强有力的协调控制，实现有效综合。

2. 反馈原则

高效成功的管理，离不开灵敏、迅速的反馈。反馈是控制论和系统论的基本概念之一，它是指被控制过程对控制机构的反作用。反馈大量存在于各种系统之中，也是管理中的一种普遍现象，是管理系统达到预期目标的主要条件。

现代企业管理是一项复杂的系统工程,其内部条件和外部环境都在不断变化,所以,管理系统要实现目标,必须根据反馈及时了解这些变化,从而调整系统的状态,保证目标的实现。

管理反馈以信息流动为基础,及时、准确的反馈所依靠的是完善的管理信息系统。有效的安全管理,应该及时捕捉、反馈各种安全信息,及时采取行动,消除或控制不安全因素,使系统保持安全状态,达到安全生产目的。

3. 封闭原则

任何一个系统的管理手段、管理过程等必须构成一个连续封闭的回路,才能形成有效的管理活动,这就是封闭原则。该原则的基本精神是企业系统内各种管理机构之间,各种管理原则、方法之间,必须具有相互制约的关系,管理才能有效。

在应用封闭原则时,须做到以下三点:

第一,建立健全各种机构并使之各司其职,相互制约。企业的机构从职能上可以分为决策指挥中心、执行机构、监督机构和反馈机构。对于安全管理来说,企业最高领导层构成决策指挥中心,负责全面的安全生产和安全管理决策,如果该指挥中心未把安全工作放在首位或制定了错误的安全决策,则企业的安全管理工作不可能搞好;生产、经营、技术等部门为执行机构,分别承担安全生产的责任;安技部门则是监督和反馈机构,它的职能是对企业的安全生产实行监督控制和安全信息处理与反馈。

第二,完善企业各项管理制度。企业要完善安全管理的各项规章制度,建立各种岗位的安全生产责任制,特别要按照封闭原则,针对决策指挥、执行、监督、反馈等环节制定规章制度,构成一个封闭的法规网。这样,在企业安全管理的各项活动中,就有法可依,有章可循,各方面形成良好的相互制约作用,保证实现有效的安全管理。

第三,把握封闭的相对性。从空间上看,封闭系统不是孤立系统,它与环境之间存在着输入输出的关系,有着物质、能量、资金、人员、信息等交换;从实践上看,事物是不断发展的,依靠预测做出的决策不可能完全符合未来的发展,因此必须根据事物发展的客观需要,不断以新的封闭代替旧的封闭,以求得动态的发展。

4. 动态相关性原则

构成企业管理系统的各个要素是运动和发展的,而且是相互关联的,它们之间相互联系又相互制约。

动态相关性原则是指任何企业管理系统的正常运转,不仅要受到系统本身条件的限制和制约,还要受到其他有关系统的影响和制约,并随着时间、地点以及人们不同努力程度而发生变化。企业管理系统内部各部分的动态相关性是管理系统向前发展的根本原因,所以,要提高管理效果,必须掌握各管理对象要素之间的动态相关特征,充分利用相关因素的作用。

对安全管理来说,动态相关性原则的应用可以从两个方面考虑:一方面,正是企业内部各要素处于动态之中并且相互影响和制约,才使得事故有发生的可能,如果各要素之间是保持静止的、无关的,则事故就无从发生。因此,系统要素的动态相关性是事故发生的根本原因。另一方面,为搞好安全管理,必须掌握与安全有关的所有对象要素之间的动态相关特征,充分利用相关因素的作用。例如:掌握人与设备之间、人与作业环境之间、人与人之间、资金与设施设备改造之间、安全信息与使用者之间的动态相关性,这些都是实现有效安全管理的前提。

2.2.2 人本原理

2.2.2.1 人本原理的含义

人本原理,就是在企业管理活动中必须把人的因素放在首位,体现以人为本的指导思想。以人为本有两层含义:一是一切管理活动是以人为本体展开的。人既是管理的主体(管理者),又是管理的客体(被管理者),每个人都处在一定的管理层次上,离开人,就无所谓管理。因此,人是管理活动的主要对象和重要资源。二是在管理活动中,作为管理对象的诸要素(资金、物质、时间、信息等)和管理系统的诸环节(组织机构、规章制度等),都是需要人去掌握、运作、推动和实施的。因此,应该根据人的思想和行为规律,运用各种激励手段,充分发挥人的积极性和创造性,挖掘人的内在潜力。

搞好企业安全管理,避免工伤事故与职业病的发生,充分保护企业职工的安全与健康,是人本原理的直接体现。经典的安全理论认为物的不安全状态和人的不安全行为是造成事故的直接原因。海因里希在针对 50 万件事故统计分析中得出人的不安全行为引起了 88% 的事故;美国杜邦公司的统计结果表明,96% 的事故是由于人的不安全行为引起的;美国安全理事会的统计结果是 90% 的安全事故是由于人的不安全行为引起的;日本厚生劳动省的统计结果是 94% 的事故与不安全行为有关;我国的研究结果表明 85% 的事故是由于人的不安全行为引起。受研究的方法、行业范畴及对安全行为界定等因素的影响,得出的研究数据结果不尽相同,但作业安全事故的统计分析都体现了"绝大多数"这一结论。需要指出的是,由于自动化、安全仪表系统在以石油化工为代表的工业过程中广泛地运用,过程安全体现出与传统作业安全(职业安全)不同的事故规律,该结论不适用于过程安全领域。

从表面上看,事故的直接原因都离不开人的不安全行为和物的不安全状态,但从本质上分析,避免事故的关键却在于本质安全化等风险控制策略的运用和制度程序的完善,消除管理缺陷,从而控制人的不安全行为和物的不安全状态,最终达到避免事故的目的,这才是人本原理真正的意义。正如工业安全流程之父特雷弗·克雷兹(Trevor Kletz)博士所说,"长期以来,人们都在说大多数事故都是由于人为的失误造成的,这在某种意义上是正确的,但这并没有什么用。这有点像说摔倒是由于重力造成的。"

2.2.2.2 人本原理的措施

1. 重视企业思想教育工作

加强社会主义精神文明建设,强化思想教育工作,是推进人本原理的重要举措。在当前社会主义市场经济大潮中,许多企业十分重视企业文化的建设,包括安全文化的建设,注重用企业精神激励职工,唤起职工的主人翁意识和安全生产的自觉意识,这些都属于人本原理应用的措施。

2. 强化民主管理

依靠企业职工进行民主管理与民主监督是人本原理的主要内容。通过民主管理手段使企业职工参与企业管理,是现代企业管理的重要方面。在我国安全管理工作体制中,就有群众监督的内容,这是实行安全民主管理强有力的保证。

3. 激励职工行为

人本原理的核心是激励职工行为,通过精神手段和物质手段激励职工的能动性,从而提高职工的工作效率。工伤事故的发生,大多数和职工的不安全行为有关。因此,应该采用恰当的手段激励职工遵章守纪,真正实现从"要我安全"到"我要安全"的转变。

4. 改善领导行为

企业领导者在管理中要做到关心职工,尊重职工的首创精神,听取意见,沟通感情,善于使用人才,借以激励职工士气,形成实现目标的强大动力。

2.2.2.3 运用人本原理的原则

1. 动力原则

推动管理活动的基本力量是人,管理必须有能够激发人的工作能力的动力,这就是动力原则。动力的产生可以来自于物质、精神和信息,相应就有三类基本动力。

(1)物质动力,即以适当的物质利益刺激人的行为动机,达到激发人的积极性的目的。

(2)精神动力,即运用理想、信念、鼓励等精神力量刺激人的行为动机,达到激发人的积极性的目的。

(3)信息动力,即通过信息的获取与交流产生奋起直追或领先他人的行为动机,达到激发人的积极性的目的。

动力原则运用得当,就能够使管理活动持续而有效地进行下去;动力原则得不到正确应用,不仅会使管理效能降低,而且会起到负面的作用。因此我们应该注意:第一,要注意综合地运用三种动力,不要仅仅孤立地使用某一种动力;第二,要正确认识和处理个体动力与集体动力的辩证关系,集体的进步是管理的根本,在此前提下让个体充分地自由发展;第三,要处理好暂时动力和持久动力之间的关系;第四,要掌握好各种刺激量的阈值,避免物极必反的结果出现。

2. 能级原则

能级的概念来自物理学,指的是原子中的电子分别具有一定的能量,并按能量大小分布在相应的轨道上绕原子核运转。这些轨道所对应的能量数值是不连续并按大小分级排列的,成为"能级"。现代管理引入了这一概念,认为组织中的单位和个人都具有一定的能量,并且可按能量大小的顺序排列,形成现代管理中的能级。能级原则是说:在管理系统中建立一套合理的能级,即根据各单位和个人能量的大小安排其地位和任务,做到才职相称,才能发挥不同能级的能量,保证结构的稳定性和管理的有效性。

管理能级不是人为的假设,而是客观存在的。在运用能级原则时应该做到三点:一是能级的确定必须保证管理系统的稳定性;二是人才的配备使用必须与能级对应;三是对不同的能级授予不同的权力和责任,给予不同的激励,使其责、权、利和能级相符。

3. 激励原则

以科学的手段,激发人的内在潜力,充分发挥出积极性。管理中的激励就是利用某种外部诱因的刺激调动人的积极性和创造性。

企业管理者运用激励原则时,要采用符合人的心理活动和行为活动规律的各种有效的激励措施和手段。企业员工积极性发挥的动力主要来自于三个方面:一是内在动力,指的是企业员工自身的奋斗精神;二是外在压力,指的是外部施加于员工的某种力量,如加薪、降级、表扬、批评、信息等;三是吸引力,指的是那些能够使人产生兴趣和爱好的某种力量。这三种动力是相互联系的、管理者要善于体察和引导,要因人而异、科学合理地采取各种激励方法和激励强度,从而最大限度地发挥出员工的内在潜力。

2.2.3 弹性原理

企业管理必须保持充分的弹性,即必须有很强的适应性和灵活性,以及适应客观事物各种可能的变化,实行有效的动态管理,这称之为企业管理的弹性原理。

管理需要弹性是由于企业系统所处的外部环境、内部条件以及企业管理运动的特殊性造成的。企业的外部环境十分复杂,既有国家的方针、政策、法规等因素,又有国内外的政治、军事、经济变化等因素,还有竞争对手的因素。这些因素都是企业难以控制的,企业根据以往信息所做出的分析预测总会与当前的实际有差距。因此,应该摒弃僵化管理,实行弹性管理。

企业内部条件相对来说是可控的,但可控的程度是有限度的。内部条件既要受到企业资源的限制,又要受到外部环境的影响,其自身也存在许多捉摸不定、难以完全预知的情况。尤其是人这一因素,作为有思维活动、有自由意志的生命,更是会变化不定。企业管理若对此重视不足,只是从理想状态出发,不留任何余地,则往往会处于十分被动的境地。

弹性原理对于安全管理具有十分重要的意义。安全管理所面临的是错综复杂的环境和条件,尤其是事故致因是很难完全预测和掌握的,因此安全管理必须尽可能保持好的弹性。一是不断推进安全管理的科学化、现代化,加强系统安全性分析和危险性评价,尽可能做到对危险因素的识别、消除和控制;二是采取全方位、多层次的事故预防对策,实行全面、全员、全过程的安全管理,从人、物、环境等方面层层设防。此外,在安全管理中必须注意协调好上下、左右、内外各方面的关系,尽可能取得各级人员的理解和支持。这样安全管理工作才能顺利地开展。

2.3 安全管理的原理和原则

安全管理除了具有前面所介绍的一些通用的管理学原理和原则,由于其自身的特殊性,还有着有别于其他管理的一些原理和原则。

2.3.1 预防原理

东汉荀悦所著《申鉴》有:"一曰防,二曰救,三曰戒。先其未然谓之防,发而止之谓之救,行而责之谓之戒。防为上,救次之,戒为下。"意思是对付事故保障安全有三种办法,第一种办法是在事情没有发生之前就预设警戒,防患于未然,这叫预防;第二种办法是在事情或者征兆刚出现就及时采取措施加以制止,防微杜渐,防止事态扩大,这叫补救;第三种办法是在事情发生后再行责罚教育,这叫惩戒。这三种方法中,预防为上策,补救是中策,惩戒是下策。安全管理就应该把工夫花在预防事故发生方面。那么,事故是不是能够预防? 答案是肯定的。首先,让我们了解一下预防原理的含义。

2.3.1.1　预防原理的含义

安全管理工作应该以预防为主,即通过有效的管理和技术手段,防止人的不安全行为和物的不安全状态出现,从而使事故发生的概率降到最低,这就是预防原理。

预防,其本质是在有可能发生意外人身伤害或健康损害的场合,采取事前的措施,防止伤害的发生。预防与善后是安全管理的两种工作方法。善后是针对事故发生以后所采取的措施和进行的处理工作,在这种情况下,无论处理工作如何完善,事故造成的伤害和损失已经发生,这种完善也只能是相对的。显然,预防的工作方法是主动的、积极的,是安全管理应该采取的主要方法。

安全管理以预防为主,其基本出发点源自生产过程中的事故是能够预防的观点。除了自然灾害以外,凡是由于人类自身的活动而造成的危害,总有其产生的因果关系,探索事故的原因,采取有效的对策,原则上讲就能够预防事故的发生。

由于预防是事前工作,因此其正确性和有效性就十分重要,生产系统一般是较复杂的系统,事故的发生既有物的方面的原因,又有人的方面的原因,事先很难估计充分。有时,重点预防的问题没有发生,但未被重视的问题却酿成大祸。为了使预防工作真正起到作用,一方面要重视经验的积累,对既成事故和大量的未遂事故(险肇事故)进行统计分析,从中发现规律,做到有的放矢;另一方面要采用科学的安全分析、评价技术,对生产中人和物的不安全因素及其后果做出准确判断,从而实施有效的对策,预防事故的发生。

需要注意的是,在日常的安全管理中人们往往更多地注重从技术措施角度去预防,例如预防火灾、爆炸,关注建筑物的防火结构,限制危险物的贮存数量、安全距离、防爆墙、防油堤,设置的火灾报警器、灭火器、灭火设备是否符合标准规范,而对危险源以及人的管理反而忽视,而这恰恰正是预防的重点。

实际上,要预防全部的事故发生是十分困难的,也就是说不可能让事故发生的概率降为零。因此,为防备万一,采取充分的善后处理对策也是必要的。安全管理必须坚持"预防为主,善后为辅"的科学管理方法。

2.3.1.2　运用预防原理的原则

1. 损失偶然原则

事故所产生的后果(人员伤亡、健康损害、物质损失等),以及后果的大小,都是随机的,是难以预测的。反复发生的同类事故,不一定产生同样的后果,这就是事故损失的偶然性。

关于人身事故,美国学者 Heinrcih 调查提出,对于跌倒这样的事故,如果反复发生,则存在这样的后果,在 330 次跌倒中,无伤害 300 次,轻伤 29 次,重伤 1 次,这就是著名的Heinrich 法则,或者称为 1:29:300 法则。日本学者青岛贤司的调查表明,伤亡事故与无伤亡事故的比例:重型机械和材料工业为1:8;轻工业为1:32。

上述比率均是调查统计的结果,实际上,这些比率随着事故种类、工作环境和调查方法等的不同而不同,例如坠落、触电等事故的重伤比例非常高。因此,这个法则并不只是数学比率的意义,而是意味着事故与伤害程度之间存在着偶然性的概率原则。

以爆炸事故为例:被破坏设备的种类,有无负伤者或人数多少,负伤部位或程度,爆炸后有无火灾等,以及爆炸事故当时发生的地点、人员情况、周围可燃物数量等都是由偶然性决定的,是不可能预测的。

也有的事故发生没有造成任何损失,这种事故被称为险肇事故(near accident)。但若再次发生完全类似的事故,会造成多大的损失,只能由偶然性决定而无法预测。

根据事故的偶然性,可得到安全管理上的偶然性原则:无论事故是否造成了损失,为了防止事故损失的发生,唯一的办法是防止事故再次发生。这个原则强调,在安全管理实践中,一定要重视各类事故,包括险肇事故,只有连险肇事故都控制住,才能真正防止事故损失的发生。

2. 因果关系原则

因果,即原因和结果。因果关系就是事物之间存在着一事物是另一事物发生的原因的这种关系。

防止灾害发生的重点是防止事故的发生。事故之所以发生,是有其必然原因的。亦即,事故的发生与其原因有着必然的因果关系。事故与原因是必然的关系,事故与损失是偶然的关系,这是可以科学阐明的问题。

事故是许多因素互为因果连续发生的最终结果。一个因素是前一个因素的结果,而又是后一个因素的原因,环环相扣,导致事故的发生。事故的因果关系决定了事故发生的必然性,即事故因素及其因果关系的存在决定了事故迟早必然要发生。

一般说来,事故原因常可分为直接原因和间接原因。直接原因又称为一次原因,是在时间上最接近事故发生的原因,包括物的原因和人的原因。关于事故的间接原因,国家标准《企业职工伤亡事故调查分析规则》(GB6442—86)中列举如下七项:

(1)技术和设计上有缺陷——工业构件、建筑物、机械设备、仪器仪表、工艺过程、操作方法、维修检验等的设计,施工和材料使用存在问题。

(2)教育培训不够,未经培训,缺乏或不懂安全操作技术知识。

(3)劳动组织不合理。

(4)对现场工作缺乏检查或指导错误。

(5)没有安全操作规程或不健全。

(6)没有或不认真实施事故防范措施,对事故隐患整改不力。

(7)其他。

事故的必然性中包含着规律性。必然性来自于因果关系,深入调查、了解事故因素的因果关系,就可以发现事故发生的客观规律,从而为防止事故发生提供依据。应用数理统计方法,收集尽可能多的事故案例进行统计分析,就可以从总体上找出带有规律性的结果,为宏观安全决策奠定基础,为改进安全工作指明方向,从而做到"预防为主",实现安全生产。

从事故的因果关系中认识必然性,发现事故发生的规律性,变不安全条件为安全条件,把事故消灭在早期起因阶段,这就是因果关系原则。

3. 3E 原则(对策)

在前述各种间接原因中,技术原因、教育原因以及管理的原因,是构成事故最重要的原因。与这些原因相应的防止对策为技术对策、教育对策以及法制对策。通常把技术(Engineering)、教育(Education)和法制(Enforcement)对策称为"3E"安全对策。技术对策着重解决物的不安全状态的问题,教育对策和法制对策则主要着眼于人的不安全行为的问题。教育对策主要使人知道应该怎样做,而法制对策则是要求人必须怎样做。

(1) 技术对策

技术对策是以工程技术手段解决安全问题,预防事故的发生及减少事故造成的伤害和损失,是预防和控制事故的最佳安全措施。

根据系统寿命阶段的特点,为满足规定的安全要求,可采用以下几种安全设计方法:

① 能量控制方法。例如:限制能量、防止能量积聚、用较安全的能源代替危险能源、控制能量释放、延缓能量释放、开辟能量释放渠道、设置屏障、从时间上和空间上将人与能量隔离。

② 内在安全设计方法。也称狭义本质安全设计,是指依靠自身的安全设计而不是从外部采取附加的安全装置和设备,即使发生故障或误操作,设备和系统仍能保证安全。

③ 隔离方法。采用护板、栅栏等将已识别的危险源同人员和设备隔开,以防止危险或将危险降低到最低水平,并控制危险的影响。例如:分离、屏蔽、时间隔离等。

④ 闭锁、锁定和联锁。它们的安全功能是防止不相容事件发生或事件在错误的时间发生或以错误的次序发生。

⑤ 故障-安全设计。指在系统、设备的一部分发生故障或失效的情况下,在一定时间内也能保证安全的安全技术措施。例如:故障-安全消极设计、故障-安全积极设计、故障-安全可工作设计等。

⑥ 故障最小化设计。对于需要连续运行的系统,在故障-安全不可行的情况下,可采用故障最小化方法。故障最小化方法主要有降低故障率和实施安全监控两种形式。降低故障率通常采用安全系数、概率设计、降额、冗余、筛选、定期更换等方案。

⑦ 告警装置。用于向有关人员通告危险、设备问题和其他值得注意的状态,以便使有关人员采取纠正措施,避免事故发生。例如:视觉警告、听觉警告、嗅觉警告、触觉警告和味觉警告等。

(2) 教育对策

教育对策是提供各种层次的、各种形式和内容的教育和训练,使职工牢固树立"安全第一"的思想,掌握安全生产所必需的知识和技能。

教育作为一种安全对策,不仅在产业部门,而且在教育机关组织的各种学校,同样有必要实施安全教育和训练。

安全教育应当尽可能从幼年时期就开始,从小就灌输对安全的良好认识和习惯。同时,还应该在中学及高等学校中,通过化学实验、运动竞赛、远足旅行、汽车驾驶等活动实施具体的安全教育和训练。

另一方面,单位应培养出能在学校担任安全教育的教师。

作为专门教育机构,应该系统地教授必要的安全工程学知识;对公司和工厂的技术人员,应该按照具体的业务内容,进行安全技术及管理方法的教育。

(3)法制对策

法制对策是利用法律、规程、标准以及规章制度等必要的强制性手段约束人们的行为,从而达到消除不重视安全、"三违"等现象的目的。

在应用 3E 原则时,应综合地灵活地运用这三种对策,不要片面强调其中某一个对策。具体改进的顺序是:首先是工程技术措施,然后是教育训练,最后才是法制。

在 3E 原则的基础上,有学者加入了环境(Environment)对策,又称为 4E 原则(对策)。

4. 本质安全化原则

本质安全化原则,又称本质安全化策略或本质安全化设计,是实现本质安全的一种技术理念,被广泛应用于各个工程技术领域。本质安全设计作为危险源控制的基本方法,主张通过工程技术措施,在源头上消除或控制危险源,而不是依赖"附加的"安全防护措施或管理措施去控制它们。

不同的工程技术领域需要消除、控制的危险源不同,采取的具体技术原则也不尽相同。1974 年英国的特雷弗·克雷兹提出了过程工业本质安全设计的理念。在弗里克斯保罗(Flixborough)、塞维索(Seveso)等重大工业事故之后,本质安全设计的理念在化工、石油化工领域受到广泛重视。1985 年克雷兹把工艺过程的本质安全设计归纳为以下五个方面:

(1)消除(elimination)。应该注意,采用"消除"原则时人们只能消除某种或某几种选定的危险物质,而不能消除所有危险物质。特别是,许多物质的某种危险特性往往也是我们将要加以利用的特性,如可燃性物质虽然可能发生火灾、爆炸,却可以为我们提供能源,我们不能将其消除。因此,有些文献中只提后面的四项原则。

(2)最小化(minimization),也称强化或减少。尽可能减少工艺过程中危险物料的滞留量和工厂范围内危险物质的储存量,即使全部的物料泄漏也不会造成紧急情况。例如,危险的反应物,应由临近的车间就地生产,使得输送管线中的实际保有物料量最少。

(3)替代(substitution)。如果最小化强化措施不可行,可以采取替代措施,即在生产过程中采用较安全的物质(或工艺)替代危害较大的物质(或工艺)。例如,利用不燃的或闪点较高的液体,毒性较小的溶剂(制冷剂、导热材料)来代替那些易(可)燃性的、毒性的原料。

(4)缓和(moderation)。通过改善物理条件(如操作温度、浓度)或改变化学条件(如化学反应条件)使物质或工艺系统处于危险性更小的状态。万一物料发生泄漏,可以将后果控制在较低水平。

(5)简化(simplification),也称容错。尽量剔除工艺系统中烦琐、冗余的部分,使操作更加容易,减少操作人员犯错误的机会。即使出现操作失误,系统也具有较好的容错性来确保安全。

需要特别注意的是,经过本质安全设计后,虽然系统中的危险源被消除、控制,危险性降低了，但是仍然有危险源和危险性，即有"残余风险(residual risk)"，甚至残余危险可能高于可接受风险(acceptable risk)水平。于是，有人建议使用术语"本质较安全设计(inherently safer design)"取代"本质安全设计"，提醒人们不要产生误解。

本质安全化是风险控制的首要途径，在无法实现本质安全化情况时，按照可靠性依次采取被动保护(passive)、主动保护(active)和程序性运用(procedural)，如图 2.2 所示。

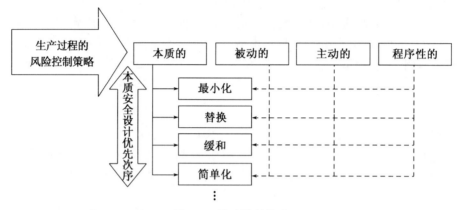

图 2.2 风险控制策略

被动保护措施是依靠工艺或设施设计上的特征，降低事故发生的概率和减轻事故的后果，或同时采取这两种方法，这类措施不依赖人的启动或元件的触发。例如，在设计反应器时，使它们本身能够承受工艺过程中可能存在的最高压力，即使反应器内压力出现波动，也总能保障安全，而且可以省掉复杂的压力联锁控制系统、超压泄放系统，如收集罐、洗涤器、火炬等(根据法规要求，可能仍然需要安装安全阀等泄压装置)。通常，人们也将此策略归于广义的"本质安全"的范畴。

主动保护措施是采用基本的工艺控制、联锁、紧急停车等手段，及时发现、纠正工艺系统的非正常工况。主动保护措施也称为工程控制措施。例如，当化学品储罐的压力升高到设定压力时，调节阀自动开启调压以防止储罐超压，就属于此类保护。

程序控制措施是运用操作程序、维修程序、作业管理程序、应急反应程序或通过其他类似的管理途径来预防事故或减轻事故造成的后果。程序控制又称为管理控制。例如，在工厂生产区域焊接作业时，为了控制着火源，需要严格执行作业许可制度。人总是会犯错误，而且可能出现判断上的失误，所以程序运用属于较低层次的风险控制策略，但它仍然是风险控制的一个重要环节。程序运用另一方面的重要意义在于，它是被动保护装置和主动保护装置处于可靠、可工作状态的保障。例如，工厂依据维护检测程序确保各种关键联锁正常工作。

本质安全化和被动保护的应对策略是最为重要和可靠的，但为了尽量降低风险，上述所有策略都是必须考虑的。风险控制策略的应用通常被描述为工艺过程周围的一系列保护层(LOPA)，如图 2.3 所示。需要指出的是，保护层由内往外是按照事故演化的时序描述的，不等同于风险控制的优先顺序。

本质安全化、被动保护措施、主动保护措施和程序控制措施四类风险控制途径主要是

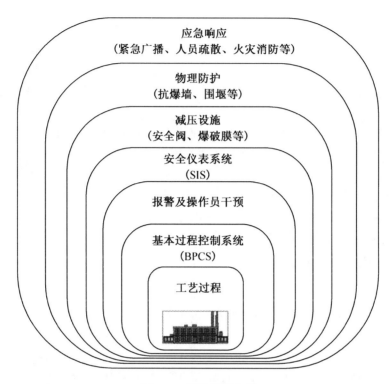

图 2.3 保护层示意图

预防事故,为了在事故发生时保护操作人员,有必要采取必要的个人防护。个人防护是保护操作人员免受伤害的最后环节。

2.3.2 强制原理

2.3.2.1 强制原理的含义

采取强制管理的手段控制人的意愿和行动,使个人的活动、行为等受到安全管理要求的约束,从而实现有效的安全管理,这就是强制原理。

一般来说,管理均带有一定的强制性。管理是管理者对被管理者施加作用和影响,并要求被管理者服从其意志,满足其要求,完成其规定的任务,这显然带有强制性。不强制便不能有效地抑制被管理者的无拘个性,将其调动到符合整体管理利益和目的的轨道上来。

安全管理更需要具有强制性,这是基于以下三个方面的原因。

(1) 事故损失的偶然性。企业不重视安全工作,存在人的不安全行为和物的不安全状态时,由于事故发生的偶然性,并不一定会产生具有灾难性的后果,这样会使人觉得安全工作并不重要,可有可无,从而进一步忽视安全工作,使得不安全行为和不安全状态继续存在,直至发生事故。

(2) 人的冒险心理。这里所谓的"冒险"是指某些人为了获得某种利益而甘愿冒受到伤害的风险。持有这种心理的人不恰当地估计了事故潜在的可能性,心存侥幸,在避免风险和利益之间做出了错误的选择。这里"利益"的含义包括：省事、省时、省能、图舒服、提高金钱收益等，冒险心理往往会使人产生有意识的不安全行为。

（3）事故损失的不可挽回性。这一原因可以说是安全管理需要强制性的根本原因。事故损失一旦发生，往往会造成永久性的损害，尤其是人的生命和健康，更是无法弥补。因此在安全问题上，经验一般都是间接的，不能允许当事人通过犯错误来积累经验和提高认识。

安全强制性管理的实现，离不开严格合理的法律、法规、标准和各级规章制度，这些法规、制度构成了安全行为的规范。同时，还要有强有力的管理和监督体系，以保证被管理者始终按照行为规范进行活动，一旦其行为超出规范的约束，就要有严厉的惩处措施。

在理解强制性管理时要与唯长官意志的独裁管理进行区分。虽然二者都是使被管理者服从，但强制管理强调规范化、制度化、标准化；而独裁管理完全凭企业领导人的个人意志行事，大量实践证明，这种管理方式是搞不好安全工作的。

2.3.2.2 运用强制原理的原则

1. 安全第一原则

安全第一要求在进行生产和其他活动时，把安全工作放在一切工作的首要位置。当生产和其他工作与安全发生矛盾时，要以安全为主，生产和其他工作要服从安全，这就是安全第一原则。

安全第一原则可以说是安全管理的基本原则，也是我国安全生产方针的重要内容。贯彻安全第一的原则，就是要求经济部门和生产企业的领导者要高度重视安全，把安全工作当作头等大事来抓，要把保证安全作为完成各项任务、做好各项工作的前提条件。在计划、布置、实施各项工作时首先想到安全，预先采取措施，防止事故发生。该原则强调，必须把安全生产作为衡量企业工作好坏的一项基本内容，作为一项有"否决权"的指标，不安全不准进行生产。

作为强制原则范畴中的一个原则，安全第一应该成为企业的统一认识和行动准则，各级领导和全体员工在从事各项工作中都要以安全为根本。谁违反了这一原则，谁就应该受到相应的惩处。

坚持安全第一原则，就要建立和健全各级安全生产责任制，从组织上、思想上、制度上切实把安全工作摆在首位，常抓不懈，形成"标准化、制度化、经常化"的安全工作体系。

2. 监督原则

为了促进各级生产管理部门严格执行安全法律、法规、标准和规章制度，保护职工的安全和健康，实现安全生产，必须授权专门的部门和人员行使监督、检查和惩罚的职责，以揭露安全工作中的问题，督促问题的解决，追究和惩戒违章失职行为，这就是安全管理的监督原则。

安全管理带有较多的强制性，只要求执行系统自动贯彻实施安全法规，而缺乏强有力的监督系统去监督执行，则法规的强制威力是难以发挥的。因此必须建立专门的监督机构，配备合格的监督人员，赋予必要的强制权力，以保证其履行监督职责，才能保证安全管理工作落到实处。

2.4 事故致因理论

事故致因理论是从大量典型事故的原因中所分析提炼出的事故机理和事故模型。它不考虑危险源的具体特点和事故的具体内容与形式,而只是抽象概括地考虑构成系统的人、机、物、环境,因此它更本质、更具普遍意义。这些机理和模型反映了事故发生的规律性,能够为事故原因的定性、定量分析,为事故的预测预防,为改进安全管理工作,从理论上提供科学的依据。

随着科学技术和生产方式的发展,事故发生的规律在不断变化,人们对事故原因的认识也在不断深入,到目前为止,人们已提出了十多种事故致因理论,这里我们介绍其中常用的几种。

2.4.1 事故因果连锁理论

2.4.1.1 海因里希(Heinrich)因果连锁理论

最早的事故因果连锁理论是由美国人 Heinrich 提出的,他用该理论阐明导致伤亡事故的各种因素之间,以及这些因素与伤害之间的关系。该理论的核心思想是:伤亡事故的发生不是一个孤立的事件,而是一系列原因事件相继发生的结果,即伤害与各原因相互之间具有连锁关系。后人对该理论进行了完善,但其中心思想不变,即认为事故因果关系之间存在继承性——前一过程的结果是引发后一过程的原因。

Heinrich 提出的事故因果连锁过程包括如下五种因素:

(1) 遗传及社会环境。遗传及社会环境是造成人的缺点的原因。遗传因素可能使人具有鲁莽、固执、粗心等对于安全来说属于不良的性格;社会环境可能妨碍人的安全素质培养,助长不良性格的发展,这种因素是因果链上最基本的因素。

(2) 人的缺点。即由于遗传和社会环境因素所造成的人的缺点。人的缺点是使人产生不安全行为或造成物的不安全状态的原因。这些缺点既包括诸如鲁莽、固执、易过激、神经质、轻率等性格上的先天缺陷,也包括诸如缺乏安全生产知识和技能等的后天不足。

(3) 人的不安全行为和物的不安全状态。这二者是造成事故的直接原因。他认为,人的不安全行为是由于人的缺点而产生的,是造成事故的主要原因。

Heinrich 曾经调查了 75000 起工伤事故,发现其中有 98% 是可以预防的。在可预防的工伤事故中,以人的不安全行为为主要原因的占 89.8%,而以设备的、物质的不安全状态为主要原因的只有 10.2%。按照这种统计结果,绝大部分工伤事故都是由于人的不安全行为引起的。当然,由于时代的局限性,Heinrich 认为物的不安全状态也是由于工人的错误所致。

(4) 事故。这里的事故是指由于物体、物质等对于人体发生意外的作用,使人员受到伤害的事件。

(5) 伤害。即直接由事故产生的人身伤害。

上述事故因果连锁关系,可以用多米诺骨牌原理(Domino Sequence)来阐述。如果第一块骨牌倒下(即第一个原因出现),则发生连锁反应,后面的骨牌相继被碰倒(相继发生）。按因果顺序,伤亡事故的五因素:遗传及社会环境 A_1 造成了人的缺点 A_2,人的缺点又造成了不安全的行为 A_3,后者促成了事故 A_4(包括未遂事故)和由此产生的人身伤亡事件 A_5,如图 2.4 所示。

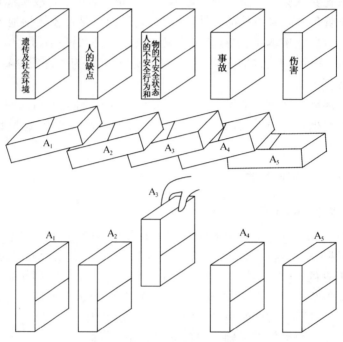

图 2.4　海因里希事故致因理论

　　该理论积极的意义就在于,如果移去因果连锁中的任一块骨牌,则连锁被破坏,事故过程被终止。Heinrich 认为,企业安全工作的中心就是要移去中间的骨牌——防止人的不安全行为或消除物的不安全状态,从而中断事故连锁的进程,避免伤害的发生。

　　Heinrich 理论有明显的不足,如它对事故致因连锁关系的描述过于绝对化、简单化。事实上,各个骨牌(因素)之间的连锁关系是复杂的、随机的。前面的牌倒下,后面的牌可能倒下,也可能不倒下。事故并不一定都会形成伤害,不安全行为或不安全状态也并不是必然会造成事故,等等。尽管如此,Heinrich 的事故因果连锁理论促进了事故致因理论的发展,成为事故研究科学化的先导,具有重要的历史地位。后来博德、亚当斯、北川彻三等人在此基础上进行了进一步的补充和完善,使因果连锁的思想得以进一步发扬光大,收到了较好的效果。

2.4.1.2　博德(Bird)事故因果连锁理论

　　Bird 在 Heinrich 事故因果连锁理论的基础上,提出了与现代安全观点更加吻合的事故因果连锁理论。

　　Bird 的事故因果连锁过程同样为五个因素,但每个因素的含义与 Heinrich 的都有所不同。

　　(1) 管理缺陷。对于大多数工业企业来说,由于各种原因,完全依靠工程技术措施预防事故既不经济也不现实,只能通过完善安全管理工作,才能防止事故的发生。企业管理者必须认识到,只要生产系统没有实现本质安全化,就有发生事故及伤害的可能性,因此,安全管理是企业管理的重要一环。

安全管理系统要随着生产的发展变化而不断调整完善,十全十美的管理系统不可能存在。由于安全管理的缺陷,致使能够造成事故的其他原因出现。

(2)个人及工作条件的原因。这方面的原因是由于管理缺陷造成的。个人原因包括缺乏安全知识或技能,行为动机不正确,生理或心理有问题等;工作条件原因包括安全操作规程不健全,设备、材料不合适,以及存在温度、湿度、粉尘、气体、噪声、照明、工作场地状况等有害作业环境因素。只有找出并控制这些原因,才能有效地防止后续原因的发生,从而防止事故的发生。

(3)直接原因。人的不安全行为和物的不安全状态是事故的直接原因。这种原因是安全管理中必须重点加以追究的原因。但是,直接原因只是一种表面现象,是深层次原因的表征。在实际工作中,不能仅停留于表象。

(4)事故。这里的事故被看作是人体或物体与超过其承受阈值的能量接触,或人体与妨碍正常生理活动的物质的接触。因此,防止事故就是防止接触。可以通过对装置、材料、工艺等的改进来防止能量的释放,或者训练工人提高识别和规避危险的能力,佩戴个人防护用具等来防止接触。

(5)损失。人员伤害及财物损坏统称为损失。人员伤害包括工伤、职业病、精神创伤等。

在许多情况下,可以采取恰当的措施使事故造成的损失最大限度地减小。例如,对受伤人员进行迅速正确的抢救,对设备进行抢修及平时对有关人员进行应急训练等。

此外,还有亚当斯、北川彻三等提出与博德事故因果理论相类似的因果连锁模型。

2.4.2 流行病学方法模型

1949年葛登利用流行病传染机理理论述了事故的发生机理,提出了"用于事故的流行病学方法"理论。葛登认为工伤事故的发生和易感性可以用与结核病、小儿麻痹症等的发生和感染同样的方式去理解。这种流行病学方法考虑当事人(事故受害者)的年龄、性别、生理、心理状况以及环境的特性,例如工作和生活区域、社会状况、季节等,还有媒介的特性,诸如流行病学中的病毒、细菌,但在工伤事故中就不再是范围确定的生物学问题,而应把"媒介"理解为促成事故的能量,即构成伤害的来源,如机械能、位能、电能、热能和辐射能等。能量和病毒一样都是事故或疾病现象的瞬时原因。但是,疾病的媒介总是有害的,只是有害程度轻重不同而已。而能量在大多数时间里是有利的动力,是服务于生产的一种功能,只有当能量逆流于人体的偶然情况下,才是事故发生的原点和媒介。

流行病学方法较早期的事故致因理论有了较大的进步,它明确地承认原因因素间的关系特性。该理论认识到,事故是三组变量(当事人的特性、环境特性和作为媒介的能量特性)中某些因素相互作用的结果。但是,这种理论也有明显的不足,主要是关于致因的媒介。作为致病媒介的病毒等在任何时间和场合都是确定的,只是需要分辨并采取措施防治;而作为导致事故的媒介到底是什么,还需要识别和定义,否则该理论无太大用处。

2.4.3　能量意外转移理论

近代工业的发展起源于将燃料的化学能转变为热能,并以水为介质转变为蒸汽,然后将蒸汽的热能转变为机械能输送到生产现场。这就是蒸汽机动力系统的能量转换。电气时代是将水的势能或蒸汽的动能转换为电能,在生产现场再将电能转变为机械能进行产品的制造加工。核电站则是用原子能转变为电能。总之,能量是具有做功本领的物理元,它是由物质和场构成系统的最基本的物理量。

输送到生产现场的能量,根据生产的目的和手段不同,可以相互转变为各种形式。按照能量的形式,分为:① 势能(Potential energy);② 动能(Kinetic energy);③ 热能(Heat energy);④ 化学能(Chemical energy);⑤ 电能(Electric energy);⑥ 原子能(Atomic energy);⑦ 辐射能(Radioactive energy);⑧ 声能(Sound energy);⑨ 生物能(Biological energy)。

1966 年美国运输部国家安全局局长哈登(Haddon)引申了吉布森(Gibson)1961 年提出的下述观点:"生物体(人)受伤害的原因只能是某种能量向人体的转移,而事故则是一种能量的异常或意外的释放。"并提出了"根据有关能量对伤亡事故加以分类的方法",他将伤害分为两类,见表 2.1 和表 2.2。

表 2.1　第 1 类伤害的实例

施加的能量类型	产生的原发性损伤	举例与注释
机械能	移位、撕裂、破裂和压挤,主要伤及组织	由于运动的物体如子弹、皮下针、刀具和下落物体冲撞造成的损伤,以及由于运动的身体冲撞相对静止的设备造成的损伤,如在跌倒时、飞行时和汽车事故中。具体的伤害结果取决于合力施加的部位和方式。大部分的伤害属于机械能
热能	炎症、凝固、烧焦和焚化,伤及身体任何层次	第一度、第二度和第三度烧伤,具体的伤害结果取决于热能作用的部位和方式
电能	干扰神经-肌肉功能以及凝固、烧焦和焚化,伤及身体任何层次	触电死亡、烧伤、干扰神经功能,如在电休克疗法中。具体伤害结果取决于电能作用的部位和方式
电离辐射	细胞和亚细胞成分与功能的破坏	反应堆事故,治疗性与诊断性照射,滥用同位素、放射性元素的作用。具体伤害结果取决于辐射能作用部位和方式
化学能	伤害一般要根据每一种或每一组织的具体物质而定	包括由于动物性和植物性毒素引起的损伤,化学烧伤如氢氧化钾、溴、氟和硫酸,以及大多数元素和化合物在足够剂量时产生的不太严重而类型很多的损伤

表 2.2 第 2 类伤害的实例

影响能量交换的类型	产生的损伤或障碍的种类	举例与注释
氧的利用	生理损害、组织或全身死亡	全身：由机械因素或化学因素引起的窒息（例如溺水、一氧化碳中毒和氰化氢中毒）。局部：如"血管性意外"
热能	生理损害、组织或全身死亡	由于体温调节障碍产生的损害、冻伤、冻死

Haddon 认为，在一定条件下某种形式的能量能否产生伤害，甚至造成人员伤亡事故，应该取决于：① 人接触能量的大小；② 接触时间和频率；③ 力的集中程度——他认为预防能量转移的安全措施可用屏障树（防护系统）的理论加以阐明；④ 屏障设置得越早，效果越好。

按能量大小，可研究建立单一屏障还是多重屏障（冗余屏障）。

防护能量逆流于人体的典型系统可大致分为十二个类型：

（1）限制能量的系统。如限制能量的速度和大小，规定极限量和使用低压测量仪表等。

（2）用较安全的能源代替危险性大的能源。如用水力采煤代替爆破；应用 CO_2 灭火剂代替 CCl_4 等。

（3）防止能量蓄积。如控制爆炸性气体 CH_4 的浓度，应用低高度的位能，应用尖状工具（防止钝器积聚热能）等，控制能量增加的限度。

（4）控制能量释放。如在贮存能源和实验时，采用保护性容器（如耐压氧气罐、盛装放射性同位素的专用容器）以及生活区远离污染源等。

（5）延缓能量释放。如采用安全阀、逸出阀，以及应用某些器件吸收振动等。

（6）开辟释放能量的渠道。如接地电线，抽放煤矿中的瓦斯等。

（7）在能源上设置屏障。如防冲击波的消波室、消声器、原子辐射防护屏等。

（8）在人、物与能源之间设屏障。如防护罩、防火门、密闭门、防水闸墙等。

（9）在人与物之间设屏蔽。如安全帽、安全鞋和手套、口罩等个体防护用具等。

（10）提高防护标准。如采用双重绝缘工具、低电压回路、连续监测和远距遥控等，增强对伤害的抵抗能力（人的选拔，耐高温、高寒、高强度材料）。

（11）改善效果及防止损失扩大。如改变工艺流程，变不安全流程为安全流程，搞好急救。

（12）修复或恢复。治疗、矫正以减轻伤害程度或恢复原有功能。

从系统安全观点研究能量转移的另一概念是，一定量的能量集中于一点要比集中于一个面所造成的伤害程度更大。因此，可以通过延长能量释放时间或使能量在大面积内消散的方法来降低其危害的程度。对于需要保护的人和物应远离释放能量的地点，以此来控制由于能量转移而造成的事故。

最理想的是，在能量控制系统中优先采用自动化装置，而不需要操作者再考虑采取什么措施。安全工程技术人员应充分利用能量转移理论在系统设计中克服不足之处，并且对能量加以控制，使其保持在容许限度之内。

用能量转移的观点分析事故致因的基本方法是：首先确认某个系统内的所有能量源；然后确定可能遭受该能量伤害的人员、伤害的严重程度；进而确定控制该类能量异常或意外转移的方法。

能量和危险物质的存在是危险产生的最根本的原因，根据能量意外释放理论，把系统中存在的、可能发生意外释放的能量或危险物质称作第一类危险源。与之相对应的第二类危险源，是指导致约束或限制能量措施失效、破坏的各种不安全因素，如人的因素、物的因素、环境因素和管理因素，即第一类危险源导致事故的必要条件。第一类危险源决定了事故后果的严重程度，它具有的能量越多，发生事故后果越严重，第二类危险源决定了事故发生的可能性大小；第一类危险源是导致事故发生的根源，第二类危险源是事故的原因。第一类危险源与第二类危险源的关系如图2.5所示。

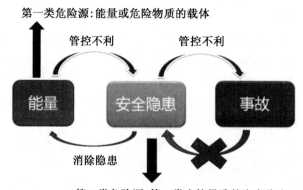

图 2.5 第一类危险源与第二类危险源的关系

能量转移理论与其他事故致因理论相比，具有两个主要优点：一是把各种能量对人体的伤害归结为伤亡事故的直接原因，从而决定了以对能量源及能量传送装置加以控制作为防止或减少伤害发生的最佳手段这一原则；二是依照该理论建立的对伤亡事故的统计分类，是一种可以全面概括、阐明伤亡事故类型和性质的统计分类方法。

能量转移理论的不足之处是：由于意外转移的机械能（动能和势能）是造成工业伤害的主要能量形式，这就使得按能量转移观点对伤亡事故进行统计分类的方法尽管具有理论上的优越性，然而在实际应用上存在困难。它的实际应用尚有待于对机械能的分类做更加深入细致的研究，以便对机械能造成的伤害进行分类。

能量异常转移论的出现，为人们认识事故原因提供了新的视野。例如，在利用"用于事故的流行病学方法"理论进行事故原因分析时，就可以将媒介看成是促成事故的能量，即有能量转移至人体才会造成事故。

2.4.4 人-环匹配论

这是由瑟利（J·Surly）在1969年提出的一种事故致因理论，也称为瑟利模型。后来又经安德森加以补充改进而成瑟利-安德森模型。它是把人、机、物、环境组成的一个系统整体归化为人（主体）与环境（客体）两个方面。人（包括操作者与管理者）作为生产系统的主体,主要看他的三个心理学成分——对事件的感知 S、对事件的理解 O、对事件的生理行为响应 R;环境(包括机械、物质、环境)作为生产系统中人以外的客体,主要看它的变动性、表象性、可控性。把此系统中一个事故的发生分为危险的形成(迫近)与其演变为事故而致伤害或损坏两个过程。事故是否发生,取决于人与环境的相互匹配和适应情况。具体的描述示于图 2.6。

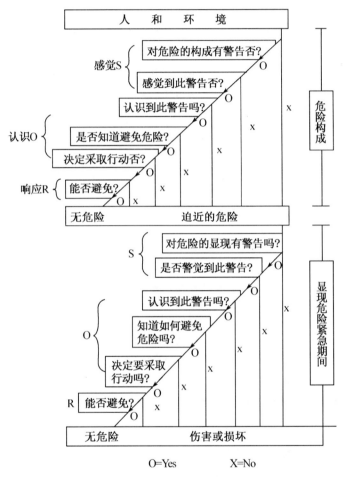

图 2.6 瑟利-安德森事故致因模型

此模型表明,在危险形成或迫近的第一个以及演变为事故的第二个过程中,如果人都能正确回答所提出的问题(图中记为 O),危险就向消除或得以控制的方向发展;如果对所提出的问题做出了错误(否定,图中记为 x)的回答,危险就会向迫近的方向发展,以至发展为致伤、致损的事故。

图 2.7 体现了人对环境(含机、物)的观察、认识与理解的程度和运行中的环境是否提供了足够的时间与空间以适应人的应变素质情况。如果人的回答肯定,则系统可以保证安全;否则必须对系统作适当修改以适应人的允许行为变异的预期范围。

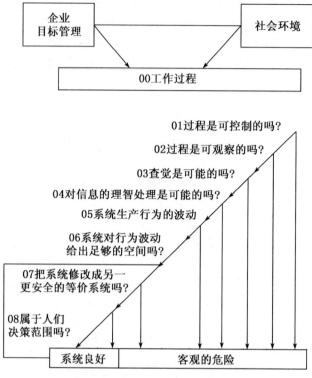

图 2.7 扩展的瑟利-安德森事故致因模型

此模型可以给人们多方面的启示。例如它表明了为了防止事故,首要且关键的在于发现和识别危险,而这同人的感觉能力、知识技能有关,也同作业环境条件有关。又如在处理危险的可接受性时,虽然总体上安全与生产是一致的,但在特定时候、特定条件下也会发生暂时的矛盾。因此,如果危险已达紧迫,即使牺牲生产也必须立即采取行动,以保证安全。相反如果危险离紧迫尚远,在做出恰当估计的条件下还来得及采取其他措施时,就能做到既排除危险、保证安全,又不耽误生产。

2.4.5 扰动起源事故模型—— P 理论

劳伦斯(Lawrence)曾对伤亡事故提出过几个假定:设事故是包含着产生不希望的伤害的一组相继发生的事件;进一步假设这些事件发生在某些活动的进程中,并伴随有人员伤害和物质损失以外的其他结果。在深入研究这两个假设时,自然会得出另外的假设。例如认为"事件"是构成事故的因素,每个事件的含义应该清楚,以便调查者能正确地描述每个事件。

本尼尔(Benner)提出了解释事故的综合概念和术语,同时把分支事件链和事故过程链结合起来而用图表显示。他指出,从调查事故的目的出发,把一个事件看成是某种发生了的事物,是一次瞬间的或重大的情况变化,是一次已避免了的或导致另一次事件发生的偶然事件。一个事件的发生势必由有关的人或物所造成。将有关的人或物统称之为"行为者",其举止活动则称"行为"。

　　这样,一个事件即可用术语"行为者"和"行为"来描述。行为者可以是任何有生命的机体(如司机、车工、厂长),或者是任何非生命的物质(如机械、洪水、车轮)。行为可以是发生的任何事,如运动、故障、观察或决策。行为者和行为必须正确地或定量地描述,而不能用定性的词汇。事件必须按单独的行为者和行为来描述,以便把过程分解为几部分而分别阐述。

　　任何事故当它处于萌芽状态时就有某种扰动(活动),称之为起源事件。事故形成过程是一组自觉或不自觉的、指向某种预期的或不测结果的相继出现的事件链。这种进程包括外界条件及其变化的影响。相继事件过程是在一种自动调节的动态平衡中进行的。如果行为者行为得当或受力适中,即可维持能流稳定而不偏离,达到安全生产;如果行为者的行为不当或发生故障,则对上述平衡产生扰动(Perturbation),就会破坏并结束动态平衡而开始事故的进程,导致终了事件——伤害或损坏。这种伤害或损坏又会依次引起其他变化或能量释放。于是,可以把事故看成从相继的事故事件过程中的扰动开始,最后以伤害或损坏而告终。这可称之为事故的"P理论"。

　　依上述对事故的解释,可按时间关系描绘出事故现象的一般模型,如图2.8所示。

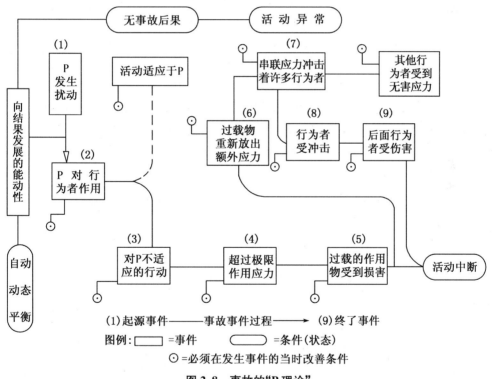

图2.8　事故的"P理论"

2.4.6　轨迹交叉论

　　一个生产系统的人、机、物共处于一种环境中。轨迹交叉认为,该系统内事故的发生是由于人的不安全行为与物(机或环境)的不安全状态在同一时空相遇(或逆流能量轨迹交叉)所造成的,有时环境也是造成人的不安全行为与物(机)的不安全状态及它们相遇的条件。这种情况可用图 2.9 形象地表示出来。

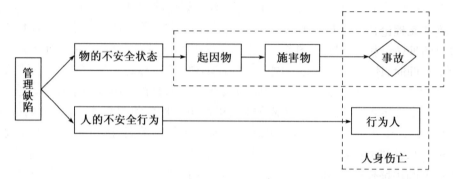

图 2.9　轨迹交叉论

这种理论基于这样的事实，即人、机、物、环境各自的不安全（危险）因素的存在，并不立即或直接造成事故，而是需要其他不安全因素的激发或耦合。例如去除了保护罩的高速运转皮带轮处于不安全状态，如果穿着不符合安全规定衣服的人员与之接触（不安全行为）即激发，就会造成绞入的人身伤亡事故。已处于不安全状态的硝化纤维（如已开始显著分解），受到高温环境（不安全条件）的激发后，就会发生自燃以至火灾。

该模型着重于伤亡事故的直接原因：人的不安全行为和物的不安全状态，及背后的深层原因——管理失误。我国国家标准《企业职工伤亡事故分类》（GB/T6441—1986）就是基于此事故因果连锁模型制定的。事故是由于物与人之间发生了不希望的接触所致，之所以发生这种接触，是因为存在物的不安全状态和人的不安全行为，而物的不安全状态和人的不安全行为是安全管理的缺陷造成的。

起因物指由于存在不安全状态引起事故或使事故能发生的物体或物质，GB/T6441中将其分为锅炉、压力容器、电气设备等 27 类；施害物又称致害物，指与人体接触（直接接触或人体暴露于其中）而造成伤害的物体或物质，GB/T6441 中将其分为 23 类 106 项。

在多数情况下，由于企业管理不善，使工人缺乏教育和训练或者机械设备缺乏维护、检修以及安全装置不完备，导致了人的不安全行为或物的不安全状态。值得注意的是，人与物两因素又互为因果，如有时是设备的不安全状态导致人的不安全行为，而人的不安全行为又会促进设备出现不安全状态。例如，人接近转动机器部位进行作业，有被机器夹住的危险，这属于不安全行为；又如在冲压作业中，如果拆除安全装置（不安全行为），那么设备就要处于不安全状态，有压断手指的可能性。

构成伤亡事故的人与物两大连锁系列中，人的失误占绝对地位，纵然伤亡事故完全来自机械或物质的危害，但机械还是由人设计和操纵的，物质也是由人支配的。当然，自然界的地震、洪水等天然灾害另当别论。

美国在 20 世纪 50 年代对 75 000 起伤亡事故进行统计，发现其中天灾只占 2%。在可防止的全部事故中，由于人的不安全动作造成的事故占 88%，与不安全动作无关的只占 12%。日本 1977 年时制造工业停工四天以上的 104 638 件事故统计表明，从人的系列分析，属于不安全行为为 98 910 件占 94.5%，不属于不安全行为的只占 5.5%；从物的不安全状态分析，由于物的不安全状态而发生的事故为 87 317 件占 83.5%，不属于不安全状态的占 16.5％。杜邦公司对最近 10 多年事故研究表明,96％的伤害事故是由于人的不安全行为造成的。

轨迹交叉理论作为一种事故致因理论,强调人的因素和物的因素在事故致因中占有同样重要的地位。按照该理论,可以通过避免人与物两种因素运动轨迹的交叉,来预防事故的发生。同时,该理论对于调查事故发生的原因,也是一种较好的工具。

2.5 行为科学的基本理论

行为科学是研究工业企业中人的行为规律、用科学的观点和方法改善对人的管理,以充分调动人的积极性和提高劳动者生产效率的一门科学。行为科学起源于 20 世纪 20 年代,一般都以最早在工业中深入研究人的行为的霍桑实验作为标志,40～50 年代得到迅速发展,现已为工业国家广泛应用,取得累累硕果,成为现代管理理论最重要的组成部分。行为科学综合了心理学、社会学、人类学、经济学和管理学的理论和方法,对生产过程中人的行为及其产生原因进行分析研究。

行为科学中关于人的行为理论很多,与安全管理联系最密切的有以下几种理论。

2.5.1 Maslow 的需要层次论

人的需要是指人体某种生理或心理上的不满足感,它可使人产生行动的动机。人的需要是多样和复杂的,在某些特定环境下,会有一种需要是相对最强烈的,我们称其为强势需要。强势需要会产生主导动机,而主导动机直接导致人的行动。人通过行动满足需要后,又会有新的需要变成强势需要,如此循环往复。

为了便于分析研究人的需要,美国心理学家马斯洛(Maslow)在 1943 年提出了"需要层次论"。Maslow 认为,人的需要可以归纳为五大类,既生理、安全、社交、尊重和自我实现的需要。

(1) 生理需要,是人类生存的最基本、最原始的本能需要,包括摄食、喝水、睡眠、求偶等需要。

(2) 安全需要,是生理需要的延伸,人在生理需要获得适当满足之后,就产生了安全的需要,包括生命和财产的安全不受侵害,身体健康有保障,生活条件安全稳定等方面的需要。

(3) 社交需要,是指感情与归属上的需要,包括人际交往、友谊、为群体和社会所接受和承认等,此种需要体现了人有明确的社会需要和人际关系需要。

(4) 尊重需要,包括自我尊重和受人尊重两种需要。前者包括自尊、自信、自豪等心理上的满足感;后者包括名誉、地位、不受歧视等满足感。

(5) 自我实现需要,这是最高层次的需要,是指人有发挥自己能力与实现自身理想和价值的需要。

由于安全需要位于第二层次,所以我们可以看出,当人们的生理需要尚未得到相当满足的条件下,是不会很好地关注安全的。发展中国家人们的安全意识低于发达国家,基本原因就在于此。

Maslow 认为,上述五种需要,以层次形式依次从低级到高级排列,可表示成金字塔形。后来,Maslow 又补充了求知和审美两种需要,组成了七种需要,如图 2.10 所示。一般来说,只有当某低层次的需要相对满足之后,其上一级需要才能转为强势需要。

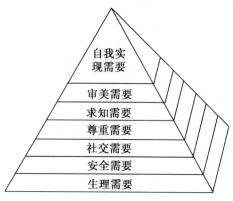

Maslow 的需要层次理论,对揭示人类复杂需要的普遍规律性做出了贡献,且具有直观、易于理解、相对较合理等特点,因此成为国内外许多管理理论的重要基础。但是在应用该理论时,也应该看到,人的需要是复杂的,往往不能机械地、绝对地按层次进行划分,也并

图 2.10 马斯洛需要层次论

非一定严格地按上述各个层次逐级去满足。例如,会有人在没有满足温饱的情况下,却一味地追求个人价值的实现。对于这种特殊的情况,就要具体问题具体分析,而不要盲目地照搬该理论。

在需要的各层次中,安全需要处于仅次于生理需要的较为基础的位置,由此可以看出安全工作的重要性。需要层次理论对企业安全生产管理工作具有一定的指导意义,在实际应用中,可考虑以下几个方面:① 注重调查分析本企业职工需要层次结构的状况,为安全管理提供科学的依据;② 针对不同层次的需要,提出相应的安全管理措施;③ 注意职工需要层次结构的变化,适时调整满足职工需要的管理方法;④ 把职工的安全需要与其他需要作为一个需要体系综合考虑,以提高安全管理的有效性。

2.5.2 双因素理论

1957 年,美国心理学家 Herzberg 提出"激励因素-保健因素"理论,简称双因素理论。该理论将人的行为动机因素分为保健因素和激励因素两大类。

第一类:保健因素。保健因素是与人工作的客观情况有关的一些因素,如工资福利、工作条件、聘任保障、人际关系等。Herzberg 通过对 1 844 人次职工进行调查研究后发现当这些因素缺乏或处理不当时,会引起职工的不满情绪。但即使这些因素都具备,也只能防止职工对工作产生不满,而不能激发人们内在的积极性和更多的满意感。这就像卫生条件能保障人不生病,但不能保证人变得更加强壮,仅仅起到保健的作用,因此称其为保健因素。

第二类:激励因素。激励因素是与人工作有内在联系的一些因素,如工作的成就、绩效的认可或奖励、工作职责的加强、对未来的期望等。Herzberg 调查发现,激励因素是影响和促使人们在工作中不断进取的内在因素。激励因素的改善可激发职工完成工作的积极性,使人感到满意;若处理不当,可导致职工的不满意,但其影响程度不如保健因素。

将双因素理论与 Maslow 的需要层次论相比,可以看出,保健因素相当于人的较低层次的需要(生理、安全和社交的需要),激励因素相当于人的较高层次的需要(尊重、自我实现的需要)。

在企业的安全管理中,首先要重视职工有关保健因素的满足问题,例如:注重改善劳动生产环境,设置必要的福利设施,开展文明生产,力求最大限度地满足职工的合理需要,以减少和消除职工不满的情绪。在此基础上,要充分利用激励因素对职工进行安全生产的激励作用。例如,在安全生产活动中有一定绩效者要予以确认,有突出绩效或贡献者予以表彰和奖励,对安全工作有责任感的职工要赋予一定的职责。要将企业安全生产的近期目标和发展规划以不同的形式反馈给职工,以增强职工对企业安全生产的信心。

值得注意的是,对于有些人来说,某些保健因素和激励因素是很难截然分开的,因此,企业管理人员还应根据本企业不同职工的需要层次区分保健因素和激励因素,要尽力做到因人而异。双因素理论给我们的一个启示是:在安全管理工作中,要防止激励因素转化为保健因素的可能性。例如,物质奖励与职工个人在安全生产中的绩效紧密联系时,才会成为激励因素并发挥其激励作用;若采取平均分配的办法或分配不合理,奖励再多也只能起到保健作用,甚至还会挫伤个别职工的积极性。

2.5.3 强化理论

强化理论又称行为矫正理论,它是由美国心理学家斯金纳提出来的。此理论强调人的行为与影响行为的环境刺激之间的关系,认为管理者可以通过不断改变环境的刺激来控制人的行为。由于人的行为后果对其行为会产生反作用,人们可通过影响行为后果的办法来修正或改变行为,这就是"强化"的概念。凡能够影响行为后果的刺激物均称为"强化物",如奖酬、表彰、处罚等。人们可利用强化物来控制人的行为,以求得行为的改造。

对强化理论的应用,要考虑强化的模式,并采用一整套的强化体制。

强化模式主要有"前因"、"行为"和"后果"三个部分组成。"前因"是指在行为产生之前确定一个具有刺激作用的客观目标,并指明哪些行为将得到强化,如企业规定车间安全生产中每月的安全操作无事故定额。"行为"是指为了达到目标的工作行为。"后果"是指当行为达到了目标时,则给予肯定和奖励;当行为未达到目标时,则不给予肯定和奖励,甚至给予否定或惩罚,以求控制职工的安全行为。

强化包括正强化、负强化和自然消退三种类型:

第一种:正强化,又称积极强化。当人们采取某种行为时,能从他人那里得到某种令其感到愉快的结果,这种结果反过来又成为推进人们趋向或重复此种行为的力量。例如,企业用某种具有吸引力的结果(如奖金、休假、晋级、认可、表扬等),以表示对职工努力进行安全生产行为的肯定,从而增强职工进一步遵守安全规程进行安全生产的行为。

第二种:负强化,又称消极强化。它是指通过某种不符合要求的行为所引起的不愉快的后果,对该行为予以否定。若职工能按所要求的方式行动,就可减少或消除令人不愉快的处境,从而也增大了职工符合要求的行为重复出现的可能性。例如,企业安全管理人员告知工人不遵守安全规程,就要受到批评,甚至得不到安全奖励,于是工人为了避免此种不期望的结果,需要按照操作规程进行安全作业。

惩罚是负强化的一种典型方式,即在消极行为发生后,以某种带有强制性、威慑性的手段(如批评、行政处分、经济处罚等)给人带来不愉快的结果,或者取消现有的令人愉快和满意的条件,以表示对某种不符合要求的行为的否定。

第三种：自然消退，又称衰减。它是指对原先可接受的某种行为强化的撤销。由于在一定时间内不予强化，此行为将自然下降并逐渐消退。例如，企业曾对职工加班加点完成生产定额给予奖酬，后经研究认为这样不利于职工的身体健康和企业的长远利益，因此不再发给奖酬，从而使加班加点的职工逐渐减少。

如上所述，正强化是用于加强所期望的个人行为；负强化和自然消退的目的是为了减少和消除不期望发生的行为。这三种类型的强化相互联系、相互补充，构成了强化的体系，并成为一种制约或影响人的行为的特殊环境因素。

强化的主要功能，就是按照人的心理过程和行为的规律，对人的行为予以导向，并加以规范、修正、限制和改造。它对人的行为的影响，是通过行为的后果反馈给行为主体这种间接方式来实现的。人们可根据反馈的信息，主动适应环境刺激，不断地调整自己的行为。

在企业安全管理中，应用强化理论来指导安全工作，对保障安全生产的正常进行可起到积极作用。在实际应用中，关键在于如何使强化机制协调运转并产生整体效应，为此，应注意以下五个方面：

（1）应以正强化方式为主。在企业中设置鼓舞人心的安全生产目标，是一种正强化方式，但要注意将企业的整体目标和职工个人目标、最终目标和阶段目标等相结合，并对在完成个人目标或阶段目标中做出明显绩效者或贡献者，给予及时的物质和精神奖励（强化物），以求充分发挥强化作用。

（2）采用负强化（尤其是惩罚）手段要慎重。负强化应用得当会促进生产，应用不当则会产生一些消极影响，可能使人由于不愉快的感受而出现悲观、恐惧等心理反应，甚至发生对抗性消极行为。因此，在运用负强化时，应尊重事实，讲究方式方法，处罚依据准确公正，这样可尽量消除其副作用。将负强化与正强化结合应用一般能取得更好的效果。

（3）注意强化的时效性。采用强化的时间对于强化的效果有较大的影响。一般而论，强化应及时，及时强化可提高安全行为的强化反应程度，但须注意及时强化并不意味着随时都要进行强化。不定期的非预料的间断性强化，往往可取得更好的效果。

（4）因人制宜，采用不同的强化方式。由于人的个性特征及其需要层次不尽相同，不同的强化机制和强化物所产生的效应会因人而异。因此，在运用强化手段时，应采用有效的强化方式，并随对象和环境的变化而相应调整。

（5）利用信息反馈增强强化的效果。信息反馈是强化人的行为的一种重要手段，尤其是在应用安全目标进行强化时，定期反馈可使职工了解自己参加安全生产活动的绩效及其结果，既可使职工得到鼓励，增强信心，又可及时发现问题，分析原因，修正行为。

2.5.4　挫折理论

挫折是指人类个体在从事有目的的活动过程中，指向目标的行为受到障碍或干扰，致使其动机不能实现，需要无法满足时所产生的情绪状态。挫折理论主要揭示人的动机行为受阻而未能满足需要时的心理状态，并由此而导致的行为表现，力求采取措施将消极性行为转化为积极性、建设性行为。

个体受到挫折与其动机实现密切相关。人的动机导向目标时，受到阻碍或干扰可有四种情况:① 虽然受到干扰,但主观和客观条件仍可使其达到目标;② 受到干扰后只能部分达到目标或使达到目标的效益变差;③ 由于两种并存的动机发生冲突,暂时放弃一种动机,而优先满足另一种动机,即修正目标;④ 由于主观因素和客观条件影响很大,动机的结局完全受阻,个体无法达到目标。第四种情况下人的挫折感最大,第二和第三种情况次之。挫折是一种普遍存在的心理现象,在人类现实生活中,不但个体动机及其动机结构复杂,而且影响动机行为满足的因素也极其复杂,因此,挫折的产生是不以人们的主观意志为转移的。

引起挫折的原因既有主观的,也有客观的。主观原因主要是个人因素,如身体素质不佳、个人能力有限、认识事物有偏差、性格缺陷、个人动机冲突等;客观原因主要是社会因素,如企业组织管理方式引起的冲突、人际关系不协调、工作条件不良、工作安排不当等。人是否受到挫折与许多随机因素有关,也因人而异。归根结底,挫折的形成是由于人的认知与外界刺激因素相互作用失调所致。

对于同样的挫折情境,不同的人会有不同的感受;引起某一个人挫折的情境,不一定是引起其他人挫折的情境。挫折的感受因人而异的原因主要是由于人的挫折容忍力不同。所谓挫折容忍力,是指人受到挫折时免于行为失常的能力,也就是经得起挫折的能力,它在一定程度上反映了人对环境的适应能力。对于同一个人来说,对不同的挫折,其容忍力也不相同,如有的人能容忍生活上的挫折,却不能容忍工作中的挫折,有的人则恰恰相反。挫折容忍力与人的生理、社会经验、抱负水准、对目标的期望以及个性特征等有关。例如:企业中有的职工有娇骄二气,眼高手低,其挫折容忍力一般较低;再如:企业职工对安全生产的价值观不同,追求达到目标的自我标准不同,即使客观上挫折情境相似,每个人对挫折的感受也会不同,所致的打击程度也就不同。

挫折对人的影响具有两面性:一方面,挫折可增加个体的心理承受能力,使人猛醒,吸取教训,改变目标或策略,从逆境中重新奋起;另一方面,挫折也可使人们处于不良的心理状态中,出现负向情绪反应,并采取消极的防卫方式来对付挫折情境,从而导致不安全的行为反应,如不安、焦虑、愤怒、攻击、幻想、偏执等。在企业管理中,有的人由于安全生产中的某些失误,受到领导批评或扣发奖金,由于其挫折容忍力小,可能就会发泄不满情绪,甚至采取攻击性行动,在攻击无效时,又可能暂时将愤怒情绪压抑,对安全生产采取冷漠的态度,得过且过。人受挫折后可产生一些远期影响,如丧失自尊心、自信心,自暴自弃,精神颓废,一蹶不振等。

在企业安全生产活动中,职工受到挫折后,所产生的不良情绪状态及相伴随的消极行为,不仅对职工的身心健康不利,而且也会影响企业的安全生产,甚至易于导致事故的发生。因此,应该重视管理中职工的挫折问题,采取措施防止挫折心理给职工本人和企业安全生产带来的不利影响。对此,可以采取的措施包括:① 帮助职工用积极的行为适应挫折,如合理调整无法实现的行动目标;② 改变受挫折职工对挫折情境的认识和估价,以减轻挫折感;③ 通过培训提高职工工作能力和技术水平,增加个人目标实现的可能性,减少挫折的主观因素;④ 改变或消除易引起职工挫折的工作环境,如改进工作中的人际关系、实行民主管理、合理安排工作和岗位、改善劳动条件等,以减少挫折的客观因素;⑤ 开展心理保健和咨询,消除或减弱挫折心理压力。

2.5.5 期望理论

1964年,佛隆提出了管理中的期望理论。此理论的基本点是:人的积极性被激发的程度,取决于他对目标价值估计的大小与判断实现此目标概率大小的乘积,用公式表示为:

$$激励水平(M) = 目标效价(V) \times 期望值(E)$$

式中:目标效价是指个人对某一工作目标对自身重要性的估价;期望值是指个人对实现目标可能性大小的主观估计。

由于各人对某一目标的效价和期望值不尽相同,因此效价和期望值之间就可能有各种不同的组合形式,并由此产生不同的激励力量。一般来说,目标效价和期望值都很高时,才会有较高的激励力量;只要效价和期望值中有一项不高,则目标的激励力量就不大。例如,对企业开展的安全技能考核工作,有的人认为这种考核对自己今后的工作很重要,同时经过努力取得好成绩的可能性很大,因此就会认真进行准备,积极参与;而另外有人认为此种考核对自己今后的工作或报酬无多大关系,或者觉得再怎样努力也无法取得好成绩,这两种情况都会影响其参加这项工作的积极性。

对于企业来说,需要的是职工在工作中的绩效;而对于职工来说,关注的则是与劳动付出有关的报酬。因此,在工作绩效和所得报酬(如加薪、提职、获得尊重、其他奖励等)之间存在着必然的联系,这种联系称为关联性,以关联系数 I_k 表示,I_k 一般在 $+1$ 和 -1 之间变化。正关联性高(如工作绩效与报酬成正比),I_k 趋向 $+1$;关联性弱(如工作绩效与报酬无关),I_k 趋向 0;负关联性高(如工作绩效与报酬成反比),I_k 趋向 -1。职工对工作目标效价进行评判时,正是基于对这种关联性的考虑。

对期望值(E)作进一步分析,可按阶段将其分为两个:付出的努力与第一阶段工作的结果(绩效)之间的期望值(E_1)和第一阶段绩效与第二阶段结果(奖酬)之间的期望值(E_2)。此外,期望值还会受一些因素的影响,如在期望认知中的人的个性、个人经验、环境条件等。

期望理论对企业安全管理具有启迪作用,它明确地提出职工的激励水平与企业设置的目标效价和可实现的概率有关,这对企业采取措施调动职工的积极性具有现实意义。首先,企业应重视安全生产目标的结果和奖酬对职工的激励作用,既充分考虑设置目标的合理性,增强大多数职工对实现目标的信心,又设立适当的奖金定额,使安全目标对职工有真正的吸引力。其次,要重视目标效价与个人需要的联系,将满足低层次需要(如发奖金、提高福利待遇等)与满足高层次需要(如加强工作的挑战性、给予某些称号等)结合运用;同时,要通过宣传教育引导职工认识安全生产与其切身利益的一致性,提高职工对安全生产目标及其奖酬效价的认识水平。最后,企业应通过各种方式为职工提高个人能力创造条件,以增加职工对目标的期望值。

2.5.6 公平理论

公平理论又称社会比较理论,由美国心理学家约翰·斯塔希·亚当斯(John Stacey Adams)于1965年提出。该理论的基本要点是:人的工作积极性不仅与个人实际报酬多少有关,而且与人们对报酬的分配是否感到公平更为密切。人们总会自觉或不自觉地将自己付出的劳动代价及其所得到的报酬与他人进行比较,并对公平与否做出判断。公平感直接影响职工的工作动机和行为。因此,从某种意义来讲,动机的激发过程实际上是人与人进行比较,做出公平与否的判断,并据此指导行为的过程。

公平理论可以用公平关系式来表示。设当事人 A 和被比较对象 B,则当 A 感觉到公平时有下式成立:

$$O_A/I_A = O_B/I_B$$

式中:I 为个人所投入(付出)的代价,如资历、工龄、教育水平、技能、努力等;O 为个人所获取的报酬,如奖金、晋升、荣誉、地位等。

该式简明地表达了影响个体公平感各变量间的关系。从中可以看出,人们并非单纯地将自己的投入或获取与他人进行比较,而是以双方的获取与投入的比值来进行比较,从而衡量自己是否受到公平的对待。若 $O_A/I_A = O_B/I_B$,人们就会有公平感;若 $O_A/I_A < O_B/I_B$,人们就会感到不公平,产生委屈感;若 $O_A/I_A > O_B/I_B$,人们也会感到不公平,产生内疚感。一般而论,人的内疚感的临界阈值较高,而委屈感的临界阈值较低,因此主要是后者对人的影响大。

不公平感是当事人心理上的主观感受,不一定反映客观实际情况,而且公平的观念实际上是一种价值观,公平与否的个人标准,与个人的价值观密切相关。

在企业安全管理中,应该重视公平理论所揭示的职工安全工作行为动机的激发与职工公平感的联系,预防不公平感给职工在安全生产中带来的消极影响。

在对职工进行奖酬时,力求做到客观、实事求是,以避免职工心理上可能滋生的不公平感。对于物质奖励的分配,既要体现差别,又要防止出现较大的不公平感,这是一项较复杂的系统工程,因此须加强职工绩效考核和奖酬制度的科学化、定量化。在精神激励方面也存在公平感问题,而且是与人的自尊需要和自我实现需要有关的,应慎重对待,正确引导。加强宣传与教育,使职工能正确地衡量自己和他人,以消除"攀比心理"的消极影响,也是一个重要的方面。

职工衡量自己的投入和获取的公平感,是在一定的可供比较的群体中产生的,受群体动力的影响。因此,企业应创造一个良好的气氛环境,减少职工之间不必要的简单的"相比"的可能性,并引导职工在安全生产活动中,尽力改善自己的投入条件,以求获得更多的报酬。

3　安全管理体制和法制

　　安全生产是关系人民群众生命财产安全的大事,是经济社会协调健康发展的标志,是保证一个国家经济建设持续发展和社会安定的基本条件,是党和政府对人民利益高度负责的要求。要实现安全生产,首先要确立一个国家安全生产的工作方针,并在方针的指引下建立、健全能够适应我国经济体制,促进经济发展的安全管理体制和一套完善的法律法规制度,其次才是管理方法与管理手段问题。

3.1　安全生产的工作方针

　　方针是一个国家或政党在一定历史时期内,为达到一定目标而确定的指导原则。安全生产工作方针就是一个国家的生产工作指导原则。当前,我国的安全生产的工作方针是"安全第一、预防为主、综合治理"。它高度概括了当前我国安全管理工作的目的和任务,成为安全生产工作的方向和指针。作为各级生产监督管理人员,对安全生产工作方针必须有所了解;而作为安全工作者,更应该对其有深刻的理解,以便在生产实际中贯彻执行。

3.1.1　安全生产方针的确立

　　最早提出"安全第一"的是美国人 B. H. 凯理。1906 年,美国联合钢铁公司由于生产事故频发,亏损严重,濒临破产。公司董事长凯理在多方查找原因的过程中,对传统的生产经营方针"产量第一、质量第二、安全第三"产生质疑。经过全面计算事故造成的直接经济损失、间接经济损失,还有事故影响产品质量带来的经济损失,凯理得出了结论:事故拖垮了企业。凯理力排众议,不顾股东的反对,把公司的生产经营方针来了个"本末倒置",变成了"安全第一、质量第二、产量第三"。凯理首先在下属单位伊利诺伊制钢厂做试点,本来打算是不惜投入抓安全的,不曾想事故少了后,质量高了,产量上去了,成本反而下来了。然后,全面推广。"安全第一"立见奇效,联合钢铁公司由此走出了困境。

　　转换传统的思维方式,使安全创造出效益,这对企业界产生了极强的冲击力。这一方针诞生后,迅速得到全球企业界的认可。1912 年,美国芝加哥创立了"全美安全协会"。1917 年,英国成立了"安全第一协会"。1927 年,日本以"安全第一"为主题开展了安全周活动,至今已坚持了 90 多年。德国、法国、意大利、苏联等国在二战前后,都开始提倡"安全第一"。虽然当时东西方处于冷战的铁幕之下,世界各国因主义不同分成几大阵营,一种思想很难为各方认可,但各个国家都一致接受了"安全第一"这个方针。

　　我国安全生产工作方针的产生和确定,经历了较长的历史时期。新中国于 1949 年11 月召开的第一次全国煤矿会议的决议中就提出"在职工中开展安全教育,树立安全第一的思想,尽可能防止重大事故的发生,做到安全生产"。1952 年,毛泽东主席针对当时不少企业存在劳动条件恶劣、伤亡事故和职业病相当严重的状况,在劳动部的工作报告中明确批示"在实施增产节约的同时,必须注意职工的安全、健康和必不可少的福利事业。如果只注意前一方面,忘记或稍加忽视后一方面,那是错误的"。根据毛泽东的这一批示,当年第二次全国劳动保护会议提出了劳动保护工作必须贯彻"生产必须安全、安全为了生产"这一安全生产的指导思想,同时还规定了"管生产必须管安全"的原则。这有力地纠正了新中国成立初期只重视生产、不重视安全的片面思想,明确了安全与生产的辩证统一关系,为安全生产工作指明了方向。

我国"安全第一"的提法,最早见于周恩来总理对安全工作的指示中。1957 年,周总理为中国民航题词:"保证安全第一,改善服务工作,争取飞行正常。"此后,他又分别于1959 年和 1960 年对煤炭、航运交通工作明确指示要保证"安全第一"。后来,"安全第一"被写入了我们国家和党的许多文件中。

1979 年,当时的航空工业部在一份工作文件中正式提出"把'安全第一,预防为主'作为安全工作的指导思想"。1987 年 1 月 26 日,国家劳动人事部在杭州召开全国劳动安全监察工作会议,大会决定正式把"安全第一,预防为主"作为我国安全生产工作的方针,并于 1989 年写入中国共产党十三届五中全会决议中。

2002 年颁布的《安全生产法》中第三条明确提出:"安全生产管理,坚持安全第一、预防为主的方针。"

2005 年 10 月,党的十六届五中全会通过的《中共中央关于制定国民经济和社会发展第十一个五年规划的建议》,明确要求坚持"安全发展",并提出了"坚持安全第一、预防为主、综合治理"的安全生产方针。

2014 年修订的《安全生产法》中明确提出:安全生产工作应当以人为本,将坚持安全发展写入了总则,将安全生产工作方针完善为"安全第一、预防为主、综合治理",进一步明确了安全生产的重要地位、主体任务和实现安全生产的根本途径。建立生产经营单位负责、职工参与、政府监管、行业自律和社会监督的机制。

2017 年 11 月,党的十九大对安全生产工作提出了新的要求,强调坚持以人民为中心,树立安全发展理念,弘扬生命至上,安全第一的思想。

2020 年正在修订的《安全生产法》总体思路是坚持以人民为中心,牢固树立安全发展的理念,弘扬生命至上、安全第一的思想,牢牢坚守发展决不能以牺牲安全为代价这条红线,进一步落实企业安全生产主体责任,完善安全预防控制体系,坚决遏制重特大生产安全事故发生。

3.1.2 安全生产方针的内涵

3.1.2.1 "安全第一"的内涵

安全生产方针是安全生产工作的指导原则,高度概括了安全管理工作的目的和任务,但是如何理解安全生产方针,特别是如何理解"安全第一"呢?

1. "安全第一"是生产活动的首要条件

根据 Maslow 的"需要层次论",当人们解决了最基本的生存的需要后,安全就成为生产生活中首要考虑的问题。早在 1996 年劳动部颁布的《建设项目(工程)劳动安全卫生监察规定》(劳动部[1996]第 3 号令)中就规定:① 大中型和限额以上的建设项目;② 火灾危险性生产类别为甲类的建设项目;③ 爆炸危险场所等级为特别危险场所和高度危险场所的建设项目;④ 大量生产或使用Ⅰ级、Ⅱ级危害程度的职业性接触毒物的建设项目;⑤ 大量生产或使用石棉粉料或含有 10% 以上的游离二氧化硅粉料的建设项目;⑥ 劳动行政部门确认的其他危险、危害因素大的建设项目等六类项目,在建设项目可行性研究阶段、工业园区规划阶段或生产经营活动组织实施之前,首先要进行安全预评价。同时还要求,建设项目中的劳动安全卫生设施必须与主体工程同时设计、同时施工、同时投入生产和使用,即"三同时"制度。

北京奥林匹克公园方案原来设计了数百米的超高层建筑,但是因为消防部门的云梯只有 100 米高而被否决。与之相对的是 2009 年 2 月 9 日,在建的高 159 米中央电视台新台址园区文化中心发生特别重大火灾事故,由于消防云梯举高不够,消防救援人员只能进入火灾现场救援,造成 1 名消防队员牺牲,6 名消防队员和 2 名施工人员受伤。建筑物过火、过烟面积 21 333 平方米,其中过火面积 8 490 平方米,造成直接经济损失 16 383 万元。可见,"安全第一"是人类社会一切活动的最高准则。

2. 安全优先的原则

所谓"安全第一",是指生产经营活动中,在处理保障安全和实现生产经营活动的其他各项目标的关系上,要始终把安全,特别是从业人员和其他人员的人身安全放在首要位置,实行安全优先的原则。安全工作和生产有时会在思想观念、时间安排、资金利用、人员配备等方面发生冲突。例如,对不安全不卫生的因素进行技术改造会使生产经营暂时受到影响,增加开支;为了提高职工的安全素质,需要脱产培训,致使劳动力暂时减少等。企业职工、安全工作人员和生产管理人员由于所处的地位不同,在考虑安全和生产问题时,认识往往不一致,也会产生矛盾。我们应当明确:当保障安全和生产经营活动中的其他目标发生冲突时,要保证安全第一;在确保安全的前提下,努力实现生产经营的其他目标。

当然,强调"安全第一"也不是说用于安全生产的投入越多越好,安全系数越高越好,更不能理解为了保证安全,将一些高危行业统统关掉,而是要在保证生产安全的同时,促进生产经营活动的顺利进行。我们还应该看到,真正零风险的企业是不存在的。常态下的安全是灰色的,是相对的,介乎于发生事故的黑色与绝对安全的白色之间的中间状态,各个企业之间,彼此只是色度的不同。坚守"安全第一",树立"安全是灰色的"观点,代表了一种进步。不以是否发生了危害来判定安全,只有提高警惕,才能保障安全。

3. 政府企业负责人是安全第一负责人

安全生产责任制度的核心是"两个主体"和"两个负责制"。企业是安全生产责任主体,政府是安全生产监管主体。当前我国实行的是企业法定代表人负责制和政府行政首长负责制。国内外的厂长经理是安全管理第一责任人,这点是共同的。

4. 安全机构是第一部门

通用电气的原 CEO 杰克·韦尔奇说:"一个组织是否重视某种理念,只要注意观察他们安排的领导班子即可。"要考察一个企业的安全重视程度,就要看安全管理机构的地位。安全管理机构地位高,安全管理人员有权威,说话才有人听;安全管理机构地位低,安全管理人员夹着尾巴做人,谁也不敢"得罪",生产就无法保障安全。

在中海油南海油田的施工单位中,有一家来自美国的菲利普斯公司,这家公司对待安全和安全部门的态度非常鲜明。菲利普斯规定,生产管理第一重要的是安全,不搞安全环保,就不能搞生产。公司有几个部门,其中安全管理部门负责健康、安全和环境保护,简称HSE。安全和员工健康、环境保护融为一体是国际安全管理的总趋势。国内有些企业在引用HSE管理时加进了质量管理内容,并称为QHSE部。该公司规定,HSE部是第一部门,别的部门负责人可以外聘,唯独HSE部门负责人不可以,必须是本国培养的有经验并懂得系统工程、善于安全管理的人才。

国外的企业越来越意识到,如果安全机构领导只是作为一个普通的部门经理,很难有足够的权威,还会产生"箩筐现象"——各个部门把安全管理部门当成箩筐,都把自己的安全管理责任甩进安全管理部门这个"箩筐"。"安全总监"则较好地解决了这一问题——安全管理机构的领导变成了总监,级别比各部门领导要大一级或大半级,具备较强的安全专业技能,拥有较高的资格,主要负责监督工作,独立行使安全生产监督权利,拥有很大的监督权和处罚权。目前,河北、山东、江苏、湖北、宁夏、广东、北京等省(自治区、直辖市)的部分行业已经实行企业安全总监制,2019年发布的《安全生产法》修正案送审草案中,已提到将安全总监制度纳入立法。安全总监制度的建立与完善,能够有效地提升安全生产管理人员在生产经营单位中的地位和作用,优化安全管理人员履职环境,推进生产安全管理的改革与发展。

安全生产的目标从理论上说永远是零事故,但不等于说,零事故就是安全生产。安全的对立面不是事故,安全的对立面是风险;零事故不是我们追求的目标,零风险才是我们的永远目标。因为零事故仅仅是证明没发生事故,但并未证明消除了发生事故的"病灶"——风险。有风险就有隐患,就有可能发生事故。企业要认识自己的安全责任,把法律和国家监管的政策作为尺度,充分衡量安全环保、职业健康和产品品质、成本效益等多种要素,确保风险"可控制之下(under control)"的"安全第一"。

3.1.2.2 综合治理的基本手段

从20世纪50~60年代的"安全第一",到70年代之后的"安全第一、预防为主",再到目前的十二字方针,反映了我国对安全生产规律认识的不断深化。这一方针要求安全生产工作必须重视综合运用多种手段,标本兼治、重在治本、长效管理。主要措施如下:

(1)制定安全规划,把安全生产纳入我们国家经济社会发展的总体规划之中。我国从第十一个五年发展规划伊始,就把亿元GDP事故死亡率和工矿商贸十万人从业人员事故死亡率两个安全生产的主要指标纳入到整个指标体系中。当前我国的安全生产控制考核指标体系由事故死亡人数总量控制指标、绝对指标、相对指标、较大和重特大事故起数控制指标等四类共27项具体指标构成,定期进行发布。

(2)加强行业管理。完善落实城区危险化学品企业关停并转、退城入园等支持政策措施,完善新建化工项目准入条件及危险化学品"禁限控"目录。淘汰退出落后产能设备,关闭不具备安全生产条件的煤矿。

（3）加大安全投入。国家帮助国有重点煤矿解决安全生产的历史欠账，采取了一系列政策措施，使企业保证安全生产条件所必需的资金投入，严格安全生产费用提取管理使用制度。坚持内部审计与外部审计相结合，确保安全生产费用足额提取、使用到位。

（4）推进安全科技进步。把重大安全隐患的治理纳入我国科技发展规划中去，同时针对安全生产领域的重大技术难关组织攻关，依靠科技的力量保证安全生产，提高安全监管的科技含量。严格落实安全技术设备、设施改造等支持政策，加大淘汰落后力度，及时更新推广应用先进适用安全生产工艺和技术装备，提高安全生产保障能力。建立煤矿深部开采和冲击地压防治国家工程研究中心。

（5）采取一系列经济政策。实行矿产资源有偿使用，解决了私挖乱采、浪费资源以及非法开采问题；加大事故赔偿标准，实行安全生产与工伤保险互动的机制，实行安全生产风险抵押金。

（6）加强教育培训和人才培养，为煤矿等高危行业解决人才短缺问题。原国家安监总局与教育部专门制定一些优惠政策，如定向培养、奖学金，通过这些政策鼓励学生报考煤炭专业，提高整个队伍的素质。

（7）加大安全立法，进一步完善安全生产的法律法规体系，加大安全监察的执法力度，真正建立起规范的安全生产法制秩序，以法治安，重点治乱。

（8）建立激励约束考核制度，每年由国家安委会向各省下达年度安全生产控制考核指标，通过下达考核指标建立约束机制，促进安全生产责任制的落实，组织部门也把安全生产指标纳入干部政绩考核的内容。

（9）强化企业的主体责任，通过有限的政府监管、行业指导、社会监督，促进企业落实安全生产的主体责任。建立落实企业安全承诺制度和安全生产诚信制度。加强社会监督、舆论监督和企业内部监督，完善和落实举报奖励制度，督促企业严守承诺、执行到位。健全完善安全生产失信行为联合惩戒制度，加强失信惩戒，从严监管。

（10）加大事故责任追究，通过建立安全生产问责制，建立健全有关安全生产责任追究的一系列法律制度，进一步加大追究力度。

（11）发挥社会监督的作用，通过媒体和建立举报制度，把安全生产置于群众监督之下。通过实施安全生产责任险，加快建立保险机构和专业技术服务机构等广泛参与的安全生产社会服务体系。

（12）进一步完善安全生产的监管体制和应急管理机制。整合优化应急力量和资源，将国家安全生产监督管理总局等13个部门的职责整合，组建应急管理部，作为国务院组成部门。

3.2　安全生产管理体制

体制是关于一个社会组织系统的结构组成、管理权限划分、事务运作机制等方面的综合概念。大到一个国家，小至一个企事业单位，均有其自身的体制。不同类型和功能的组织系统，它们的体制一般是不同的，如政府部门和生产企业，二者的体制就不完全相同。

从系统的角度看，安全生产管理可以被视作是由多个层次组成的有机整体，即存在着安全生产的管理系统。安全生产管理系统按管理范围和职责,可分为国家管理系统、行业管理系统和企业管理系统等。各种类型的安全管理系统均应有自己相应的体制。为了理顺各层次安全管理体制的关系,有必要了解我国当前的安全生产管理体制。

3.2.1 安全生产管理体制的发展历程

我国的安全生产监督管理体制经历了曲折的发展变化,安全生产管理制度从无到有,在摸索中不断发展完善,至今基本形成了较系统的安全生产监督管理体制。

新中国成立的前夕,第一届中国人民政治协商会议通过的《共同纲领》中就提出了人民政府"实行工矿检查制度,以改进工矿的安全和卫生设备"。新中国一成立,中央人民政府就设立了劳动部,在劳动部下设劳动保护司,地方各级人民政府劳动部门也相继设立了劳动保护处、科、股。在政府产业主管部门也相继设立了专管劳动保护和安全生产工作的机构。1950年5月,政务院批准的《中央人民政府劳动部试行组织条例》和《省、市劳动局暂行组织通则》要求"各级劳动部门自建立伊始,即担负起监督、指导各产业部门和工矿企业劳动保护工作的任务",对工矿企业的劳动保护和安全生产工作实施监督管理。

十一届三中全会以后,经国务院批准,原国家劳动总局会同有关部门,从伤亡事故和职业病最严重的采掘业入手,研究加强安全立法和国家监察问题工作。1979年5月,国家劳动总局召开全国劳动保护座谈会,重新肯定加强安全生产立法和建立安全生产监察制度的重要性和迫切性。1982年2月,国务院发布《矿山安全条例》《矿山安全监察条例》和《锅炉压力容器安全监察暂行条例》,宣布在各级劳动部门设立矿山、职业安全卫生和锅炉压力容器安全监察机构。

1988~1993年,国家为了协调各部门和更有利于开展全国安全生产监督管理工作,成立了全国安全生产委员会,办公室设在劳动部。全国安全生产委员会为我国的安全生产作出了巨大贡献,由于种种原因,全国安全生产委员会于1993年被撤销。1993年,国务院下发了50号文《关于加强安全生产工作的通知》,在明确规定原劳动部负责综合管理全国安全生产工作、对安全生产实行国家监察的同时,也明确要求各级综合管理生产的部门和行业主管部门,在管生产的同时必须管安全,提出一个建立社会主义市场经济过程中的新安全生产管理体制,即实行"企业负责、行业管理、国家监察、群众监督"的新体制。随后,在实践中又增加了劳动者遵章守纪的内容,形成了"企业负责、行业管理、国家监察、群众监督、劳动者遵章守纪"的安全管理体制。

1982~1995年,我国各省、自治区、直辖市和一些城市通过地方立法,规定劳动厅(局)是主管安全生产监察工作的机关,在本地区实行安全生产监察工作。同时,下级劳动安全卫生监察机构在业务上接受上级安全生产监察机构的指导,从而形成了中央(原劳动部)统一领导,属地管理,分级负责的安全生产监察体制。

1998年,在国务院机构改革中,国务院决定成立劳动和社会保障部,将原劳动部承担的安全生产综合管理、职业安全卫生监察、矿山安全卫生监察的职能,交由国家经济贸易委员会(简称国家经贸委)承担;原劳动部承担的职业卫生监察(包括矿山卫生监察)职能,交由卫生部承担;原劳动部承担的锅炉压力容器监察职能,交由国家质量技术监督局承担;劳动保护工作中的女职工和未成年工作特殊保护、工作时间和休息时间,以及工伤保险、劳动保护争议与劳动关系仲裁等职能,仍由劳动和社会保障部承担。目前劳动和社会保障部更名为人力资源和社会保障部。

国家经贸委成立安全生产局后,综合管理全国安全生产工作,对安全生产行使国家监督监察管理职权;拟订全国安全生产综合法律、法规、政策、标准;组织协调全国重大安全事故的处理。1999年,国家煤矿安全监察局成立。国家煤矿安全监察局是国家经贸委管理的负责煤矿安全监察的行政执法机构,在重点产煤省和地区建立煤矿安全监察局及办事处。省级煤矿安全监察局实行以国家煤矿安全监察局为主,国家煤矿安全监察局和所在省(自治区、直辖市)政府双重领导的管理体制。

2000年12月,为适应我国安全生产工作的需要,借鉴英美等国家的一些先进经验和做法,国务院决定成立国家安全生产监督管理局和国家煤矿安全监察局,实行一个机构、两块牌子。涉及煤矿安全监察方面的工作,以国家煤矿安全监察局的名义实施。国家安全生产监督管理局是综合管理全国安全生产工作、履行国家安全生产监督管理和煤矿安全监察职能的行政机构,由原国家经贸委负责管理。

2001年3月,国务院决定成立国务院安全生产委员会,安全生产委员会成员由国家经贸委、公安部、监察部、全国总工会等部门的主要负责人组成。安全委员会办公室设在国家安全生产监督管理局。

2003年3月,第十届全国人民代表大会第一次会议通过了《国务院机构改革方案》。《方案》将国家经济贸易委员会管理的国家安全生产监督管理局改为国务院直属机构,负责全国生产综合监督管理和煤矿安全监察。安全生产机构从削减到恢复,再到单独设置,体现了我国政府对安全生产工作的高度重视,标志着我国安全生产监督管理工作达到了一个更高的高度。

2004年11月,国务院调整补充了部分省级煤矿安全监察机构,将煤矿安全监察办事处改为监察分局。目前,有省级煤矿安全监察局20个,地区煤矿安全监察分局71个。与国家煤矿安全监察局的垂直管理不同的是,安全生产监督管理的体制是在省、地、市分别设置安全生产监督管理部门,由各级地方政府分级管理。

2005年2月,国家安全生产监督管理局调整为国家安全生产监督管理总局,升为正部级,为国务院直属机构;国家煤矿安全监察局单独设立,为副部级,为国家安全生产监督管理总局管理的国家局。把国家安全监管局升为总局,提高了政府安全生产监督管理的权威性和严肃性,使政府对企业安全生产管理力度明显加大,并且有利于规范我国安全生产监督管理体制和机制。

2010年1月,国务院安全生产委员会下发关于印发《国务院安全生产委员会成员单位安全生产工作职责》的通知,对国务院安全生产委员会成员单位的安全生产工作职责进一步明确,工矿商贸作业场所(煤矿作业场所除外)职业卫生监督检查责任、职业卫生安全许可证的颁发管理工作、职业危害事故和违法违规行为的查处也划归国家安全生产监督管理总局负责。

2018年3月,根据第十三届全国人民代表大会第一次会议批准的国务院机构改革方案,将国家安全生产监督管理总局的职责、国务院办公厅的应急管理职责、公安部的消防管理职责、民政部的救灾职责、国土资源部的地质灾害防治、水利部的水旱灾害防治、农业部的草原防火、国家林业局的森林防火相关职责、中国地震局的震灾应急救援职责以及国家防汛抗旱总指挥部、国家减灾委员会、国务院抗震救灾指挥部、国家森林防火指挥部的职责整合,组建应急管理部。

3.2.2 安全生产管理体制的内涵

"企业负责、行业管理,国家监察,群众监督,劳动者遵章守纪",这五个方面有一个共同的目标,就是从不同层次、从不同角度、不同方面推动"安全第一、预防为主、综合治理"方针的贯彻,协调一致,促进社会的"安全发展"。

企业负责是指企业在生产经营过程中,承担着严格执行国家安全生产的法律、法规和标准,建立健全安全生产规章制度,落实安全技术措施,开展安全教育和培训,确保安全生产的责任和义务。企业是安全生产的责任主体,企业法人代表或最高管理者是企业安全生产的第一责任人,企业必须层层落实安全生产责任制,建立内部安全调控与监督检查的机制。企业要接受国家安全监察机构的监督检查和行业主管部门的管理,只有企业的安全生产工作搞好了,企业职工的安全与健康才有保障,安全管理工作也才能落到实处。

行业管理是指负有安全生产监督管理职责的国务院有关部门在各自职责范围内,对有关行业领域的安全生产工作实施监督管理;指导督促生产经营单位做好安全生产工作,制定实施有利于安全生产的政策措施,推进产业结构调整升级,严格行业准入条件,提高行业安全生产水平。行业管理部门是政策法规的执行者,对企业通过行政管理的手段实施安全保障。但是,这种监督活动仅限于行业内部,而且是一种自上而下的行业内部的自我控制活动,一旦需要超越行业自身利益来处理问题时,它就不能发挥作用了。因此,行业安全管理与国家监察在性质、地位和职权上有着很大的不同。

国家监察是由国家授权某政府部门对各类具有独立法人资格的企事业单位执行安全法规的情况进行监督和检查,用法律的强制力量推动安全生产方针、政策的正确实施。国家监察也可以称为国家监督。国家监察具有法律的权威性和特殊的行政法律地位。行使国家监察的政府部门是由法律授权的特定行政执法机构,该机构的地位、设置原则、职责权限以及该机构监察人员的任免条件和程序,审查发布强制性措施,对违反安全法规的行为提出行政处分建议和经济制裁等,都是由法律规定或授权的。因此,国家监察是由法定的监察机构,以国家的名义,运用国家赋予的权力,从国家整体利益出发负责综合管理安全生产工作。与行业或企业主管部门所设立的安全生产管理机构,与工会组织的安全生产监督机构有本质上的区别。它不受任何社会组织的限制,保证客观性与公正性。在安全与生产发生矛盾时,能坚持"安全第一,预防为主,综合治理"的方针。

群众监督就是广大职工群众通过工会或职工代表大会等自己的组织,监督和协助企业各级领导贯彻执行安全生产方针、政策和法规,不断改善劳动条件和环境,切实保障职工享有生命与健康的合法权益。群众监督属于社会监督,一般通过建议、揭发、控告或协商等方式解决问题,而不可能采取像国家监察那样以国家强制力来保证的手段,因此,群众监督不具有法律的权威性。

企业是安全生产工作的主体和具体实行者,是被管理、被监察、被监督的对象,承担安全生产的主体责任和义务。它所要解决的主要是遵章守法、有法必依的问题,是安全管理的核心。行业管理是行业主管部门在本行业内开展帮助、指导和监督等宏观管理工作。行业管理部门是政策法规的执行者,通过指令、规划、监督、服务等手段为企业提供搞好安全生产工作的外部环境并促使企业实现自我约束机制。国家监察是代表国家,以国家赋予的强制力量推动行业主管部门和企业搞好安全生产工作,它所要解决的是有法可依、执法必严和违法必究的问题,因此,国家监察是加强安全生产的必要条件。群众监督一方面要代表职工利益按国家法律法规的要求监督企业搞好安全生产,另一方面也要支持配合企业做好安全管理工作(如对职工进行遵章守纪和安全知识的教育,反映事故隐患情况,提出整改建议等),这是做好安全工作的有力保证。

3.2.3　"三必须"的管理原则

　　习近平总书记在2013年7月18日召开的中央政治局第28次常委会上强调:"落实安全生产责任制,要落实行业主管部门直接监管、安全监管部门综合监管、地方政府属地监管,坚持管行业必须管安全,管业务必须管安全,管生产必须管安全,而且要党政同责、一岗双责、齐抓共管。该担责任的时候不负责任,就会影响党和政府的威信。"

　　落实"三个必须":一是规定国务院和县级以上地方人民政府应当建立健全安全生产工作协调机制,及时协调、解决安全生产监督管理中的重大问题;二是明确各级政府安全生产监督管理部门实施综合监督管理,有关部门在各自职责范围内对有关"行业、领域"的安全生产工作实施监督管理;三是明确各级安全生产监督管理部门和其他负有安全生产监督管理职责的部门作为行政执法部门,依法开展安全生产行政执法工作,对生产经营单位执行法律、法规、国家标准或者行业标准的情况进行监督检查。

3.2.3.1　管行业必须管安全

　　各级党政领导干部要深刻认识到安全生产必须同行业主管结合,作为行业主管部门要把安全生产作为促进行业发展的要务来抓,时刻牢记安全生产,把安全生产落实到岗、落实到人头,坚持管行业必须管安全,加强监督检查,全面推进安全生产工作。

　　《安全生产法》第九条:国务院有关部门依照本法和其他有关法律、行政法规的规定,在各自的职责范围内对有关行业、领域的安全生产工作实施监督管理;县级以上地方各级人民政府有关部门依照本法和其他有关法律、法规的规定,在各自的职责范围内对有关行业、领域的安全生产工作实施监督管理。这就要求政府有关部门必须对其行业管理职责范围内的安全生产工作实施监督,落实管行业必须管安全。同时安全生产涉及各行各业的生产经营单位,面广量大,行业情况和特点又各不相同,因此,安全监督管理还必须充分发挥专业的安全生产监管部门的优势和作用,依法开展安全生产行政执法工作,对生产经营单位执行法律、法规、国家标准和行业标准情况进行监督检查。

3.2.3.2　管业务必须管安全

　　习近平指出:"确保安全生产、维护社会安定、保障人民群众安居乐业是各级党委和政府必须承担好的重要责任。"他同时要求:"各级党委和政府要牢固树立安全发展理念,坚持人民利益至上,始终把安全生产放在首要位置,切实维护人民群众生命财产安全。要坚决落实安全生产责任制,切实做到党政同责、一岗双责、失职追责。"

各级党政领导干部要把管业务同管安全有机结合起来,用管理业务的专业知识,预防和杜绝安全事故的发生。作为业务主管部门,要在日常业务工作开展的同时,把安全生产摆在最重要的位置,时刻贯彻落实安全生产责任制,发挥业务部门的优势和作用。建立"一岗双责、党政同责、齐抓共管"的安全生产责任体系,不能认为安全生产是安全监督部门的职责,不能有"事不关己、高高挂起"的错误观念,彻底摒弃"安全就是安全监督管理部门的事"这一错误思想。

3.2.3.3 管生产经营必须管安全

管生产必须管安全,这是我国安全生产工作的一项原则,是落实安全生产主体责任的基础。《安全生产法》第四条明确提出:生产经营单位必须遵守本法和其他有关安全生产的法律、法规,加强安全生产管理,建立、健全安全生产责任制和安全生产规章制度,改善安全生产条件,推进安全生产标准化建设,提高安全生产水平,确保安全生产。各行各业的生产经营活动,都必须符合安全生产的规范和要求,必须贯彻落实"安全第一、预防为主、综合治理"的方针,正确处理好经济发展与安全生产、经济效益与安全生产的关系,做到生产经营必须安全,确保安全与发展同步。

3.2.4 "三结合"的监督管理格局

当前我国安全生产监督管理可以概括为"综合监管与行业监管相结合、国家监察与地方监管相结合、政府监督与其他监督相结合","三结合"的监督管理格局是我国安全生产管理体制的具体体现。

3.2.4.1 综合监管与行业监管相结合

综合监管与行业监管相结合是指国务院安全生产监督管理部门依法对全国安全生产工作实施综合监督管理;负有安全生产监督管理职责的国务院有关部门在各自职责范围内,对有关行业领域的安全生产工作实施监督管理。

根据《应急管理部职能配置、内设机构和人员编制规定》(厅字〔2018〕60号),应急管理部是国务院主管安全生产的综合监督管理的直属机构,依法对全国的安全生产实施综合监督管理。

按照"管行业必须管安全,管生产必须管安全,管业务必须管安全"的原则,除工矿商贸行业、危险化学品、烟花爆竹生产经营企业外,交通、铁路、民航、水利、电力、建筑、国防工业、邮政、电信、旅游、特种设备、消防、核安全等有专门的安全生产主管部门的行业和领域的安全监督管理工作分别由公安、交通、铁道、民航、水利、电监、建设、国防科技、邮政、信息产业、旅游、质检、环保等国务院有关部门直接监管,应急管理部从综合监督管理全国安全生产工作的角度,指导、协调和监督上述部门的安全生产监督管理工作,不取代这些部门具体的安全生产监督管理工作。

地方各级人民政府也都以不同形式成立相应的安全生产综合管理部和行业监督管理部门,履行综合监管和行业监管的职能。应急管理部和国务院其他安全生产行业的监督管理部门,对地方的安全生产综合管理部和行业监督管理部门在业务上进行指导。安全生产监督管理实行分级、属地管理。按照分级、属地原则,指导、协调和监督有关部门安全生产监督管理工作,对地方安全生产监督管理部门进行业务指导。

另外,为了加强国家对整个安全生产工作的领导,加强综合监管与行业监管之间的协调配合,国务院成立了安全生产委员会,设立国务院安全生产委员会办公室,其办公室工作由应急管理部承担。

3.2.4.2　国家监察与地方监管相结合

除了综合监管与行业监管之外,针对煤炭、特种设备等危险性较高的特殊领域,国家为了加强安全生产监督管理工作,专门成立了国家监察部门。如煤炭,国家专门成立了垂直管理的煤炭安全监察机构,国家设国家煤炭安全监察局,各省设立省级的煤炭安全监察局,省级的煤炭安全监察局下设分局,监察机构和地方政府没有任何关系,财、权、物全部由中央负责,避免实行监察过程受地方政府的干扰。同时考虑到目前全国的煤炭数量很大,有2万多个煤矿,点多面广,有些煤矿分布较远,煤炭安全监察机构的力量不足的特点,国家赋予某些权力给地方政府,由地方政府明确相应的部门行使对煤矿安全生产的监督管理权,即实行地方监管。

煤矿安全监察机构主要职责:对煤矿安全实施重点监察、专项监察和定期监察,对煤矿违法违规行为依法做出现场处理或实施行政处罚;对地方煤矿监管工作进行检查指导;负责煤矿安全生产许可证的颁发管理工作和矿长安全资格、特种作业人员的培训发证工作;煤矿建设工程安全设施的设计审查和竣工验收;组织煤矿安全事故的调查处理等。

地方煤矿安全监管机构的主要职责:对本区煤矿安全进行日常检查,对煤矿违法违规行为依法做出现场处理或实施行政处罚;监督煤矿企业事故隐患的整改并组织复查;依法组织关闭不具备安全生产条件的矿井;负责组织煤矿安全专项整治;参加煤矿安全事故的调查处理;对煤矿职工培训进行监督检查等。

目前,各省对煤炭安全生产的监督管理形式也不完全相同,即地方监管机构不尽相同,大部分省由安全生产监督管理部门负责,有些省由煤炭管理部门负责,专门成立了煤炭工业部门,如陕西省;有些省专门成立了煤炭安全的监管部门,如甘肃省。

3.2.4.3　政府监督与其他监督相结合

生产经营单位是安全生产的主体,但是加强外部监督和管理也是安全生产的重要保证。除了上面讲的政府监督外,其他方面的监督也十分重要。

政府方面的监督主要有:安全生产监督管理部门和其他负有安全生产监督管理职责的部门;监察部门。

其他方面监督主要有:安全中介机构的监督;社会公众的监督;工会的监督;新闻媒体的监督;居民委员会、村民委员会的监督。

3.3　安全生产法律法规

3.3.1　我国法的分类和效力

法，是统治阶级整体意志和根本利益的集中表现，是通过一定的国家机关认可、制订的，具有一定文字形式和以国家强制力保证实施的行为规则（或规范）的总和。它建立在一定的经济基础之上，为一定的经济基础服务，是促进社会生产力发展、维护社会秩序和社会关系的行动准则。

按照其法律地位和法律效力的层次，法应当包括宪法、法律、行政法规、地方性法规和行政规章。

1. 宪法

宪法是国家的根本法，具有最高的法律地位和法律效力，是母法、最高法。但是宪法只规定立法原则，并不直接规定具体的行为规范。宪法是由全国人民代表大会制定的。

2. 法律

由享有立法权的国家机关依照一定的立法程序制定和颁布的规范性文件。我国只有全国人民代表大会及其常务委员会才有权制定和修订法律。我国法律由国家主席签署主席令予以公布，其地位和效力次于宪法，高于行政法规、地方性法规和行政规章。

3. 行政法规

指最高国家行政机关即国务院制定的规范性文件。行政法规由总理签署国务院令予以公布，其名称通常为条例、规定、办法、决定。

4. 地方性法规

指地方国家机关依照法定职权和程序制定和颁布的、施行于本行政区域的规范性文件。其地位和效力次于宪法、行政法规，高于地方政府规章。我国只有省、自治区、直辖市的人民代表大会及其常务委员会，和省、自治区的人民政府所在地的市、经济特区所在地的市和经国务院批准的较大市的人民代表大会及其常务委员会有权制定。

5. 行政规章

包括部门规章和地方政府规章。

部门规章是由国务院的部委和直属机构依照法律、行政法规或国务院的授权制定在全国范围内实施的行政管理的规范文件。部门规章与地方法规之间无高低之分，但是在一些必须由中央统一管理的事项方面，应以部门规章的规定为准。

地方政府规章是指有地方性法规制定权的地方人民政府依照法律、行政法规、地方法规或者本级人民代表大会及其常务委员会授权制定的在本行政区域实施的行政管理的规范性文件。

3.3.2　安全生产的法律法规体系

3.3.2.1　安全生产法律法规的制定依据及其作用

制定安全法规主要依据是中华人民共和国宪法。宪法是普通法的立法基础和依据，也是安全法规的立法基础和依据。宪法第四十二条规定："国家通过各种途径，创造劳动就业条件，加强劳动保护，改善劳动条件……"第四十三条规定："中华人民共和国劳动者有休息的权利。国家发展劳动者休息和休养的设施，规定职工的工作时间和休假制度。"第四十八条规定："妇女享有同男子平等的权利，国家保护妇女的权利和利益。"

此外，《宪法》中关于妇女和儿童受国家的保护，公民有受教育的权利，公民必须遵守劳动纪律，遵守公共秩序，尊重社会公德以及国家逐步改善人民物质生活等规定，都是安全生产法规中必须遵循的原则。

安全法规就是根据上述原则制定的预防事故、预防职业危害、劳逸结合、女工和未成年工保护等方面具体的法规和制度，以法律形式保障职工的安全健康，促进生产。

安全法规主要是调整社会主义生产过程中和商品流通过程中人与人之间、人与自然之间的关系，维护社会主义劳动法律关系中的权利与义务、生产与安全的辩证关系，以保障职工在生产过程中的安全和健康。

安全法规中还规定违反了法规应该承担的责任。惩罚条例中规定对失职人员可进行从行政处分甚至经济处罚，直至追究刑事责任等。安全生产法律法规除了具有法律约束效能外，还具有指导和推动安全工作的功效。

3.3.2.2　我国安全生产法律法规的发展

早在第二次国内革命战争时期的 1931 年，中华苏维埃政府就在全国苏区颁布并实施了《中华苏维埃劳动法》，其中对劳动者每天的工作时间、休假制度、未成年工和女工的保护等问题进行了规定。

1954 年新中国制定的第一部宪法，把加强劳动保护、改善劳动条件作为国家的基本政策确定下来。中央人民政府先后颁布了《工厂安全卫生规程》和《建筑安装工程安全技术规程》《工人职员伤亡事故报告规程》（即"三大规程"）等共计 300 多项，当时制定的一些法规有的至今仍然在施行。

"文革"中一切法律和制度都遭到了破坏，安全法制也不例外，安全生产工作被认为是"活命哲学"而受到批判，安全管理工作陷于瘫痪，伤亡事故和职业病发生率再次大幅度上升，出现了新中国成立后的第二次高峰。

"文革"结束后，国家拨乱反正，生产秩序得到恢复，国家颁布了《关于认真做好劳动保护工作的通知》等一系列法律法规。尤其值得一提的是，1979 年 1 月颁布的《中华人民共和国刑法》中，设置了四项与安全生产有关的罪名，这些罪名的设置对那些严重违反安全法规而造成重大事故的责任人进行惩处有了法律的依据。

特别是 20 世纪 80 年代以后，我国的安全生产立法工作获得了较大的发展，安全生产领域颁布了许多的法律法规和标准。1992 年第七届全国人大常委会第 27 次会议通过，中华人民共和国主席第 65 号令公布的《中华人民共和国矿山安全法》，是我国第一部完整的安全生产法律。2002 年 11 月出台了《安全生产法》,使得安全生产开始纳入比较健全的法制轨道。

按照全面推进依法治国的要求,着力强化安全生产法治建设,严格执行安全生产法等法律法规,切实维护人民群众生命财产安全和健康权益,从国家到地方正在加快安全生产地方性法规、规章制度的修订工作,健全安全生产法治保障体系。目前我国安全生产领域有一部主体法即《安全生产法》,还有《职业病防治法》《劳动法》《煤炭法》《矿山安全法》《海上交通安全法》《道路交通安全法》《消防法》《铁路法》《民航法》《电力法》《建筑法》《突发事件应对法》《特种设备安全法》《危险化学品安全法》等十余部安全相关法律。同时制定了《国务院关于特大安全事故行政责任追究的规定》《安全生产许可证条例》《煤矿安全监察条例》《关于预防煤矿生产安全事故的特别规定》《危险化学品安全管理条例》《烟花爆竹安全管理条例》《民用爆炸物品安全管理条例》《道路交通安全法实施条例》《建设工程安全生产管理条例》《安全生产法实施条例》《煤矿安全条例》等一系列的行政法规作为支撑。全国绝大部分省(市)都出台了安全生产条例等地方性法规、规章。为了落实法律法规,还制定了一系列的安全生产标准,作为法律、法规延伸,加强法治落实。

3.3.2.3　安全标准

虽然目前我国没有技术法规的正式用语,但是国家制定的许多安全生产立法中将安全生产标准作为生产经营单位必须执行的技术规范而载入法律,安全生产标准法律化是我国安全生产立法的重要趋势。安全生产标准一旦成为法律规定必须执行的技术规范,它就具有了法律上的地位和效力。例如,安全生产法第十条规定:"国务院有关部门应当按照保障安全生产的要求,依法及时制定有关的国家标准或者行业标准,并根据科技进步和经济发展适时修订。生产经营单位必须执行依法制定的保障安全生产的国家标准或者行业标准。"在掌握安全标准之前,有必要了解一下有关标准的基本知识。

1. 按标准的层次分类

我国根据标准发生作用的范围或标准审批机构的层次,将标准分为四类:

(1)国家标准。对需要在全国范围内统一的技术要求,由国务院标准化行政主管部门制定国家标准。

(2)行业标准。对于没有国家标准又需要在全国某个行业范围内统一的技术要求,可由国务院有关行政主管部门制定。

(3)地方标准。对没有国家标准和行业标准,又需要在省、自治区、直辖市统一的工业产品的安全、卫生要求,可以由省、自治区、直辖市标准化行政主管部门制定地方标准。

(4)企业标准。企业生产的产品没有国家标准或者行业标准,制定企业标准。已有国家标准或者行业标准,企业可以制定严于国家标准或行业标准的企业标准,在企业内部适用。

如果从世界范围来看,除上述的标准之外,还包括国际标准和区域标准。国际标准是由国际标准化组织(ISO)和国际电工委员会(IEC)制定的标准。由国际标准化组织认可的国际组织所制定的标准也可视为国际标准。国际标准为国际上承认和通用。区域标准又称地区标准,是世界区域性标准化组织制定的标准,如欧洲标准化委员会(CEN)制定的欧洲标准。这种标准在区域范围内有关国家通用。

2. 按标准的约束性分类

按照标准的约束性,可分为强制性标准和推荐性标准。根据《中华人民共和国标准化法》的规定,保障人体健康、人身财产安全的标准和法律及行政法规规定强制执行的标准是强制性标准,其他标准是推荐标准,后标为 T。

我国的强制性国家标准包括以下几类:

(1)药品国家标准、食品卫生国家标准、兽药国家标准、农药国家标准。

(2)产品及产品生产、储运和使用中的劳动安全、卫生国家标准,运输安全国家标准。

(3)工程建设的质量、安全、卫生国家标准及国家需要控制的其他工程建设国家标准。

(4)环境保护的污染物排放国家标准和环境质量国家标准。

(5)重要的涉及技术衔接的通用技术术语、符号、代号(含代码)、文件格式和制图方法国家标准。

(6)国家需要控制的通用的试验、检验方法国家标准。

(7)互换配合国家标准。

(8)国家需要控制的其他重要产品国家标准。

3. 安全生产标准体系

我国的安全生产标准属于强制性标准,是安全生产法规的延伸与具体化,按标准的性质来分,包括基础标准、管理标准和安全生产技术标准等,见表3.1。

表3.1 安全生产标准体系

标准类别		标准例子
基础标准	基础标准	标准编写的基本规定、职业安全卫生标准编写的基本规定、标准综合体系规划编制方法、标准体系表编制原则和要求、企业标准体系表编制指南、职业安全卫生名词术语、生产过程危险和有害因素分类代码
	安全标志与报警信号	安全色、安全色卡、安全色使用导则、安全标志、安全标志使用导则、工业管路的基本识别色和识别符号、报警信号通则、紧急撤离信号、工业有害气体检测报警通则
管理标准		特种作业人员考核标准、重大事故隐患评价方法及分级标准、事故统计分析标准、职业病统计分析标准、安全系统工程标准、人机工程标准
安全生产技术标准	安全技术及工程标准	机械安全标准、电气安全标准、防爆安全标准、储运安全标准、爆破安全标准、燃气安全标准、建筑安全标准、焊接与切割安全标准、涂装作业安全标准、个人防护用品安全标准、压力容器与管道安全标准
	职业卫生标准	作业场所有害因素分类分级标准、作业环境评价及分类标准、防尘标准、防毒标准、噪声与振动控制标准、其他物理因素分级及控制标准、电磁辐射防护标准

4. 安全标准举例

(1)国家标准:《烟花爆竹工厂设计安全规范》(GB50161—2009)、《建筑设计防火规范》(GB50016—2014)。

(2) 行业标准:《兵器工业生产用电安全导则》(WJ2388—1997)、《化工企业静电安全检查规程》(HG/T23003—1992)。

其中,GB 表示国家标准,HG 表示化工行业标准,WJ 表示兵器行业标准(原兵器工业部叫第五机械工业部,简称五机部,所以 WJ 的标准号一直用下来了,同样的还有 SJ 表示电子行业标准)。此外,GA 表示公安部门发布的标准,GB/Z 是标准化指导性技术文件。后标为 T,则表示该标准是推荐性,非强制执行。

3.3.2.4 安全生产法律法规体系构成

根据我国立法体系的特点,以及安全生产法规调整的范围不同,安全生产法律法规体系由若干层次构成(如图 3.1 所示)。按层次由高到低为:国家根本法、国家基本法、劳动综合法、安全生产与健康综合法、专门安全法、法规和规章、安全标准。宪法为最高层次,各种安全基础标准、安全管理标准、安全技术标准为最低层次。

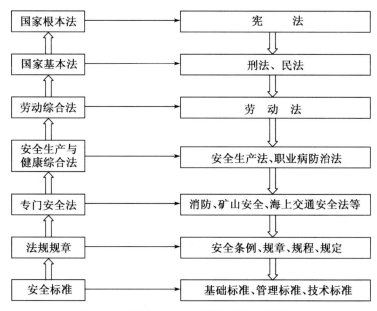

图 3.1 我国安全生产法律法规体系及层次

3.3.3 安全生产法

《安全生产法》在我国的立法史上是比较特殊的,它历经 21 年才制定完成并颁布实施,可以说这部法律是以事故血的教训为代价制定的法律法规。早在 1981 年《安全生产法》就由原国家劳动总局提出了立法建议,直至 2002 年 6 月 29 日《中华人民共和国安全生产法》经九届人大常委会第 28 次会议审议通过,并经江泽民主席签署主席令予以公布,2002 年 11 月 1 日正式实施。它囊括了生产经营单位、从业人员、安全生产监督管理部门三者之间对安全工作的保障、权利、义务、责任的相互关系。2009 年和 2014 年全国人大常委会两次进行了修订完善。2018 年国务院机构改革后,根据应急管理部相关职责,

2020 年再次修改完善《安全生产法》。

3.3.3.1 安全生产法的立法目的

立法目的亦称立法宗旨,它是每一部法律都不可缺少的。要科学地确定安全生产法的立法宗旨,必须从当前我国的安全生产实际情况出发,准确地抓住最突出的安全生产法律问题。当前主要问题有四个:

一是安全生产监督管理薄弱;

二是生产经营单位安全生产基础工作薄弱;

三是从业人员的人身缺乏应有的法律保障;

四是安全生产问题严重制约和影响了现代化建设。

为了解决上述问题,《安全生产法》第一条开宗明义地规定:"为了加强安全生产工作,防止和减少生产安全事故,保障人民群众生命和财产安全,促进经济社会持续健康发展,制定本法。"这既是安全生产法的立法宗旨,又是法律所要解决的基本问题。

3.3.3.2 安全生产法的适用范围

1. 空间的适用

《安全生产法》第二条规定:"在中华人民共和国领域内从事生产经营活动的单位(以下统称生产经营单位)的安全生产,适用本法。"

2. 主体和行为的适用

一切从事生产经营活动的国有企业事业单位、集体所有制的企业事业单位、股份制企业、中外合资经营企业、中外合作经营企业、外资企业、合伙企业、个人独资企业等,不论其经济性质如何、规模大小,只要从事生产经营活动的,都应遵守本法的各项规定,违反本法规定的行为将受到法律的追究。

其适用的范围只限定在生产经营领域。不属于生产经营活动中的安全问题,如公共场所集会活动中的安全问题、正在使用中的民用建筑物发生垮塌造成的安全问题等,都不属于本法的调整范围。

3. 排除适用

有关法律、行政法规对消防安全和道路交通安全、铁路交通安全、水上交通安全、民用航空安全以及核与辐射安全、特种设备安全另有规定的,适用其规定。

3.3.3.3 安全生产法立法的重要意义

1. 有利于全面加强我国安全生产法律体系的建设

它是我国第一部全面规范安全生产的专门法律,是我国安全生产法律体系中的基本法律。可以打个比方,它在安全生产法律体系中的地位相当于"宪法"。它的出台结束我国没有安全生产基本法律的历史,从而形成母法与子法、普通法与特别法、专门法与相关法有机结合的安全生产法律体系的框架。

2. 有利于保障人民群众生命和财产安全

重视和保护人的生命权,是制定《安全生产法》的根本出发点和落脚点,《安全生产法》

体现了"以人民为中心"。

倡导"以人民为中心、树立安全发展理念",而不是"一不怕苦、二不怕死"。"以人民为中心"是党的十八大以来,习近平总书记反复强调的核心价值理念,并逐步发展成为"以人民为中心的发展思想",在党的十九大上上升为治党治国治军的基本方略。有道是"大道之行,天下为公"。"人民"二字力重千钧,其所折射的是中国共产党人代代相承的接续奋斗。而党的十九大报告中,"始终要把人民放在心中最高的位置"这一话语,更是铿锵有力地诠释着"以人民为中心"这一最大的初心。

安全生产法赋予从业人员在安全生产方面的参与权、知情权、避险权等。因生产安全事故受到损害,除依法享有工伤保险外,依照有关民事法律尚有获得赔偿权利的,有权向本单位提出赔偿要求。

从业人员在享有权利的同时,也应尽相应的义务。在作业过程中,应当严格遵守本单位的安全生产规章制度和操作规程,接受安全生产教育和培训,掌握安全生产知识,提高安全生产技能,发现事故隐患或者其他不安全因素,应当立即向现场安全生产管理人员或者本单位负责人报告。

3. 有利于依法规范生产经营单位的安全生产工作

《安全生产法》把生产经营单位的安全生产列为重中之重,明确了企业安全生产的主体责任,规定了生产经营单位安全生产管理机构、人员的设置、配备标准和工作职责。

明确矿山、金属冶炼、建筑施工、道路运输单位和危险物品的生产、经营、储存单位,应当设置安全生产管理机构或者配备专职安全生产管理人员,其他生产经营单位从业人员超过 100 人,也应设置专门机构或者配备专职人员。同时明确高危企业必须要聘用注册安全工程师从事安全管理工作。

鼓励企业投入安全生产责任保险,运用保险机制,建立安保互动。规定生产经营单位必须建立事故隐患排查治理制度,采取技术、管理措施消除事故隐患。结合多年来的实践经验,明确生产经营单位应当推进安全生产标准化工作,提高本质安全生产水平。

4. 有利于安全生产监督部门和有关部门依法行政,加强监督管理

按照"安全生产管行业必须管安全、管业务必须管安全、管生产经营必须管安全"的要求,《安全生产法》规定国务院和县级以上地方人民政府应当建立健全安全生产工作协调机制,及时协调、解决安全生产监督管理中的重大问题。明确各级政府安全生产监督管理部门实施综合监督管理,有关部门在各自职责范围内对有关"行业、领域"的安全生产工作实施监督管理。明确各级安全生产监督管理部门和其他负有安全生产监督管理职责的部门作为行政执法部门,依法开展安全生产行政执法工作,对生产经营单位执行法律、法规、国家标准或者行业标准的情况进行监督检查。

强化政府基层组织的安全生产职责。针对各地经济技术开发区、工业园区的安全监管体制不顺、监管人员配备不足、事故隐患集中、事故多发等突出问题,明确乡镇人民政府以及街道办事处、开发区管理机构等地方人民政府的派出机关应当按照职责,加强对本行政区域内生产经营单位安全生产状况的监督检查,协助上级人民政府有关部门依法履行安全生产监督管理职责。

5．有利于制裁各种安全违法行为

《安全生产法》明确了政府、生产经营单位、从业人员和中介机构可能产生的违法行为，明确了相应违法行为的处罚方式。

对政府监督管理部门的工作人员，有降级、撤职、追究刑事责任；对政府监督管理部门有责令改正、责令退还收取的费用。

对生产经营单位有责令限期改正、停产停业整顿、罚款、责令停止建设、关闭企业、吊销其有关证照、连带赔偿。对生产经营单位负责人有行政处分、个人经济罚款、限期不得担任任何生产经营单位的主要负责人、降职、撤职、处十五日以下拘留、追究刑事责任。

对中介机构有没收违法所得、罚款、第三方连带赔偿、吊销其相应资质、追究刑事责任。

安全生产法中出现"追究刑事责任"的就有 15 处。"追究刑事责任"这几个字可不是轻易用的，是按照《中华人民共和国刑法》处罚。无论在哪个国家，用上了刑律大典就是最严厉的处罚。

中华人民共和国
安全生产法

3.3.4　主要相关安全生产法律法规内容简介

3.3.4.1　宪法的有关规定

宪法是国家的根本大法，在法律体系中居于主导的地位。宪法有关安全生产方面的规定和原则是安全生产与健康工作的最高法律规定。宪法中有对于反对官僚主义、提高工作质量，对各管理层次的安全工作基本要求，与安全工作有关的公民权利、义务方面的规定。

《宪法》第四十二条规定："中华人民共和国公民有劳动的权利和义务。国家通过各种途径，创造劳动就业条件，加强劳动保护，改善劳动条件，并在发展生产的基础上，提高劳动报酬和福利待遇。国家对就业前的公民进行必要的劳动就业训练。"宪法的这一规定，是生产经营单位安全生产与健康各项法规和各项工作的总的原则、总的指导思想和总的要求。我国各级政府管理部门、各类企事业单位机构，都要按照这一规定，确立安全第一、预防为主的思想，积极采取组织管理措施和安全技术保障措施，不断改善劳动条件，加强安全生产工作，切实保护从业人员的安全和健康。

《宪法》第四十三条规定："中华人民共和国劳动者有休息的权利。国家发展劳动者休息和休养的设施，规定职工的工作时间和休假制度。"这一规定的作用和意义有两个方面，一是劳动者的权利不容侵犯，二是建立劳动者的工作时间和休息休假制度，注意劳逸结合，禁止随意加班加点，以保持劳动者有充沛的精力进行劳动和工作，防止因疲劳过度而发生伤亡事故或造成积劳成病，防止职业病。尤其在生产不平衡状态下，生产经营单位领导在安排加班时要引起高度重视。因为生产任务紧，需要安全加班加点，如果不注意从业人员的疲劳，不注重科学合理安排加班，忽视安全，很容易发生事故。生产高峰需要加班之时，通常也是企业安全隐患事故易发高发的时期，一旦发生事故，不仅造成财产损失和人员伤亡，想通过加班加点追求高效益的目标也无法实现。

《宪法》第四十八条规定："中华人民共和国妇女在政治的、经济的、文化的、社会的和家庭的生活等方面享有同男子平等的权利。国家保护妇女的权利和利益。"该规定从各个方面充分肯定了我国广大妇女的地位,她们的权利和利益受到国家法律保护。为了贯彻这个原则,国家还针对妇女的生理特点,专门制定了有关女职工的特殊劳动保护法规。

3.3.4.2　刑法的有关规定

我国 1979 年 7 月 1 日第五届全国人民代表大会第二次会议通过《中华人民共和国刑法》,设置了四项与安全生产有关的罪名。1997 年 3 月 14 日第八届全国人民代表大会第五次会议对《刑法》修订,对安全生产方面构成犯罪的违法行为的惩罚作了规定。在危害公共安全罪中,《刑法》第一百三十一条至一百三十九条,规定了重大飞行事故罪、铁路运营安全事故罪、交通肇事罪、重大责任事故罪、重大劳动安全事故罪、危险物品肇事罪、工程重大安全事故罪、教育设施重大安全事故罪和消防责任事故罪等 9 种罪名。《刑法》第一百四十六条规定销售伪劣商品罪,包括生产、销售伪劣商品罪,生产、销售不符合安全标准的产品罪。第三百九十七条规定渎职罪,包括滥用职权罪、玩忽职守罪。此外,还有重大环境污染事故罪、环境监管失职罪。

2006 年通过的《刑法修正案(六)》,将安全生产事故责任罪的刑期,由以往七年以下修改为五年以上,增设了不报、谎报事故罪,加大了对安全生产违法犯罪的惩处力度。

刑法中与安全生产有关的罪名详见表 3.2。

表 3.2　刑法中与安全生产有关的罪名

条款	罪　名	犯罪主体	犯罪的行为	处　罚
131	重大飞行事故罪	航空人员	违反规章制度	三年以下有期徒刑或者拘役;三年以上七年以下有期徒刑
132	铁路运营安全事故罪	铁路职工	违反规章制度	三年以下有期徒刑或者拘役;三年以上七年以下有期徒刑
133	交通肇事罪	行为人	违反交通运输管理法规	三年以下有期徒刑或者拘役;三年以上七年以下有期徒刑;七年以上有期徒刑
134	重大责任事故罪;强令违章冒险作业罪	行为人	在生产、作业中违反有关安全管理	三年以下有期徒刑或者拘役;三年以上七年以下有期徒刑
			强令他人违章冒险作业	五年以下有期徒刑或者拘役;处五年以上有期徒刑
135	重大劳动安全事故罪;大型群众性活动重大安全事故罪	直接负责的主管人员和其他直接责任人员	安全生产设施或者安全生产条件不符合国家规定;举办大型群众性活动违反安全管理规定	三年以下有期徒刑或者拘役;三年以上七年以下有期徒刑
136	危险物品肇事罪	行为人	违反爆炸性、易燃性、放射性、毒害性、腐蚀性物品的管理规定	三年以下有期徒刑或者拘役;三年以上七年以下有期徒刑

条款	罪　名	犯罪主体	犯罪的行为	处　罚
137	工程重大安全事故罪	直接责任人员	违反国家规定,降低工程质量标准,造成重大安全事故的	五年以下有期徒刑或者拘役,并处罚金;五年以上十年以下有期徒刑,并处罚金
138	教育设施重大安全事故罪	直接责任人员	明知校舍或者教育教学设施有危险,而不采取措施或者不及时报告,致使发生重大伤亡事故的	三年以下有期徒刑或者拘役;三年以上七年以下有期徒刑
139	消防责任事故罪;不报、谎报安全事故罪	直接责任人员	违反消防管理法规,经消防监督机构通知采取改正措施而拒绝执行	三年以下有期徒刑或者拘役;三年以上七年以下有期徒刑
146	生产、销售不符合安全标准的产品罪	行为人	生产或者销售明知是不符合保障人身、财产安全的国家标准、行业标准的电器、压力容器、易燃易爆产品或者其他不符合保障人身、财产安全的国家标准、行业标准的产品	五年以下有期徒刑和罚金;五年以上有期徒刑和罚金
397	滥用职权罪;玩忽职守罪	国家机关工作人员	滥用职权或者玩忽职守	三年以下有期徒刑或者拘役;三年以上七年以下有期徒刑
			徇私舞弊,犯前款罪	五年以下有期徒刑或者拘役;处五年以上十年以下有期徒刑

为了通过法律加大安全生产整治的力度,加大对安全生产犯罪的预防惩治,源头治理,前移追责关口,重典治乱,依法提高违法成本,维护法律的尊严,彰显法律的权威,震慑和制裁安全生产违法行为特别是重大违法行为,遏制生产安全事故特别是重特大生产安全事故的发生,2020年第十三届全国人大常委会第二十次会议对《中华人民共和国刑法修正案(草案)》进行了审议,并在中国人大网公布,对外征求意见。涉及到安全生产方面的修订如下:

《刑法》第一百三十四条第二款修改为:强令他人违章冒险作业,或者明知存在重大事故隐患而拒不排除,仍冒险组织作业,因而发生重大伤亡事故或者造成其他严重后果的,处五年以下有期徒刑或者拘役;情节特别恶劣的,处五年以上有期徒刑。

在《刑法》第一百三十四条后增加一条,作为第一百三十四条之一:在生产、作业中违反有关安全管理的规定,有下列情形之一,具有导致重大伤亡事故或者其他严重后果发生的现实危险的,处一年以下有期徒刑、拘役或者管制:

(一)关闭、破坏直接关系生产安全的监控、报警、防护、救生设备、设施,或者篡改、隐瞒其相关数据、信息的;

(二)因存在重大事故隐患被依法责令停产停业、停止施工、停止使用有关设备、设

施、场所或者立即采取排除危险的整改措施,而拒不执行的;

（三）涉及安全生产的事项未经依法批准或者许可,擅自从事矿山开采、金属冶炼、建筑施工,以及危险物品生产、经营、储存、运输等高度危险的生产作业活动,情节严重的。

中华人民共和国
刑法

3.3.4.3　民法的有关规定

安全事故的民事责任主要是侵权民事责任,包括财产损失赔偿责任和人身伤害民事责任。我国《民法通则》规定了9种特殊侵权民事责任,其中有6种属于安全事故民事责任范畴。例如,我国《民法通则》第一百二十三条规定:"从事高空、高压、易燃、易爆、剧毒、放射性、高速运输工具等对周围环境有高度危险的作业造成他人损害的,应当承担民事责任。如果能够证明损害是由受害人故意造成的,不承担民事责任。"从事对周围环境具有高度危险性的作业造成他人损害,其经营人应承担民事责任。又如,我国《民法通则》第一百二十五条规定:"在公共场所、道旁或者通道上挖坑、修缮安装地下设施等,没有设置明显标志和采取安全措施造成他人损害的,施工人应当承担民事责任。"因此,在公共场所施工造成损害的应当承担民事责任。这一规定是为了保障公众在经常聚集、活动和通行地点的人身和财产安全,加强施工人员履行相当的注意义务,使人们免受因施工形成的危险因素(坑、沟、障碍物等)的损害。

3.3.4.4　劳动法的有关规定

《中华人民共和国劳动法》于1994年7月5日由第八届全国人民代表大会常务委员会第11次会议通过,1995年1月1日起开始实施。劳动法以宪法为依据,按照社会主义市场经济的要求,对调整劳动关系,规范用人单位和劳动者建立相对和谐稳定的劳动关系,提供了基本的法律依据和保障。劳动法共有13章107条,保护劳动者的安全与健康的规范是劳动法的一个重要组成部分。

1. 劳动法的第四章是关于工作时间和休息休假的规定

分别就每日工作时间、平均每周工作时间、延长工作时间的工资报酬等作了规定。目前我国实行的每日工作时间不超过8小时,根据国务院1995年发出的通知规定,每周工作时间不得超过40小时的工时制度。每周至少休息一天,如果因为企业生产特点执行上述规定有困难的,"经劳动部门批准可以实行其他工作和休息办法",据此,我国劳动部门颁布了不定时工作制的综合计算工时的实施办法。

2. 劳动法第六章第五十二条至第五十七条对劳动安全卫生作了专门规定

第五十二条规定"用人单位必须建立健全劳动安全卫生管理制度,严格执行国家劳动安全卫生规定和标准,对劳动者进行劳动安全卫生教育,防止劳动过程中的事故,减少职业危害"。

第五十三条要求"劳动安全卫生设施必须符合国家规定的标准,新建、改建、扩建的劳动安全卫生设施必须与主体工程同时设计、同时施工、同时投入生产和使用"。

第五十四条要求"用人单位必须为劳动者提供符合国家规定的劳动安全卫生条件和必要的劳动防护用品,对从事职业危害的劳动者应定期进行健康检查"。

第五十五条就特种作业人员必须经过专门培训并取得特种作业证资格做出了规定。

第五十六条特别强调了劳动者必须遵守安全操作规程,并有权拒绝执行违章指挥,强令冒险作业,有权检举控告危害职工生命安全和身体健康的行为。

第五十七条就企业职工伤亡事故,职业病的处理做出了规定。

3. 劳动法的第七章是关于女职工和未成年工特殊保护的规定

这一章明确未成年工是指年满 16 周岁未满 18 周岁的劳动者,用人单位不得安排他们从事矿山井下、有毒、有害和四级劳动强度的劳动和其他禁忌从事的劳动,并应对他们定期进行健康检查。

由于女职工特殊的生理特点,国家要求给予其特殊保护,劳动法第七章规定不得安排他们从事矿山井下和第四级劳动强度和其他禁忌的劳动,并且对女职工的经期、怀孕期、哺乳期、产期的保护做了明确的规定,并且规定女职工产假不少于 90 天。

4. 监督检查与法律责任的规定

为了保证劳动法的贯彻落实,劳动法规定,县级以上各级政府的劳动行政部门依法对用人单位遵守劳动法律、法规的情况进行监督检查,对违反劳动法律法规的行为有权制止,并责令改正。政府的有关部门和工会在各自职责范围内进行监督。对违反劳动法规定的行为尚不构成犯罪的由劳动行政部门负责处理,构成犯罪的追究刑事责任,造成损害的,承担民事赔偿责任。

3.3.4.5 职业病防治法的有关规定

《中华人民共和国职业病防治法》于 2001 年 10 月 27 日第九届全国人民代表大会常委会第二十四次会议通过,并于 2002 年 5 月 1 日正式颁布实施,当前是 2018 年修订版。《职业病防治法》共有 7 章 88 条,内容分为总则、前期预防、劳动过程中的防护与管理、职业病诊断与职业病病人保障、监督检查、法律责任、附则。这是我国颁布的第一部为预防控制和消除职业病危害、防治职业病、保护劳动者健康及相关权益而制定的法律。《职业病防治法》体现了"预防为主,防治结合"的方针,总结了我国职业病防治工作的经验,借鉴了国外做法,结合当前职业病防治工作实际,基本涵盖了职业病防治的重要方面,符合国情,法律责任明确具体,操作性强。它是做好职业病防治工作的法律保障,适用于我国领域内的职业病防治活动,即企业、事业单位和个体经济等用人单位组织的劳动者在职业活动中,因接触粉尘、放射性物质和其他有毒、有害物质等因素所引起的疾病(即职业病),本法都适用。

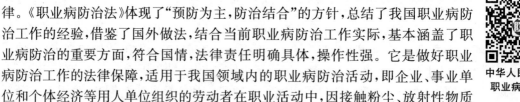

中华人民共和国
职业病防治法

3.3.4.6 "三大规程"和"五项规定"

"三大规程"和"五项规定"在我国安全生产法规建设中具有重要地位,对安全生产工作有重要的影响。三大规程是指《工厂安全卫生规程》、《建筑安装工程安全技术规程》和《工人职员伤亡事故报告规程》,是 1956 年 5 月 25 日国务院全体会议第二十九次会议通过颁发的,国家计委、国家经委、国家劳动总局 1979 年重申要切实贯彻执行这三大规程。

《工厂安全卫生规程》共有 11 章 89 条,分为总则、厂院、工作场所、机械设备、电气设备、锅炉和气瓶、气体、粉尘和危险品、供水、生产辅助设施、个人防护用品、附则。制定本规程的目的是为了改善工厂的劳动条件,保护工作人员的安全和健康,保证劳动生产率的提高。该规程适用于各类企业,它对企业的安全、卫生设施和管理方面的一些共同性的问题提出了要求和做出了规定。它是企业加强安全卫生管理的基本依据,也是制定安全卫生管理规章细则的基本依据。该规程自发布以来,对保护企业员工的安全健康起了很大的作用。

《建筑安装工程安全技术规程》共有 9 章 112 条,分为总则、施工的一般安全要求、施工现场、脚手架、土石方工程、机电设备和安装、拆除工程、防护用品、附则。制定本规程的目的是为了适应国家基本建设的需要,保护建筑安装工人职员的安全和健康,保证劳动生产率的提高。它适用于除矿井建设以外的工业建设和民用建设的施工单位。规程的第二章至第七章,对建筑安装工程从设计、施工到拆除工程的整个过程的安全设施、安全技术措施及管理措施等方面,都做出了规定。第八章就建筑安装工程各个工种不同劳动条件的劳动防护用品供给问题做了规定。

1956 年国务院颁发的《工人职员伤亡事故报告规程》,目前已被其他相关法规所替代,详见后文 6.1 节。

国务院于 1963 年发布的《国务院关于加强企业生产中安全工作的几项规定》(简称"五项规定"),对企业生产中的安全工作做出了五个方面的重要规定,这五项规定的内容是:安全生产责任制的规定、安全技术措施计划的规定、安全生产教育的规定、安全生产定期检查的规定、伤亡事故调查和处理的规定。五项规定与三大规程一样是我国企业安全生产管理的基本行政法规,是安全生产工作的法规依据。国务院在发布该规定的通知中指出:做好安全管理工作,确保安全生产,不仅是企业开展正常生产活动所必须,而且也是一项重要的政治任务。要求各级领导干部要充分重视这项工作,教育全体职工从思想上重视生产中的安全工作,自觉地执行安全措施,这是搞好安全生产的关键,建立健全和认真贯彻执行安全管理制度是保证安全生产的重要组织手段。为此,各部门、各地区和各企业应当把做好安全生产工作作为整顿企业、建立正常生产秩序的重要内容之一。并且要求企业单位,真正做到安全工作有制度、有措施、有布置、有检查;从专业干部到工人群众,各有职守,责任明确;加强思想教育,及时地严肃处理责任事故,并努力消灭重大人身事故。

3.3.4.7 矿山安全法的有关规定

《矿山安全法》于 1992 年 11 月 7 日第七届全国人民代表大会常务委员会第二十八次会议通过,并于 1993 年 5 月 1 日起施行,2009 年 8 月 27 日通过修订,相关的《矿山安全法实施条例》于 1996 年 10 月 30 日由原劳动部颁布施行。《矿山安全法》共有 8 章 50 条,内容分为总则、矿山建设的安全保障、矿山开采的安全保障、矿山企业的安全管理、矿山安全的监督管理、矿山事故处理、法律责任、附则。它是我国安全生产方面的第一部专门性法律,虽然主要适用于矿山企业,但它的颁布施行,是我国安全生产领域走向法制化的一个重要标志。

中华人民共和国
矿山安全法

《矿山安全法》实施 28 年来,对完善我国矿山安全法律法规体系,保障矿山安全生产、防止矿山事故和保护矿山职工人身安全,促进采矿业的健康发展发挥了重要和积极的作用。

3.3.4.8 消防法的有关规定

《消防法》于 1998 年 4 月 29 日第九届全国人民代表大会常务委员会第二次会议通

过,并于 1998 年 9 月 1 日起施行。2019 年 4 月 23 日第十三届全国人民代表大会常务委员会第十次会议修订。《消防法》共有 7 章 74 条,内容分为总则、火灾预防、消防组织、灭火救援、监督检查、法律责任、附则。消防法的颁布实施,是我国社会和经济发展到一定高度的必然产物,是保护国家经济建设和人民生命财产安全,维护社会稳定的客观需要,具有广泛的社会性和很强的实用性。

● 危险化学品管理条例
● 特种设备安全法
● 消防法

3.3.4.9 特种设备安全法的有关规定

《中华人民共和国特种设备安全法》于 2013 年 6 月 29 日第十二届全国人民代表大会常务委员会第三次会议通过,自 2014 年 1 月 1 日起施行。

《特种设备安全法》是第一部对各类特种设备安全管理作统一、全面规范的法律。它的出台标志着我国特种设备安全工作向科学化、法制化方向迈进了一大步。该法确立了"企业承担安全主体责任、政府履行安全监管职责和社会发挥监督作用"三位一体的特种设备安全工作新模式,进一步突出特种设备生产、经营、使用单位是安全责任主体。

生产环节,法律对特种设备的设计、制造、安装、改造、修理等活动规定了行政许可制度;经营环节,法律禁止销售、出租未取得许可生产、未经检验和检验不合格的特种设备或者国家明令淘汰和已经报废的特种设备;使用环节,法律要求所有特种设备必须向监管部门办理使用登记方可使用,使用单位要落实安全责任,对设备安全运行情况定期开展安全检查,进行经常性维护保养;一旦发现设备出现故障,应当立即停止运行,进行全面检查,消除事故隐患。

《特种设备安全法》通过强化企业主体责任,加大对违法行为的处罚力度,督促生产、经营、使用单位及其负责人树立安全意识,切实承担保障特种设备安全的责任。

3.3.4.10 危险化学品管理条例的有关规定

《危险化学品安全管理条例》(国务院令第 344 号)于 2002 年 1 月 26 日发布。2011 年 2 月 16 日颁布国务院令第 591 号修订通过。2013 年 12 月 7 日《国务院关于修改部分行政法规的决定》(国务院令第 645 号)公布施行。

该条例制定的目的是为了加强危险化学品安全管理,贯彻安全第一、预防为主、综合治理的方针,强化和落实企业的主体责任。

该条例所称危险化学品,是指具有毒害、腐蚀、爆炸、燃烧、助燃等性质,对人体、设施、环境具有危害的剧毒化学品和其他化学品。危险化学品目录,由国务院安全生产监督管理部门会同国务院工业和信息化、公安、环境保护、卫生、质量监督检验检疫、交通运输、铁路、民用航空、农业主管部门,根据化学品危险特性的鉴别和分类标准确定、公布,并适时调整。

其适用范围为危险化学品生产、储存、使用、经营和运输的安全管理。废弃危险化学品的处置,依照有关环境保护的法律、行政法规和国家有关规定执行。

该条例包括总则、危险化学品的生产、储存、使用、经营、运输安全,危险化学品的登记与事故应急救援、法律责任和附则。

3.3.4.11 安全生产许可证条例的有关规定

《安全生产许可证条例》(中华人民共和国国务院令第 397 号)于 2004 年 1 月 7 日首

次发布，2014 年 7 月 29 日《国务院关于修改部分行政法规的决定》（国务院令第 653 号）进行修订通过，该条例共 24 条。

● 安全生产许可证条例
● 国务院关于特大安全事故行政责任追究的规定
● 特种设备安全监察条例

该条例为了严格规范安全生产条件，进一步加强安全生产监督管理，防止和减少生产安全事故，根据《安全生产法》的有关规定制定而成。国家对矿山企业、建筑施工企业和危险化学品、烟花爆竹、民用爆炸物品生产企业（以下统称企业）实行安全生产许可制度。企业未取得安全生产许可证的，不得从事生产活动。

该条例明确矿山企业、建筑施工企业和危险化学品、烟花爆竹、民用爆炸物品生产企业安全生产许可证的颁发和管理，对企业取得安全生产许可证应当具备的安全生产条件进行了规定。

3.3.4.12　特种设备安全监察条例的有关规定

《特种设备安全监察条例》（国务院令第 373 号）于 2003 年月 11 日公布。2009 年 1 月 14 日国务院第 46 次常务会议通过修订，以国务院令第 549 号公布施行。条例分总则、特种设备的生产、特种设备的使用、检验检测、监督检查、事故预防和调查处理、法律责任和附则，共 8 章 103 条。

该条例中的特种设备是指涉及生命安全、危险性较大的锅炉、压力容器（含气瓶，下同）、压力管道、电梯、起重机械、客运索道、大型游乐设施和场（厂）内专用机动车辆。

房屋建筑工地和市政工程工地用起重机械、场（厂）内专用机动车辆的安装、使用的监督管理，由建设行政主管部门依照有关法律、法规的规定执行。

军事装备、核设施、航空航天器、铁路机车、海上设施和船舶以及矿山井下使用的特种设备、民用机场专用设备的安全监察不适用本条例。

3.3.4.13　国务院关于特大安全事故行政责任追究的规定

《国务院关于特大安全事故行政责任追究的规定》（国务院令第 302 号）于 2001 年 4 月 21 日公布施行。该条例规定，发生特大安全事故，不仅要追究直接负责的主管人员和其他直接责任人员，对地方人民政府主要领导人和政府有关部门正职负责人也要追究行政责任，如第二条规定：

地方人民政府主要领导人和政府有关部门正职负责人对下列特大安全事故的防范、发生，依照法律、行政法规和本规定的规定有失职、渎职情形或者负有领导责任的，依照本规定给予行政处分；构成玩忽职守罪或者其他罪的，依法追究刑事责任：

（1）特大火灾事故；

（2）特大交通安全事故；

（3）特大建筑质量安全事故；

（4）民用爆炸物品和化学危险品特大安全事故；

（5）煤矿和其他矿山特大安全事故；

（6）锅炉、压力容器、压力管道和特种设备特大安全事故；

（7）其他特大安全事故。

4　安全管理制度和体系

4.1　安全管理制度

政府是安全生产的监管主体,企业是安全生产的责任主体。企业要实施有效的安全管理,必须建立、健全强有力的组织保障体系、规章制度体系和措施方法体系。

企业安全生产管理制度是国家安全生产方针、政策和安全法规在企业中的延伸和具体化,是企业规章制度的重要组成部分。企业有了科学的、健全的安全生产管理制度,才能有序地、协调地实现安全生产的目标。

2007年安监总局令第16号《安全生产事故隐患排查治理暂行规定》第四条第一款规定:"生产经营单位应当建立健全事故隐患排查治理制度。"

2011年安监总局令第41号《危险化学品生产企业安全生产许可证实施办法》明确要求危险化学品生产企业应当根据化工工艺、装置、设施等实际情况,制定完善包括安全生产会议制度等19项安全生产规章制度。

2012年财企16号《企业安全生产费用提取和使用管理办法》第三十一条规定:"企业应当建立健全内部安全费用管理制度,明确安全费用提取和使用的程序、职责及权限,按规定提取和使用安全费用。"

2014年修订的《安全生产法》第四条规定:"生产经营单位必须遵守本法和其他有关安全生产的法律、法规,加强安全生产管理,建立、健全安全生产责任制和安全生产规章制度,改善安全生产条件,推进安全生产标准化建设,提高安全生产水平,确保安全生产。"

2015年安监总局令第80号《生产经营单位安全培训规定》第三条第二款规定:"生产经营单位应当按照安全生产法和有关法律、行政法规和本规定,建立健全安全培训工作制度。"

各省市也依据《安全生产法》等法律法规,出台相关地方性法规和政府部门规章,明确企业应制定的安全生产规章制度。例如,2007年四川省出台的《四川省生产经营单位安全生产责任规定》中,明确要求生产经营单位建立健全安全生产投入保障制度等安全生产规章制度。

企业生产中的安全问题涉及生产过程的方方面面,原因复杂,因素较多。因此,除了满足法律法规规定的安全规章制度外,企业还需根据行业和自身的特点制定适合于本企业的安全生产规章制度。

4.1.1　安全生产责任制

为实施安全对策,必须首先明确由谁来实施的问题。我国在推行全员安全管理的同时,实行安全生产责任制。它是根据"预防为主"的原理和"管生产必须管安全"的原则,规定企业各级领导、职能部门、各类技术人员和生产工人在生产劳动中应该担负的安全责任,是安全生产过程中责、权、利的体现,是企业最基本的一项安全制度,是所有安全管理规章制度的核心。

所谓安全生产责任制,就是各级领导应对本单位安全工作负总的领导责任,以及各级工程技术人员、职能科室和生产工人在各自的职责范围内对安全工作应负的责任。

落实企业主要负责人责任,即企业法定代表人、实际控制人等主要负责人要落实第一责任人法定责任,牢固树立安全发展理念,带头执行安全生产法律法规和规章标准,加强全员、全过程、全方位安全生产管理,做到安全责任、安全管理、安全投入、安全培训、应急救援"五到位"。在安全生产关键时间节点,要在岗在位、盯守现场,确保安全。

落实全员安全生产责任,即强化企业内部各部门安全生产职责,落实一岗双责制度。重点行业领域企业要严格落实以师带徒制度,确保新招员工安全作业。企业安全管理人员、重点岗位、班组和一线从业人员要严格履行自身安全生产职责,严格遵守岗位安全操作规程,确保安全生产,建立"层层负责、人人有责、各负其责"的安全生产工作体系。

建立安全生产责任制的作用有以下几点:

第一,可以使企业各系统各类人员在生产中分担安全责任,确保职责明确,分工协作,共同努力做好安全工作;可以预防和避免安全工作中出现混乱、互相推诿、无人负责的现象,把安全与生产工作从组织领导上协调起来。

第二,可以更好地发挥安全专职机构的监督保障作用,明确其工作内容,改变其工作杂乱、事事包揽的被动局面,真正成为企业领导在安全工作上的助手和企业安全管理的组织者。

第三,有了安全生产责任制,在发生伤亡事故之后,有利于事故的调查、分析、处理,容易分清责任、吸取教训,对进一步改进安全生产工作产生积极的作用。

4.1.2 安全技术措施计划

安全技术措施计划是生产经营单位综合计划的重要组成部分,是有计划地改善劳动条件的重要手段,也是做好劳动保护工作、防止工伤事故和职业病的重要措施。通过编制和实施安全技术措施计划,可以将改善安全生产条件工作纳入企业的生产建设计划中,有计划有步骤地解决企业中的安全计划问题。

安全技术措施计划项目范围包括以改善企业劳动条件、防止工伤事故和职业病为目的的一切技术措施,大致可分为六类。

(1) 安全技术措施。其包括以防止工伤事故为目的的一切措施。如各种设备、设施以及安全防护装置、保险装置、信号装置和安全防爆设施等。

(2) 工业卫生技术措施。它是指以改善作业条件防止职业病为目的的一切措施。如防尘、防毒、防噪声、防射线以及防物理因素危害的措施。

(3) 辅助房屋及设施。它指有关劳动卫生方面所必需的房屋及一切设施。如为职工设置的淋浴、盥洗设施,消毒设备,更衣室、休息室、取暖室、妇女卫生室等。

(4) 宣传教育设施。它是指安全宣传教育所需的设施、教材、仪器,以及举办安全技术培训班、展览会,设立教育室等。

　　（5）安全科学研究与试验设备仪器。

　　（6）减轻劳动强度等其他技术措施。

　　安全技术措施费用是安全生产费用之中的一项。企业应当建立健全内部安全费用管理制度，明确安全费用提取和使用的程序、职责及权限，按规定提取和使用安全费用。安全费用提取和使用计划，和上一年安全费用的提取、使用情况按照管理权限报同级财政部门、安全生产监督管理部门、煤矿安全监察机构和行业主管部门备案。企业提取的安全费用属于企业自提自用资金，其他单位和部门不得采取收取、代管等形式对其进行集中管理和使用，国家法律、法规另有规定的除外。

　　对于煤炭生产、非煤矿山开采、建设工程施工、危险品生产与储存、交通运输、烟花爆竹生产、冶金、机械制造、武器装备研制生产与试验（含民用航空及核燃料）的企业，2012年2月14日由财政部、安全监管总局印发财企〔2012〕16号《企业安全生产费用提取和使用管理办法》，对其安全费用提取、使用和管理进行监督检查做了明确的规定。

4.1.3　安全教育制度

　　安全教育亦称安全生产教育，是企业为提高职工安全技术水平和防范事故能力而进行的教育培训工作。安全教育是企业安全管理的重要内容，与消除事故隐患、创造良好劳动条件相辅相成，二者缺一不可。

　　生产系统是人、机、物、环境的集合，人处于中心地位。人的安全素质越高，安全生产就越有保障。杜邦公司经过长达10年对事故研究表明，96%的伤害事故是由于人的不安全行为造成的。国内的研究数据表明，由于人的不安全行为而导致的事故约占事故总数的85%。进一步分析原因，主要是人的思想意识、心理素质、态度和行为不能适应生产中客观规律的状态和发展规律所致。而人的意识、情绪态度、心理素质和行为具有一定的可塑性，能够通过适当的教育和训练来改变，使其符合安全生产的客观规律，企业对职工进行安全教育的目的正是源于此。

　　安全教育的内容主要包括：安全生产思想教育、安全知识教育和安全技能教育。

　　（1）思想教育包括安全意识教育、安全生产方针政策教育和法纪教育。

　　（2）知识教育包括安全管理知识教育和安全技术知识教育。

　　（3）技能教育包括正常作业的安全技能培训和异常情况的处理技能培训。

　　根据2005年国家安全生产监督管理总局令第3号《生产经营单位安全培训规定》（以下简称《规定》）的规定，我国工矿商贸生产经营单位从业人员应进行安全培训。按照教育的对象，可把安全教育分为对各级管理人员（负责人、安全生产管理人员）的安全教育和对生产岗位职工（特种作业人员和其他从业人员）的安全教育两大部分。

　　管理人员安全教育是指对企业的法人、总经理（厂长）、部门主管（车间主任、工段长）以上干部、工程技术人员和行政管理干部的安全教育。《规定》要求生产经营单位主要负责人和安全生产管理人员应当接受安全培训，具备与所从事的生产经营活动相适应的安全生产知识和管理能力。由经安全生产监管监察部门认定的具备相应资质的培训机构培训，初次安全培训时间不得少于32学时。每年再培训时间不得少于12学时。培训合格后，由培训机构发给相应的培训合格证书。针对煤矿、非煤矿山、危险化学品、烟花爆竹等高危行业,《规定》要求这些高危行业的主要负责人和安全生产管理人员,必须接受由安全生产监管监察部门认定的具备相应资质的安全培训机构进行的专门的安全培训,经安全生产监管监察部门对其安全生产知识和管理能力考核合格,取得由安全生产监管监察部门发给安全资格证书后,方可任职。煤矿、非煤矿山、危险化学品、烟花爆竹等生产经营单位主要负责人和安全生产管理人员安全资格培训时间不得少于48学时;每年再培训时间不得少于16学时。

对于生产岗位职工,《规定》要求加工、制造业等生产单位的其他从业人员,在上岗前必须经过厂(矿)、车间(工段、区、队)、班组三级安全培训教育。生产经营单位可以根据工作性质对其他从业人员进行安全培训,保证其具备本岗位安全操作、应急处置等知识和技能。煤矿、非煤矿山、危险化学品、烟花爆竹等生产经营单位必须对新上岗的临时工、合同工、劳务工、轮换工、协议工等进行强制性安全培训,保证其具备本岗位安全操作、自救互救以及应急处置所需的知识和技能后,方能安排上岗作业。生产经营单位新上岗的从业人员,岗前培训时间不得少于24学时。煤矿、非煤矿山、危险化学品、烟花爆竹等生产经营单位新上岗的从业人员安全培训时间不得少于72学时,每年接受再培训的时间不得少于20学时。

目前我国针对生产岗位职工的安全教育一般有三级安全教育,特种(设备)作业人员安全教育,经常性安全教育,"五新"作业安全教育,复工、调岗安全教育等。

1. 三级教育制度

三级教育制度是厂矿企业必须坚持的基本安全教育制度和主要形式。对新工人、参加生产实习的人员、参加生产劳动的学生和新调到本厂工作的工人必须集中一段时间,连续进行入厂教育、车间教育和班组教育三个级别的教育。

从业人员在本生产经营单位内调整工作岗位或离岗一年以上重新上岗时,应当重新接受车间(工段、区、队)和班组级的安全培训。生产经营单位实施新工艺、新技术或者使用新设备、新材料时,应当对有关从业人员重新进行有针对性的安全培训。

2. 特种(设备)作业人员安全教育

锅炉、压力容器(含气瓶)、压力管道、电梯、起重机械、客运索道、大型游乐设施、场(厂)内机动车辆等特种设备的作业人员及其相关管理人员统称特种设备作业人员。从事特种设备作业的人员经考核合格取得《特种设备作业人员证》,方可从事相应的作业或者管理工作。《特种设备作业人员证》每两年复审一次。持证人员应当在复审期满3个月前,向发证部门提出复审申请。复审合格的,由发证部门在证书正本上签章。

特种作业人员是指电工作业、焊接与热切割作业、高处作业、制冷与空调作业、煤矿安全作业、金属非金属矿山安全作业、石油天然气安全作业、冶金(有色)生产安全作业、危险化学品安全作业、烟花爆竹安全作业等十类作业人员。特种作业人员在独立上岗作业前,必须进行与本工种相适应的、专门的安全技术理论学习和实际操作训练。特种作业人员的考核与发证工作,由地市级安全监察部门负责组织实施。取得《特种作业人员操作证》者,每两年进行一次复审。离开特种作业岗位1年以上的特种作业人员,须重新进行技术考核,合格者方可从事原工作。

3. 经常性的安全教育

企业里的经常性安全教育可按下列形式进行：① 在每天的班前班后会上说明安全注意事项，讲评安全生产情况；② 开展安全活动日，进行安全教育、安全检查、安全装置的维护；③ 召开安全生产会议，专题计划、布置、检查、总结、评比安全生产工作；④ 召开事故现场会，分析造成事故的原因及教训，确认事故的责任者，制定防止事故重复发生的措施；⑤ 总结发生事故的规律，有针对性地进行安全教育；⑥ 组织工人参加安全技术交流，观看安全生产展览与劳动安全卫生电影、电视等，张贴安全生产宣传画、宣传标语及安全标志等，时刻提醒人们注意安全。

4. "五新"作业安全教育

"五新"作业安全教育是指凡采用新技术、新工艺、新材料、新产品、新设备，即进行"五新"作业时，出于其未知因素多，变化较大，与变化相关联的失误是导致事故的原因，因而"五新"作业中极可能潜藏着不为人知的危险性，并且操作者失误的可能性也要比通常进行的作业更大。因而，在作业前，应尽可能应用危险分析、风险评价等方法找出存在的危险，应用人机工程学等方法研究操作者失误的可能性和预防方法，并在试验研究的基础之上制定出安全操作规程，对操作者及有关人员进行专门的教育和培训，包括安全操作知识和技能培训及应急措施的应用等。这是"五新"作业教育的目的所在，也是我国安全工作者在几十年的工作实践中总结出的防止重大事故的有效方法之一。

5. 复工和调岗教育

"复工"安全教育是针对离开操作岗位较长时间的工人进行的安全教育。离岗 1 年以上重新上岗的工人，必须进行相应的车间级或班组级安全教育。"调岗"安全教育是指工人在本车间临时调动工种和调往其他单位临时帮助工作的，由接受单位进行所担任工种的安全教育。

4.1.4　安全检查制度

安全检查是安全生产管理工作的一项重要内容，是多年来从生产实践中创造出来的一种好形式。它是安全生产工作中运用群众路线的方法，发现不安全状态和不安全行为的有效途径，是消除事故隐患、落实整改措施、防止伤亡事故、改善劳动条件的重要手段。

4.1.4.1　安全检查的内容

安全检查的内容，主要是查思想、查管理和制度、查现场和隐患、查整改、查事故处理。

1. 查思想

查思想主要是对照党和国家有关安全生产和劳动保护的方针、政策及有关文件，检查企业领导和职工群众对安全工作的认识。如干部是否真正做到了关心职工的安全健康；现场领导人员有无违章指挥；职工群众是否人人关心安全生产，在生产中是否有不安全行为和不安全操作；国家的安全生产方针和有关政策、法令是否真正得到贯彻执行。注意检查企业领导的思想认识，检查他们对安全生产认识是否正确，是否把职工的安全健康放在第一位，特别对各项安全生产和劳动保护法规以及安全生产方针的贯彻执行情况，更应严格检查。

2. 查管理和制度

安全生产检查也是对企业安全管理上的大检查。主要检查企业领导是否把安全生产工作摆上议事日程;企业主要负责人及生产负责人是否负责安全生产工作;在计划、布置、检查、总结、评比生产的同时,是否都有安全的内容,即"五同时"的要求是否得到落实;企业各职能部门在各自业务范围内是否对安全生产负责;安全专职机构是否健全;工人群众是否参与安全生产的管理活动;改善劳动条件的安全技术措施计划是否按年度编制和执行;安全技术措施经费是否按规定提取和使用;新建、改建、扩建工程项目是否与安全卫生设施同时设计、同时施工、同时投产,即"三同时"的要求是否得到落实。此外,还要检查企业的安全教育制度、新工人入厂的"三级教育"制度、特种作业人员和调换工种工人的培训教育制度、各工种的安全操作规程和岗位。

3. 查现场和隐患

安全生产检查的内容,主要以查现场、查隐患为主,深入生产现场工地,检查企业的劳动条件、生产设备以及相应的安全卫生设施是否符合安全要求。例如,有否安全出口,且是否通畅;机器防护装置情况,电气安全设施,如安全接地、避雷设备、防爆性能;车间或坑内通风照明情况;防止矽尘危害的综合措施情况;预防有毒有害气体或蒸汽危害的防护措施情况;锅炉、受压容器和气瓶的安全运转情况;变电所、火药库、易燃易爆物质及剧毒物质的贮存、运输和使用情况;个体防护用品的使用及标准是否符合有关安全卫生的规定和要求。

4. 查整改

对被检单位上一次查出的问题,按其当时登记的项目、整改措施和期限进行复查。检查是否进行了及时整改和整改的效果。如果没有进行整改或整改不力的,要重新提出要求,限期整改。对重大事故隐患,应根据不同情况进行查封或拆除。

5. 查事故处理

检查企业对工伤事故是否及时报告、认真调查、严肃处理;在检查中,如发现未按"四不放过"的要求草率处理的事故,要重新严肃处理,从中找出原因,采取有效措施,防止类似事故重复发生。

4.1.4.2 安全检查的分类

在开展安全检查工作中,各企业可根据各自的情况和季节特点,做到每次检查的内容有所侧重,突出重点,真正收到较好的效果。

安全检查分为一般性检查、专业性检查、季节性检查和节假日前后的检查等。

1. 一般性检查

一般性检查又称普遍检查,是一种经常的、普遍性的检查,目的是对安全管理、安全技术、工业卫生的情况作一般性的了解。这种检查,企业主管部门一般每年进行 1～2 次;各企业一般每年进行 2～4 次,基层单位每月或每周进行一次,此外还有专职安全人员进行的日常性检查。在一般性检查中,检查项目应根据企业性质不同而有所差异,但以下三个方面均需列入：各类设备有无潜在的事故危险、对危险或缺陷采取了什么具体措施、对出现的紧急情况,有无可靠的立即消除措施。

2. 专业性检查

专业性检查是指针对特殊作业、特殊设备、特殊场所进行的检查。如电、气焊设备,起重设备,运输车辆,锅炉,压力容器,尘、毒、易燃、易爆场所等。这类设备和场所由于事故危险性大,如事故发生,造成的后果极为严重。所以专业性检查除了由企业有关部门进行外,上级有关部门也指定专业安全技术人员进行定期检查,国家对这类检查也有专门的规定。不经有关部门检查许可,设备不得使用。专业性检查一般以定期检查为主。

专业性检查有以下突出特点：① 专业性强,集中检查某一专业方面的装置、系统及与之有关的问题,因而目标集中,检查可以进行得深入细致;② 技术性强,检查内容以生产、安全的技术规程和标准为依据;③ 以现场实际检查为主,检查方式灵活,牵扯人力最少;④ 不影响工作程序。

3. 季节性检查

季节性检查是根据季节特点,为保障安全生产的特殊要求所进行的检查。自然环境的季节性变化,对某些建筑、设备、材料或生产过程及运输、贮存等环节会产生某些影响。某些季节性外部事件,如大风、雷电、洪水等,还会造成企业重大的事故和损失。因而,为了防患于未然,消除因季节变化而产生的事故隐患,必须进行季节性检查。如春季风大,应着重防火、防爆;夏季高温、多雨、多雷电,应抓好防暑、降温、防汛、检查雷电保护设备;冬季着重防寒、防冻、防滑等。

4. 节假日前后的检查

由于节假日前职工容易因考虑过节等因素而造成精力分散,因而应进行安全生产、防火保卫、文明生产等综合检查;节假日后则要进行遵章守纪和安全生产的检查,以避免因放假后职工精力涣散而引起纪律松懈等问题。

4.1.5 "三同时"安全审查制度

安全检查主要是为了改善企业现实安全生产状况,消除或控制现有设备、设施存在的危险因素和事故隐患。要从源头上消除可能造成伤亡事故和职业病的危险因素,保护职工的安全健康,保障新工程的正常投产使用,防止事故损失,避免因安全问题引起返工或因采取弥补措施造成不必要的投资扩大,对新建、改建、扩建工程进行预先安全审查是一种极其重要的手段。

对工程项目安全审查是依据有关安全法规和标准,对工程项目的可行性研究报告、初步设计、施工方案以及竣工投产进行综合的安全审查、评价与检验。目的是查明系统在安全方面存在的缺陷,按照系统安全的要求,优先采取消除或控制危险的有效措施,切实保障系统的安全。

"三同时"审查验收制度就是我国在多年的生产实践中总结形成的一套较为完整且颇具特色的制度。

1988 年国家劳动部颁布了《关于生产性建设工程项目职业安全卫生监察的暂行规

定》,明确规定一切生产性的基本建设工程项目、技术改造和引进的工程项目(包括港口、车站、仓库)都必须符合国家职业安全与卫生方面的有关法规、标准的规定。建设项目中职业安全与卫生技术措施和设施,应与主体工程同时设计、同时施工、同时投产使用。习惯上,把工程项目安全审查叫做"三同时"审查。

1994年颁布的《中华人民共和国劳动法》第五十三条规定:"新建、改建、扩建工程的劳动安全卫生设施必须与主体工程同时设计、同时施工、同时投入生产和使用。"

1996年颁布的《建设项目(工程)劳动安全卫生监察规定》(劳动部第3号令)规定:"我国境内的新建、改建、扩建的基本建设项目(工程)、技术改造项目(工程)和引进的建设项目(工程)(以下简称建设项目)中的劳动安全卫生设施必须符合国家规定的标准,必须与主体工程同时设计、同时施工、同时投入生产和使用。"

2002年颁布施行的《安全生产法》第二十四条明确规定"生产经营单位新建、改建、扩建工程项目(以下统称建设项目)的安全设施,必须与主体工程同时设计、同时施工、同时投入生产和使用。安全设施投资应当纳入建设项目概算"。

"三同时"工程项目的安全审查包括由可行性研究开始到设计、施工,直至竣工验收的全过程的审查。

4.1.5.1 可行性研究报告的审查

可行性研究报告的审查是根据国民经济发展近远期规划、地区规划、作业规划的要求,对工程项目的职业安全卫生技术、工程等方面进行多方案综合分析论证,主要包括技术先进性、经济合理性、生产可行性、各种指标的定性与定量的初步分析等,以确定工程项目的职业安全卫生措施方案是否可行。

审查报告的内容主要包括生产过程中可能产生的主要职业危害、预计危害程度、造成危害的因素及其所在部位或区域,可能接触职业危害的职工人数,使用和生产的主要有毒有害物质、易燃易爆物质的名称、数量;职业危害治理的方案及其可行性论证;职业安全卫生措施专项投资估算;实现治理措施的预期效果;技术、投资方面存在的问题和解决意见。

4.1.5.2 初步设计审查

初步设计审查是在可行性研究报告的基础上,按照劳动部《关于生产性建设工程项目职业安全卫生监察的暂行规定》中《职业安全卫生专篇》的内容和要求,根据有关标准、规范对《专篇》进行全面深入的分析,提出建设项目中职业安全卫生方面的结论性意见。

初步设计审查的基调应是实施性的。审查初步设计中的《职业安全卫生专篇》,主要包括以下内容。

1. 设计依据

(1)国家、地方政府和主管部门的有关规定。

(2)采用的主要技术规范、规程、标准和其他依据。

2. 工程概述

(1)本工程设计所承担的任务及范围。

(2)工程性质、地理位置及特殊要求。

（3）改建、扩建前的职业安全与职业卫生概况。

（4）主要工艺、原料、半成品、成品、设备及主要危害概述。

3．建筑及场地布置

（1）根据场地自然条件中的气象、地质、雷电、暴雨、洪水、地震等情况预测主要危险因素及防范措施。

（2）建厂的四邻情况对本厂的职业安全卫生的影响及防范措施。

（3）工厂总体布置中对诸如锅炉房、氧气站、乙炔站等极易燃易爆、有毒物品仓库对全厂职业安全卫生的影响及防范措施。

（4）厂区内的通道、运输的职业安全卫生。

（5）总图设计中建筑物的安全距离、采光、通风、日晒等情况，主要有害气体与主要风向的关系。

（6）辅助用室包括救护室、医疗室、浴室、更衣室、休息室、哺乳室、女工卫生室的设置情况。

4．生产过程中职业危害因素的分析

（1）生产过程中使用和产生的主要有毒有害物质，包括原料、材料、中间体、副产物、产品、有毒气体、粉尘等的种类名称和数量。

（2）生产过程中的高温、高压、易燃、易爆、辐射、振动、噪声等有害作业的生产部位、程度。

（3）生产过程中危险因素较大的设备的种类、型号、数量。

（4）可能受到职业危害的人数及受害程度。

5．职业安全卫生设计中采用的主要防范措施

（1）全面分析各种危害因素以确定工艺路线、选用可靠装置设备，根据生产、火灾危险性分类设置泄压、防爆等安全设施和必要的检测、检验设施。

（2）按照爆炸和火灾危险场所的类别、等级、范围选择电气设备的安全距离及防雷、防静电及防止误操作等设施。

（3）生产过程中的自动控制系统和紧急停机、事故处理的保护措施。

（4）说明危险性较大的生产过程中，一旦发生事故和急性中毒的抢救、疏散方式及应急措施。

（5）扼要说明在生产过程各工序产生尘毒的设备（或部位）及尘毒的种类、名称、原来尘毒危害情况，以及防止尘毒危害所采用的防护设备、设施及其效果等。

（6）经常处于高温、高噪声、高振动工作环境所采用的降温、降噪及降振措施，防护设备性能及检测检验设施。

（7）改善繁重体力劳动强度方面的设施。

6．预期效果评价

对职业安全卫生方面存在的主要危害所采取的治理措施提出专题报告和综合评价。

7．安全卫生机构设置及人员配备情况

（1）安全卫生机构设置及人员配备。

（2）维修、保养、日常监测检验人员。

（3）安全教育设施及人员。

8. 专用投资概算

（1）主要生产环节职业安全卫生专项防范设施费用。

（2）检测装备及设施费用。

（3）安全教育装备和设施费用。

（4）事故应急措施费用。

9. 存在的问题与建议

存在问题与建议必须列出，且是重要内容。

4.1.5.3　竣工验收审查

竣工验收审查是按照《职业安全卫生专篇》规定的内容和要求对职业安全卫生工程质量及其方案的实施进行全面系统的分析和审查，并对建设项目做出职业安全卫生措施的效果评价。竣工验收审查是强制性的。

建设单位在生产设备调试阶段，应同时对职业安全卫生设备、措施进行调试和考核，对其效果做出评价。在人员培训时，要有职业安全卫生的内容，并建立健全职业安全卫生方面的规章制度。

在生产设备调试阶段中，劳动部门对建设项目的职业安全卫生设施进行预验收，并确定尘、毒等化学因素和物理因素的测定点。对体力劳动强度较大，产生尘、毒危害严重的作业岗位，要按国家有关标准委托劳动行政部门隶属的职业安全卫生监测机构进行体力劳动强度、粉尘和毒物危害程度分级的测定工作，测定结果作为评价职业安全卫生设施的工程技术效果和竣工验收的依据。对于查出的隐患，由建设单位订出计划，限期整改。

实施"三同时"安全审查制度就是要保证在早期设计阶段尽可能将危险降到最低程度。审查的本身包含着对工程项目安全性的分析、评价、监督和检查。为保障现代化生产的安全，对安全审查提出了新的更高的要求，即必须运用科学的工程原理、标准和技术知识鉴别、消除或控制系统中的危险，建立必要的系统安全管理组织，制定出系统安全程序计划，应用科学的分析方法保证系统安全目标的实现。所以做好工程项目的安全审查工作，是管理部门、设计部门、监督检查部门和建设单位的共同责任，也是广大工程技术人员、安全专业工作者的重要使命。

4.1.6　其他相关企业安全管理制度

企业生产中的安全问题涉及生产过程的方方面面，原因复杂，因素较多，因此，除了上述法律法规和规章的规定外，不同行业的企业，所涉及到安全生产规章制度也不尽相同。GB/T33000—2016《企业安全生产标准化基本规范》列出的企业安全生产和职业卫生规章制度包括但不限于下列内容：

目标管理；安全生产和职业卫生责任制；安全生产承诺；安全生产投入；安全生产信息化；四新（新技术、新材料、新工艺、新设备设施）管理；文件、记录和档案管理；安全风险管理；隐患排查治理；职业病危害防治；教育培训；班组安全活动；特种作业人员管理；建设项目安全设施、职业病防护设施"三同时"管理;设备设施管理;施工和检维修安全管理;危险物品管理;危险作业安全管理;全警示标志管理;安全预测预警;安全生产奖惩管理;相关方安全管理;变更管理;个体防护用品管理;应急管理;事故管理;安全生产报告;绩效评定管理。

4.2　安全管理体系

4.2.1　职业健康安全管理体系(OHSMS)

4.2.1.1　职业健康安全管理体系概述

　　OHSMS 是职业健康安全管理体系(Occupational Health and Safety Management System)的英文简称,职业健康安全管理体系在不同国家不同时期的叫法不完全一致,稍有区别,有的称之为职业安全卫生管理体系或职业安全健康管理体系,简称 OHSAS 或者叫做 OSHMS。它是 20 世纪 80 年代后期国际上兴起的现代安全生产管理模式,与 ISO 9001 和 ISO 14001 等标准规定的管理体系一并被称为后工业时代的管理方法。

　　职业健康安全管理体系是指为了建立职业健康安全方针和目标以及实现这些目标所制定的一系列相互联系或互相作用的要素。它以系统安全的思想为基础,把企业中人、物、环境、信息的组合作为一个系统,以整个系统中导致事故的根源——危险源作为管理核心,通过危险辨识、风险评价、风险控制等手段来达到控制事故发生,保障劳动者安全与健康的目的。

　　它是将现代管理思想应用于职业健康安全工作所形成的一套科学、系统的管理方式。企业建立职业健康安全管理体系是指将原有的职业健康安全管理按照体系管理的方法予以补充、完善、实施的过程。建立与实施职业健康安全管理体系能有效地提高企业安全生产管理水平,有助于生产经营单位建立科学的管理机制;有助于生产经营单位积极主动地贯彻执行相关职业健康安全法律法规。

　　OHSMS 对系统实施全员、全过程、全方位的全面安全管理,并在管理过程中,通过定期审核,持续不断地完善安全管理工作程序,使企业(系统)能够达到最佳安全状态。OHSMS 体系的推广与实施,能与预防各类事故和预防职业危害有机地结合起来,它将企业过去独立的安全生产工作变成整体性的安全生产工作。

4.2.1.2　职业健康安全管理体系的发展简史

　　OHSMS 产生的重要基础是现代工业文明程度的提高。随着经济的飞速发展和生活质量的日益提高,人们对安全、健康等提出了越来越高的要求,而具备了良好的安全、健康条件,既可满足人们的这种愿望,又能大大提高企业的形象和市场竞争力,因此,随着企业规模扩大和生产集约化程度的提高,西方工业发达国家的企业积极采用现代化的管理模式,使包括安全生产管理在内的所有生产经营科学化、标准化、法律化。

　　英国于 1996 年颁布了 BS8800《职业安全卫生管理体系指南》国家标准,美国工业卫生协会制定了关于《职业安全卫生管理体系》的指导性文件。1997 年澳大利亚/新西兰提出了《职业健康安全管理体系原则、体系和支持技术通用指南》草案。日本工业安全卫生协会(JISHA)提出了《职业安全卫生管理体系导则》。挪威船级社(DNV)制订了《职业安全卫生管理体系认证标准》。1999 年英国标准协会(BSI)、挪威船级社(DNV)等 13 个组织提出了职业健康安全评价系列(OHSAS)标准,即 OHSAS18001《职业健康安全管理体系——规范》,OHSAS18002《职业健康安全管理体系——OHSAS18001 实施指南》。2007 年,OHSAS18001 得到进一步修订,使其与 ISO9001 和 ISO14001 标准的语言和架构得到进一步融合。2018 年,国际标准化组织正式发布 ISO45001,它是全球首个 ISO 职业健康安全标准。

我国在职业安全卫生标准化问题提出之初就十分重视,1995 年 1 月,国家技术监督局开始向有关部门征求意见,同年 4 月,受国家技术监督局委托,原劳动部派代表参加了 ISO/OHS 特别工作组,并分别派员参加了 1995 年 6 月 15 日和 1996 年 1 月 19 日 ISO 组织召开的两次 OHS 特别工作小组会。1996 年 3 月 8 日,成立了由国家技术监督局和原劳动部组成的"职业安全卫生管理标准化协调小组"。1998 年中国劳动保护科学技术学会提出了《职业健康安全管理体系规范及使用指南》(CSSTLP1001—1998)。1999 年 10 月国家经贸委颁布了《职业健康安全管理体系试行标准》。2001 年,由中国标准研究中心,中国合格评定国家认可中心和中国国家进出口企业认证机构认可委员会共同制定了《职业健康安全管理体系规范》(GB/T28001—2001),2002 年制定了《职业健康安全管理体系指南》(GB/T28002—2002)。2020 年 3 月,国家市场监管总局和国家标准化管理委员会批准《职业健康安全管理体系要求及使用指南》(GB/T45001—2020),该标准是等同采用 ISO45001—2018,代替了 GB/T 28001—2011、GB/T 28002—2011。

4.2.1.3　职业健康安全管理体系的作用和目的

职业健康安全管理体系的作用是为管理职业健康安全风险和机遇提供一个框架。职业健康安全管理体系的目的和预期结果是防止对工作人员造成与工作相关的伤害和健康损害,并提供健康安全的工作场所。因此,对组织而言,采取有效的预防和保护措施以消除危险源和最大限度地降低职业健康安全风险至关重要。

4.2.1.4　职业健康安全管理体系的适用范围

职业健康安全管理体系适用于任何规模、类型和活动的组织。它适用于组织控制下的职业健康安全风险,这些风险必须考虑到诸如组织运行所处环境、组织工作人员和其他相关方的需求和期望等因素。

职业健康安全管理体系既不规定具体的职业健康安全绩效准则,也不提供职业健康安全管理体系的设计规范。职业健康安全管理体系与安全生产标准化相比,前者是原则方法,后者是标准。它使组织能够借助其职业健康安全管理体系整合健康和安全的其他方面,如工作人员的福利和(或)幸福等。它不涉及对工作人员和其他有关的相关方的风险以外的议题,如产品安全、财产损失或环境影响等。

职业健康安全管理体系能够全部或部分地用于系统改进职业健康安全管理,前提是它的所有要求均被包含在了组织的职业健康安全管理体系中,并全部得到满足。

4.2.1.5　职业健康安全管理体系的运行模式

系统化的"戴明模型",或称为 PDCA 模型是职业健康安全管理体系的运行基础。按照戴明模型,一个组织的活动可分为:策划(Plan)、实施(Do)、检查(Check)和改进(Act)四个相互联系的环节。

(1)策划:确定和评价职业健康安全风险、职业健康安全机遇及其他风险和其他机遇,制定职业健康安全目标并建立所需的过程,以实现与组织职业健康安全方针相一致的结果。

(2)实施:对所策划的过程,即按照计划所规定的程序加以执行。

(3)检查:依据职业健康安全方针和目标,对活动和过程进行监视和测量,并报告结果。

(4)改进:采取措施持续改进职业健康安全绩效,以实现预期结果。

4.2.1.6　职业健康安全管理体系的构成要素

GB/T45001—2020标准中职业健康安全管理体系由7个一级要素组成,即组织所处的环境、领导作用与工作人员参与、策划、支持、运行、绩效评价、改进,下分23个二级要素。

1. 组织所处的环境

(1)理解组织及其所处的环境

组织应确定与其宗旨相关,并影响其实现职业健康安全管理体系预期结果的能力的内部和外部议题。

(2)理解工作人员和其他相关方的需求和期望

组织应确定:除工作人员之外的、与职业健康安全管理体系有关的其他相关方;工作人员及其他相关方的有关需求和期望(即要求);这些需求和期望中哪些是或将可能成为法律法规要求和其他要求。

(3)确定职业健康安全管理体系的范围

职业健康安全管理体系应包括在组织控制下或在其影响范围内可能影响组织职业健康安全绩效的活动、产品和服务。范围应作为文件化信息可被获取。

(4)职业健康安全管理体系

组织应按照本标准的要求建立、实施、保持和持续改进职业健康安全管理体系,包括所需的过程及其相互作用。

2. 领导作用和工作人员参与

(1)领导作用和承诺

OHSMS强调职业健康和安全因素体现在组织的整个管理体系中,需要从管理和领导层获得更高程度的认可。不能仅仅将责任授权给一个安全经理,但不完全地融合于组织的运行中。

(2)职业健康安全方针

最高管理者应建立、实施并保持职业健康安全方针。

(3)组织的角色、职责和权限

最高管理者应确保将职业健康安全管理体系内相关角色的职责和权限分配到组织内各层次并予以沟通,且作为文件化信息予以保持。组织内每一层次的工作人员,均应为其所控制的部分承担职业健康安全管理体系方面的职责。

(4)工作人员的协商和参与

组织应建立、实施和保持过程,用于职业健康安全管理体系的开发、策划、实施、绩效评价和改进措施中,与所有适用层次和职能的工作人员及其代表(若有)协商和参与。

3. 策划

(1)应对风险和机遇的措施

① 总则。

② 危险源辨识及风险和机遇的评价:危险源辨识;职业健康安全风险和职业健康安全管理体系的其他风险的评价;职业健康安全机遇和职业健康安全管理体系的其他机遇的评价。

③ 法律法规要求和其他要求的确定。

④ 措施的策划。

(2)职业健康安全目标及其实现的策划

① 职业健康安全目标。

② 实现职业健康安全目标的策划。

4. 支持

(1)资源:组织应确定并提供建立、实施、保持和持续改进职业健康安全管理体系所需的资源。

(2)能力。

(3)意识。

(4)沟通:组织应建立、实施并保持与职业健康安全管理体系有关的内外部沟通所需的过程。① 总则;② 内部沟通;③ 外部沟通。

(5)文件化信息。① 总则;② 创建和更新;③ 文件化信息的控制。

5. 运行

(1)运行策划和控制

① 总则。

② 消除危险源和降低职业健康安全风险。组织应通过采用下列控制层级,建立、实施和保持用于消除危险源和降低职业健康安全风险的过程:消除危险源;用危险性低的过程、操作、材料或设备替代;采用工程控制和重新组织工作;采用管理控制,包括培训;使用适当的个体防护装备。

③ 变更管理。组织应建立过程,用于实施和控制所策划的、影响职业健康安全绩效的临时性和永久性变更。变更包括:新的产品、服务和过程,或对现有产品、服务和过程的变更;法律法规要求和其他要求的变更;有关危险源和职业健康安全风险的知识或信息的变更;知识和技术的发展。

④ 采购。总则;承包方;外包。

(2)应急准备和响应

组织应建立、实施和保持所需的过程,包括:针对紧急情况建立所策划的响应,包括提供急救；为所策划的响应提供培训；定期测试和演练所策划的响应能力；评价绩效，必要时（包括在测试之后，尤其是在紧急情况发生之后）修订所策划的响应；与所有工作人员沟通并提供与其义务和职责有关的信息；与承包方、访问者、应急响应服务机构、政府部门、当地社区（适当时）沟通相关信息；必须考虑所有相关方的需求和能力，适当时确保其参与制定所策划的响应。

组织应保持和保留关于响应潜在紧急情况的过程和计划的文件化信息。

6. 绩效评价

（1）监视、测量、分析和评价绩效。① 总则；② 合规性评价。

（2）内部审核。① 总则；② 内部审核方案。

（3）管理评审。最高管理者应按策划的时间间隔对组织的职业健康安全管理体系进行评审，以确保其持续的适宜性、充分性和有效性。

7. 改进

（1）总则。

（2）事件、不符合和纠正措施。

（3）持续改进。

组织应通过下列方式持续改进职业健康安全管理体系的适宜性、充分性与有效性：提升职业健康安全绩效；促进支持职业健康安全管理体系的文化；促进工作人员参与职业健康安全管理体系持续改进措施的实施；就有关持续改进的结果与工作人员及其代表（若有）进行沟通；保持和保留文件化信息作为持续改进的证据。

职业健康安全管理体系总体结构如图 4.1 所示：

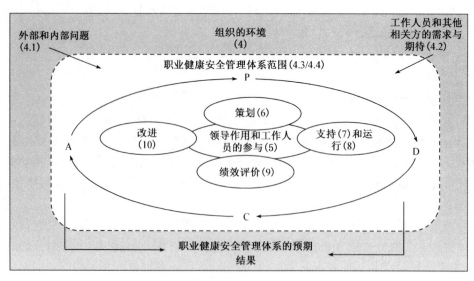

图 4.1　职业健康安全管理体系模式

4.2.1.7　建立职业健康安全管理体系的步骤

建立职业健康安全管理体系一般要经过下列四个基本步骤。

1. 职业健康安全管理体系的策划和准备

这一步主要是做好建立职业健康安全管理体系的各种前期工作。包括如下内容：

（1）教育培训。在企业建立和实施职业安全管理体系，需要企业所有人员的参与和支持。培训对象主要分三个层次：管理层培训、内审员培训和全体员工培训。内审员培训是体系建立的关键，应根据专业需要，通过培训确保他们具备开展评审、编写体系文件和进行审核等工作的能力。

（2）拟订计划。

（3）职业健康安全管理现状评估（初始评审）。比如对现有或计划的作业活动进行危害辨识和风险评价，分析以往企业安全事故情况以及员工健康监护数据等相关资料，包括人员伤亡、职业病等。

（4）职业健康安全管理体系设计（或策划）。确定职业健康安全管理方针、制定体系目标及管理方案、进行职能分配和机构职责分工，确定体系的文件结构和各层次文件清单，准备必要的资源。

2. 职业健康安全管理体系文件的编制

按照 GB/T 45001—2020《职业健康安全管理体系要求及使用指南》，对职业健康安全管理的方针、目标、关键岗位与职责、主要风险及其预防和控制措施，体系框架内的管理方案、程序、作业指导书和其他内部文件等以文件的形式加以规定。多数情况下职业健康安全管理体系文件的编写结构是采用手册、程序文件和作业指导书的方式。

3. 职业健康安全管理体系试运行

为了检验体系策划与文件化规定的充分性、有效性和适宜性，组织应加强运作力度，并努力发挥体系本身具有的各项功能，及时发现问题，找出问题的根源，纠正不符合体系并给予修订，以尽快度过磨合期。

4. 职业健康安全管理体系的内部审核与管理评审

内部审核是组织对其自身的职业健康安全管理体系所进行的审核，是对体系是否正常运行以及是否达到了规定的目标等所作的系统的、独立的检查和评价，是职业健康安全管理体系的一种自我保证手段。内部审核一般对体系的全部要素进行全面审核，应由与被审核对象无直接责任的人员来实施，对不符合项的纠正措施必须跟踪审查，并确定其有效性。

4.2.1.8　职业健康安全管理体系的特征

职业健康安全管理体系是系统化、结构化、程序化的管理体系，是遵循 PDCA 管理模式并以文件支持的管理制度和管理方法。

1. 企业高层领导人必须承诺不断加强和改善职业健康安全管理工作

企业高层领导人在事故预防中起着关键性的作用，现代职业健康安全管理体系强调企业高层领导人在职业健康安全管理方面的责任；要求企业的最高领导制定职业健康安全方针，对建立和完善职业健康安全管理体系，不断加强和改善职业健康安全管理上做出承诺。

2. 危险源控制是职业健康安全管理体系的管理核心

以危险源辨识、风险控制和评价为核心，是现代职业健康安全管理体系与传统职业健康安全管理最本质的区别。

在过去的数十年里形成的传统的安全卫生管理，基本上以消除人的不安全行为和物的不安全状态为中心。20世纪60年代以后发展起来的系统安全更新了人们的安全观念，系统安全的观点认为：系统中存在的危险源是事故发生的根本原因；系统中的危险源不可能被完全根除，因而总是有发生事故的危险性，绝对的安全并不存在。系统安全的基本内容就是辨识系统中的危险源，采取措施消除和控制系统中的危险源，使系统更安全。系统安全工程是实现系统安全的手段，危险源辨识、控制和评价构成了系统安全工程的基本内容。

3. 职业健康安全管理体系的监控作用

职业健康安全管理体系具有比较严密的三级监控机制，充分发挥自我调节、自我完善的功能，为体系的运行提供了有力的保障。

(1) 绩效测量。包括对企业的职业健康安全的日常检查和职业健康安全目标、法规遵循情况的监控，以及事故、事件、不符合的监控和调查处理。

(2) 审核。职业健康安全管理体系审核是集中发现问题，并集中解决问题的一种有效手段。对职业健康安全管理体系的运行状况做出评价，并判定企业的职业健康安全管理体系是否符合标准要求。审核中发现的问题，有些可立即解决，有些需汇报给最高管理者，由其决策者来解决。

(3) 管理评审。它由最高管理者组织进行，将一些管理层解决不了的问题，关系企业大政方针的问题，集中在一起由决策层加以解决。管理评审对企业内外的变化，对体系的适用性、有效性和充分性做出判断，做出相应的调整。

4. 职业健康安全管理体系"以人为本"

职业健康安全管理体系注重以人为本，充分利用管理手段调动和发挥人员的安全生产积极性。

(1) 机构和职责是职业健康安全管理体系的组织保证。要建立和健全职业健康安全管理机构，明确企业内部全体人员的职业安全卫生职责。

(2) 职业健康安全工作需要全体人员的参与，这就需要对人员进行教育和培训，以使他们具备较高的安全意识和相应的能力。

(3) 协商与交流是职业健康安全管理体系的重要要素。只有在顺畅的职业健康安全信息交流的基础上，才能保证职业健康安全管理体系的成功运行。协商与交流包括内部的协商与交流和外部信息交流两个方面。内部的协商与交流主要是指员工的参与和协商，以及组织内部各部门、各层次之间的交流。外部信息交流主要是指外部相关方信息的接收、成文和答复。

5. 文件化

职业健康安全管理体系注重管理的文件化。文件是针对企业生产、产品或服务的特点、规模、人员素质等情况编写的管理制度和管理办法文本，是开展职业健康安全管理工作的依据。

4.2.2 健康、安全与环境管理体系(HSE)

4.2.2.1 HSE 管理体系概述

HSE 是健康(Health)、安全(Safety)与环境(Environment)管理体系的简称,它是将组织实施健康、安全与环境管理的组织机构、职责、做法、程序、过程和资源等要素有机构成为整体,这些要素通过先进、科学、系统的运行模式有机地融合在一起,相互关联、相互作用,形成动态管理体系。该体系最初由国际知名的石油化工企业最先提出。1996 年 1 月,ISO/TC67 的 SC6 分委会发布 ISO/CD14690《石油和天然气工业健康、安全与环境管理体系》;1997 年 6 月中国石油天然气总公司参照 ISO/CD14690 制定了企业标准 SY/T 6276—1997《石油天然气工业健康、安全与环境管理体系》、SY/T 6280—1997《石油地震队健康、安全与环境管理规范》、SY/T6283—1997《石油天然气钻井健康、安全与环境管理指南》标准;2001 年 2 月中国石化集团公司发布了《中国石油化工集团公司安全、环境与健康(HSE)管理体系》《油田企业安全、环境与健康(HSE)管理规范》《炼油化工企业安全、环境与健康(HSE)管理规范》《施工企业安全、环境与健康(HSE)管理规范》《销售企业安全、环境与健康(HSE)管理规范》《油田企业基层队 HSE 实施程序编制指南》《炼油化工企业生产车间(装置)HSE 实施程序编制指南》《销售企业油库、加油站 HSE 实施程序编制指南》《施工企业工程项目 HSE 实施程序编制指南》《职能部门 HSE 职责实施计划编制指南》,形成了系统的 HSE 管理体系标准。2014 年石油工业安全专业标准化技术委员会,提出 SY/T6276—2014《石油天然气工业健康、安全与环境管理体系》,代替了 SY/T 6726—2010 等十二个 HSE 标准。

4.2.2.2 HSE 管理体系的构成要素

不同于 OHSMS 广泛的适用性,HSE 有着明显的行业属性,它是国际石油行业通行的一套用于油气勘探开发和施工行业的健康、安全与环境管理的管理体系,也是当前国际石油、石化公司普遍认可的管理模式。HSE 管理体系模式如图 4.2 所示。HSE 管理体系是基于"策划—实施—检查—改进"(PDCA)的运行原理,运用"螺旋桨"模式。

HSE 管理体系由 7 个一级要素组成,即领导和承诺,健康、安全与环境方针,策划,组织机构、职责、资源和文件,实施和运行,检查,管理评审,下分 27 个二级要素。

(1)领导和承诺。

(2)健康、安全与环境方针。

(3)策划:① 危害因素辨识、风险评价和控制措施的确定;② 法律法规和其他要求;③ 目标和指标;④ 方案。

(4)组织结构、职责、资源和文件:① 组织结构和职责;② 管理者代表、资源;③ 能力、培训和意识;④ 沟通、参与和协商;⑤ 文件;⑥ 文件控制。

(5)实施和运行:① 设施完整性;② 承包方和(或)供应方;③ 顾客和产品;④ 社区和公共关系;⑤ 作业许可;⑥ 职业健康;⑦ 清洁生产;⑧ 运行控制;⑨ 变更管理;⑩ 应急准备和响应。

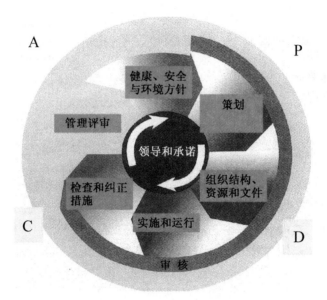

图 4.2　HSE 管理体系模式

（6）检查：① 绩效测量和监视；② 合规性评价；③ 不符合、纠正措施和预防措施；④ 事故、事件管理；⑤ 记录控制；⑥ 内部审核。

（7）管理评审。

4.2.2.3　HSE 与 EHS、QHSE 区别和联系

在安全管理领域，与 HSE 相似的一个名词是 EHS，同样也是环境（Environment）、健康（Health）、安全（Safety）的英文首字母缩写。HSE 是石油界的习惯叫法，而 EHS 是欧美一般制造企业对环境、健康、安全的叫法，现在 EHS 在国内开始全面普及。EHS 管理体系是环境管理体系（EMS）和职业健康安全管理体系（OHSMS）两体系的整合，是在 OHSMS 的基础上加上了 ISO14000（环境管理体系）的部分文件。建立推行 EHS 管理体系的目的就是保护环境，改进工作场所的健康性和安全性，改善劳动条件，维护员工的合法利益。它的推行和实施，对增强企业的凝聚力，完善企业的内部管理，提升企业形象，创造更好的经济效益和社会效益将起到极大的推动作用。一般来说，目前在企业应用较多的 EHS 体系为 ISO14001 及 OHSAS18001，今后 ISO45001 将替代 OHSAS18001。

此外，有的组织在 ISO 9001、ISO14001、GB/T28000 和 SY/T 6276 的基础上，根据共性兼容、个性互补的原则整合提出 QHSE 管理体系，形成包含质量（Quality）、健康（Health）、安全（Safety）和环境（Environmental）等方面的综合管理体系。

4.3　安全生产标准化

4.3.1　安全生产标准化概述

安全生产标准化在我国已经历了近 40 年的发展历程。20 世纪 80 年代，冶金、机械、

煤矿等领域率先开展了企业安全生产标准化活动,先后推行了设备设施标准化、作业现场标准化和行为标准化。随着人们对安全生产标准化认识的提高,特别是在 20 世纪末,职业安全健康管理体系引入我国,风险管理的方法逐渐被部分企业所接受,从此使安全生产标准化发展为设备设施维护标准化、作业现场标准化、行为动作标准化、安全生产管理活动的标准化等方面。

2004 年,《国务院关于进一步加强安全生产工作的决定》(国发〔2004〕2 号)提出了在全国所有的工矿、商贸、交通、建筑施工等企业普遍开展安全质量标准化活动的要求。国家安全生产监督管理总局发布了《关于开展安全质量标准化活动的指导意见》,煤矿、非煤矿山、危险化学品、冶金、机械、电力等行业、领域均开展了安全质量标准化创建工作。随后,除煤炭行业强调了煤矿安全生产状况与质量管理相结合外,其他多数行业逐步弱化了质量的内容,提出了安全生产标准化的概念。

2010 年 4 月 15 日,国家安全生产监督管理总局以 2010 年第 9 号公告发布了安全生产行业标准《企业安全生产标准化基本规范》,标准编号为 AQ/T9006—2010,自 2010 年 6 月 1 日起实施。

2016 年 12 月 13 日,国家质检总局、国家标准委发布 2016 年第 23 号中国国家标准公告,批准发布了 GB/T 33000—2016《企业安全生产标准化基本规范》标准,该标准于 2017 年 4 月 1 日实施。

4.3.2 安全生产标准化的特点

安全生产标准化是在吸收、借鉴国内外先进安全管理理念的基础上,采用体系化的思想,遵循 PDCA 动态循环的运行模式,以风险管理为安全标准化的核心理念,强调企业安全生产工作的规范化、系统化、标准化,达到企业安全管理、安全技术、安全装备、安全作业标准化及持续发展的目的,使企业安全管理真正上新台阶,实现安全生产长效机制。

安全生产标准涉及安全生产的各个方面,GB/T 33000—2016 从目标职责、制度化管理、教育培训、现场管理、安全风险管控及隐患排查治理、应急管理、事故查处和持续改进等 8 个方面提出了比较全面的要求。

安全标准化结合我国现有安全生产工作的做法和经验,与 OHSMS 相比对核心要素提出了具体、细化的内容要求,前者是具体标准,后者是原则方法。企业在贯彻时,全员参与规章制度、操作规程的制定,并进行定期评估检查,这样使得规章制度、操作规程与企业的实际情况紧密结合,避免"两张皮"情况的发生,有较强的可操作性,便于企业实施。

GB/T 33000—2016 总结归纳了煤矿、危险化学品、金属非金属矿山、烟花爆竹、冶金、机械等已经颁布的行业安全生产标准化标准中的共性内容,提出了安全生产管理的共性基本要求,是各行业安全生产标准化的"基本"标准,既适应各行业安全生产工作的开展,又避免了自成体系的局面。

4.3.3 安全生产标准化的基本原则

企业开展安全生产标准化工作,应遵循"安全第一、预防为主、综合治理"的方针,落实企业主体责任。以安全风险管理、隐患排查治理、职业病危害防治为基础,以安全生产责任制为核心,建立安全生产标准化管理体系,全面提升安全生产管理水平,持续改进安全生产工作,不断提升安全生产绩效,预防和减少事故的发生,保障人身安全健康,保证生产经营活动的有序进行。

4.3.4 安全生产标准化的构成要素

安全生产标准化基本规范的核心要求有 8 个,下分 28 个二级要素,35 个三级要素。

1. 目标职责

(1) 目标。

(2) 机构和职责:① 机构设置;② 主要负责人及领导层职责。

(3) 全员参与。

(4) 安全生产投入。

(5) 安全文化建设。

(6) 安全生产信息化建设。

2. 制度化管理

企业应每年至少评估一次安全生产和职业卫生法律法规、标准规范、规章制度、操作规程的适用性、有效性和执行情况。

(1) 法规标准识别。

(2) 规章制度。

(3) 操作规程。

(4) 文档管理:① 记录管理;② 评估;③ 修订。

3. 教育培训

(1) 教育培训管理。

(2) 人员教育培训:① 主要负责人和安全管理人员;② 从业人员;③ 其他人员教育培训。

4. 现场管理

(1) 设备设施管理:① 设备设施建设;② 设备设施验收;③ 设备设施运行;④ 设备设施检维修;⑤ 检测检验;⑥ 设备设施拆除、报废。

(2) 作业安全:① 作业环境和作业条件:GB/T 33000—2016 规定,企业应对临近高压输电线路作业、危险场所动火作业、有(受)限空间作业、临时用电作业、爆破作业、封道作业等危险性较大的作业活动,实施作业许可管理,严格履行作业许可审批手续。危险化学品生产、经营、储存和使用单位的特殊作业,应符合 GB30871 的规定;② 作业行为;③ 岗位达标。

(3) 职业健康:① 基本要求;② 职业危害告知;③ 职业病危害申报;④ 职业病危害检测与评价。

(4) 警示标志。

5. 安全风险管控及隐患排查治理

(1) 安全风险管理:① 安全风险辨识;② 安全风险评估:GB/T 33000—2016 规定,矿山、金属冶炼和危险物品生产、储存企业,每三年应委托具备规定资质条件的专业技术服务机构,对本企业的安全生产状况进行安全评价;③ 安全风险控制;④ 变更管理。

(2)重大危险源辨识和管理。

(3)隐患排查治理:① 隐患排查;② 隐患治理;③ 验收与评估;④ 信息记录、通报和报送。

(4)预测预警。

6. 应急管理

(1)应急准备;① 应急救援组织;② 应急预案;③ 应急设施、装备、物资;④ 应急演练;⑤ 应急救援信息系统建设。

(2)应急处置。

(3)应急评估。

7. 事故查处

(1)报告。

(2)调查和处理。

(3)管理。

8. 持续改进

(1)绩效评定。

(2)持续改进。

4.3.5　风险分级管控与隐患排查治理双重预防机制

2015 年 12 月 24 日,习近平总书记在中共中央政治局常委会会议上发表重要讲话,强调加强安全生产工作的五点要求,首次提到了"风险分级管控与隐患排查治理双重预防机制"。他强调:"必须坚决遏制重特大事故频发势头,对易发重特大事故的行业领域采取风险分级管控、隐患排查治理双重预防性工作机制,推动安全生产关口前移,加强应急救援工作,最大限度减少人员伤亡和财产损失。"双重预防机制的提出,对于企业生产安全管理,从根本上防止隐患发生,降低事故发生率,具有重要意义。

1. 风险分级管控和隐患排查治理的关系

隐患,又称事故隐患,是指生产经营单位违反安全生产法律、法规、规章、标准、规程和安全生产管理制度的规定,或者因其他因素在生产经营活动中存在可能导致事故发生的人的不安全行为、物的危险状态、场所的不安全因素和管理上的缺陷。

隐患实质是不受控的第一类危险源(能量和危险物质)。隐患具有自然科学和社会学两方面属性,没有危险源就没有隐患,但危险源本身不是隐患。而第二类危险源(人、物、管理、环境)受控程度决定着事故发生可能性的大小。因此,在某种意义上,隐患有类似于风险的含义,但又不同于风险。隐患有着现实存在的外在特征。例如,已经出现腐蚀的管道,缺失防护罩的砂轮,它们都是隐患,也可以说它们存在风险。与隐患相比,风险还有对未来的预判含义。例如,一个新建的、符合规划、满足安全标准的储存有天然气的球罐,我们可以说存在风险,因为它存在未来发生泄漏的可能性。但是我们不能说该天然气球罐是隐患,更谈不上隐患大小。我们可以对其进行风险管控,但如果此时开展隐患排查,它显然并不在列。隐患必须治理,而风险强调可控。

实行双重预防机制,强调安全生产的关口前移,从隐患排查治理前移到安全风险管控,这是现阶段结合我国安全生产现实提出的明智之举。还是上述的例子,如果企业仅仅只开展隐患排查,天然气球罐就会被忽略。因此,要强化风险意识,分析事故发生的全链条,抓住关键环节采取预防措施,防范由于安全风险管控不到位,变成事故隐患;隐患未及时被发现和治理演变成事故。提前将所举例子中的天然气球罐纳入风险管控的范围,就能避免出现隐患再进行治理。因为,一旦成为隐患,就意味着事故随时都可能发生。

另外一方面,实行双重预防机制,可以通过隐患排查治理工作,查找风险管控措施的失效、缺陷或不足,采取措施予以整改。分析、验证各类危险有害因素辨识评估的完整性和准确性,进而完善风险分级管控措施,减少或杜绝事故发生的可能性。可以说隐患排查治理过程就是风险管控措施的监控过程。安全风险分级管控是隐患排查治理的前提和基础,隐患排查治理是安全风险分级管控的强化与深入。两者是相辅相成、相互促进的关系。

2. 双重预防机制和安全生产标准化的关系

安全生产标准化是借鉴职业健康安全管理体系建立发展起来的。风险分级管控和隐患排查治理双重预防机制是安全生产标准化体系的核心要素之一,已经明确写入《企业安全生产标准化基本规范》(GB/T33000—2016)中。

安全标准化作为一个体系管理工具,覆盖要素比较多,比如:领导作用、变更管理、设备完整性、承包商等,这些要素全都是风险管控措施,可以认为是风险管控的具体做法和标准。

双重预防机制关注对设备设施、作业活动等可能直接导致事故发生的原因,辨识、分析出其中的风险,制定管控措施,进行分级管控,并对风险管控措施的有效性进行监控(隐患排查治理)。

对企业而言,可以通过双重预防机制建设,采用科学有效的分析方法(SCL、JHA、HAZOP、LOPA),对企业风险进行辨识、分级、管控,提升本质安全水平;可通过对标安全生产标准化中的各级要素运行,提升企业综合管理水平。

通过双重预防机制建设,抓重点、抓关键;通过安全标准化运行,抓全面、抓系统。双重预防机制建设是核心,安全标准化是载体。二者相辅相成,互为补充促进。

3. 双重预防机制与重大危险源的关系

双重预防机制建设是杜绝重特大事故的最直接有效的方法。双重预防机制的初衷就是评价出风险点的风险等级,分不同层级去管控。风险分级管控体系的重点是对重大风险、重大危险源的管控,隐患排查治理体系的重点是对重大隐患的治理。在双重预防机制建设过程中必须厘清三者关系,才能更好地发挥两道防线的作用,突出重点管控,杜绝重特大事故的发生。

重大危险源不一定具有重大风险,也不一定转变为重大隐患;具有重大风险的危险源也不一定是重大危险源,更不一定转变为重大隐患,这就是三者的区别。但三者又互为关联,具有共同特点。重大危险源如果管控措施不到位必然是重大风险,因为管控措施不到位意味着事故发生的可能性加大了,风险也就增大。如果措施失效,短时间内无法整改,必然演变为重大隐患,一旦发生事故可能造成重特大事故。双重预防机制管控的重点是造成后果非常严重的危险源,风险非常高的危险源,短时间内无法整改、造成危害较大的隐患。可见,三者都是安全管理过程中的管控重点,在危险源转变成事故的过程中,在不同阶段成为管控重点。只有通过双重预防机制的双管齐下,才能从根本上防止重特大事故的发生。

5 安全管理方法

企业要实施有效的安全管理,除了建立、健全强有力的组织保障体系和规章制度体系,还需要运用科学、合理、切实有效的措施方法控制人的不安全行为和物的不安全状态,以达到降低风险、减少事故的目的。当前国内外主要的安全管理方法大致可以从以下几个方面予以分类:

1. 安全文化管理

文化管理是一种适应信息化、网络化、全球化和一体化要求的新模式和新的管理体制。通过构建企业的安全文化,使企业全体成员树立正确的安全价值观,增强企业凝聚力,自觉主动地承担其事故预防的责任。如杜邦公司的"一切事故均可避免"的安全文化理念,拉法基公司的"以人为本"的安全文化理念。

2. 综合性安全管理方法

现代安全管理的一个重要特点是将企业看作一个系统,把管理重点放在整体效应上,实行全员、全过程、全方位的安全管理,使企业达到最佳的安全状态。常见的综合管理方法如安全目标管理、全面安全管理(TQC)、英荷壳牌公司的健康安全环境管理系统(HSE)、美国通用电气的安全健康环境管理模式(SHE)、埃克森美孚完整性运作管理模式(OIMS)、埃克森和道氏安全质量评定体系(SQAS)、鞍山钢铁公司的"0123"管理模式等。

3. 思考性安全管理方法

指安全管理人员运用创造学、运筹学、价值工程及系统工程等管理技术和科学方法,对安全问题进行决策、逻辑推理、图形显示和创造性思维的方法。如安全决策、系统图法、关联图法、A 型图解法、系统图法、过程决策程序图(PDPA)等。

4. 基于行为安全的管理活动

行为安全管理理论是基于工业过程中人的可靠性分析,认为现在生产过程中的绝大部分事故是由人的不安全行为引起的。目前,众多跨国公司都特别注重行为安全管理,如杜邦公司安全培训观察程序(STOP)、英国 BP 石油公司的 ASA 管理模式、住友公司伤害预知预警活动(KYT)、拜尔公司行为观察活动(BO)、道氏公司基于行为的绩效活动(BBP)、丰田公司防呆法和零事故六程序、巴斯夫公司审计帮助行动(AHA)等。

5. 现场安全管理方法

生产现场微观安全管理是企业安全管理的基础,如"5S"活动、上锁挂牌(LOTO)、作业许可管理(PIW)、变更管理(MOC)、我国军工和民爆行业推行的三级危险点控制以及无隐患管理法、人流物流定置管理、"五不动火"管理、巡检挂牌制、防电气误操作"五步操作管理法"、"八查八提高活动"等。

6. 系统安全分析管理方法

采用系统科学的思想,将系统安全分析方法运用于安全管理中,如危险可操作性研究(HAZOP)、预先危险性分析(PHA)、故障模式及影响分析(FMEA)、故障树分析(FTA)、管理失效和风险树分析(MORT)、作业风险分析(JHA)或工作安全分析(JSA)、工艺安全管理(PSM)、定量安全评价(火灾爆炸指数法、Mond 法、BZA 法)等。

7. 其他安全管理方法

此外,还有运用人的生物节律、安全信息等方法进行安全管理。

本章将介绍几种常见的安全管理方法。

5.1 安全文化

5.1.1 安全文化的概念

5.1.1.1 文化

苏联学者把文化分为狭义文化与广义文化,其中狭义文化指人的创造性活动(科学研究、艺术创作等)及其成果;广义文化指人类活动的全部成果,包括物质文明和精神文明。美国人类学家林顿认为:文化是由教育而产生的行为和行为结果所构成的综合体,它的构成要素为这一社会成员所共有,并加以传递。

汉语《辞海》中对文化有三条注释:① 广义上说,指人类社会历史实践过程中创造的物质财富和精神财富的总和;狭义上说,指社会的意识形态,以及与之相适应的制度与组织机构;② 泛指一般知识;③ 指中国古代封建王朝所施的文治和教化的总称。所有的文化都包括:技术、社会制度、信仰和艺术形式。

总之,文化是人类在生存、繁衍、发展和社会历史的实践过程中创造的物质财富和精神财富的总和,它是人类生活、生产、生存的实践活动中创造的各种形态的事物所组成的有机复合体,它标志着一定社会区域的物质文明和精神文明的发展水平,人们的价值观与行为规范,特定的组织结构和生活方式。

5.1.1.2 企业文化

企业文化是员工拥有的共同的价值观、共同认同的观念、信条,以及企业目标、行为方式、职业道德、企业形象等的集合。这些东西影响着人们的伦理、行为,影响着员工的凝聚力和企业的发展效率,它是使企业员工结合为一体的黏合剂。

企业形成自己独特的企业文化后,就会使企业成员拥有共同的行为习惯和职业品德,促使企业朝着预期的目标发展壮大。企业文化是企业管理发展的必然,是科学管理向文化管理的必然趋势。

5.1.1.3 安全文化

国际原子能机构对安全文化的定义:安全文化是存在于单位和个人中的种种特性和态度的总和,它建立一种超出一切之上的观念。安全文化是人类文化的组成部分,安全文化是将职工、管理者及一般公众等暴露于危险或有可能造成伤害的条件降低（减小）到最低限度,为此建立起来的规范、信念、任务、态度和习惯的集合。

从上述定义看出,安全文化体现了以人为本的理念。对于企业安全文化而言,它是企业文化的重要组成部分,是企业员工共同拥有的安全理念、安全价值观、安全生产信条和安全行为准则的总和。企业安全管理的核心思想是统一安全观念。

5.1.2　安全文化的起源与发展

安全文化是由"Safety Culture"一词翻译而得。它是国际原子能机构（IAEA）所属的国际核安全咨询组（INSAG）在其《切尔诺贝利事故后审评会的总结报告》（IAEA1986 年出版的安全丛书 No. 75 - INEAG - 1)中提出的。其背景主要是:① 一般而论,事故统计分析表明,大多数事故是由于人的原因引起的;② 苏联切尔诺贝利核电站发生了波及世界的严重核泄漏事故。在审查此事故时,IAEA 发现这是一起人为错误造成的核灾难,人们必须呼唤文明生产。不仅如此,该事故也反映了管理、经营和法规等"组织"的安全文化与所有共同的基本理念问题。所以安全文化的提出,是在安全问题上教训和经验的升华和结晶。

我国核工业总公司不失时机地跟进国际核工业安全的发展,把国际原子能机构的研究成果和安全理念介绍到我国。1992 年《核安全文化》一书的中文版出版。1993 年我国原劳动部部长李伯勇同志指出:要把安全工作提高到安全文化的高度来认识。在此认识基础上,我国安全科技人员把这一高技术领域的思想引入了传统产业,把核安全文化深化到一般安全生产领域,从而形成一般意义上的安全文化。2005 年,时任国家安全生产监督管理总局局长李毅中提出了安全生产五要素,即"安全文化、安全法制、安全责任、安全投入和安全科技",并指出"企业要建立安全生产长效机制,实现安全生产长治久安,全面推进安全生产五要素显得尤为重要"。

要实现我国安全生产状况的根本好转,必须"科教兴安"。既要依靠必要的物质和法治基础,更有赖于提高全民的安全素质。为保障人民生命财产安全服务,为全民的安全、健康提供强大的精神动力和智力支持,应当是安全文化建设的出发点和归宿。

5.1.3　安全文化的主要作用

安全文化可以通过其自身的规律和运行机制,创造其特殊形象及活动模式,形成宜人和谐的安全文化氛围,教育、引导、培养、塑造人的安全人生观、安全价值观,树立科学的安全态度,制定安全行为准则和正确规范的安全生产、生活方式,使企业安全文化向更高的安全目标发展。一般来说,良好的安全文化对人民群众、安全技术中介服务机构、企事业单位,将起到重要的作用。

5.1.3.1　安全认识的导向作用

对安全的认识,必须通过企业安全文化的建设,通过不断的安全文化宣传和教育,使广大员工逐渐明白正确的安全意识、态度和信念,树立科学的安全道德、理想、目标、行为准则等,给企业在安全生产经营活动中提供正确的指导思想和精神力量,使人民群众和企业职工都能懂得,自己的行为和习惯已成为生产和生活的安全要素,而提高自己的安全文化意识,可以为自己生产、生活中的安全提供良好的导向作用。

5.1.3.2 安全观念的更新作用

安全文化可以使人们对安全的价值和作用有正确的认识和理解,树立科学的安全人生观和安全价值观,从而更新自己的观念及思想方法,用新的安全观指导并规范自身的活动,从而更有效地推动安全生产和保护自己。

5.1.3.3 安全文化的凝聚作用

安全文化是以人为本、注重人权、关爱生命的大众安全观,是保护企业职工安全与健康的重要理论基础,是落实安全生产方针,维护劳动者合法权益的思想基础。本着安全与健康的共同目标,企业员工遵纪守法、尽心尽责,做到人人为我、我为人人,建立平等、互惠、互敬、互爱的人际关系,形成共同遵守的安全行为规范。通过安全文化知识的传播、教育、宣传,形成人人需要安全,人人都应对安全尽义务、做贡献的新风尚,从而构建出良好的企业安全文化。一旦企业形成了良好的企业安全文化,就可以使企业员工凝聚一起,并成为推动企业安全文化及企业文化建设的强大合力。

5.1.3.4 安全行为的规范作用

安全文化的宣传和教育,将会使职工加深对安全法律、法规、标准以及安全规章的理解和认识,深入学习安全知识及技能,增强安全意识,从而对职工生产过程的安全操作、生产劳动以及社会公共交往和行为,起到规范和自我约束的作用。安全文化建设的目的之一是树立安全文明生产的思想、观念及行为准则,使员工形成强烈的安全使命感和激励动力。心理学专家指出:越能认识行为的意义,行为的社会意义越明显,越能产生行为的推动力。倡导安全文化正是帮助员工认识安全文化的意义,从"要我安全"转变为"我要安全",进而发展到"我会安全"的能动过程。

5.1.3.5 安全知识的传播作用

通过安全文化的教育功能,采用各种传统而有效的或现代的安全文化教育方式,对职工进行各种安全常识、安全技能、安全态度、安全意识、安全法规等的教育,从而广泛地宣传并传播安全文化知识和安全科学技术。

当然,安全文化还有凝聚、融合的功能以及示范、信誉、辐射等功能,充分发挥和有效利用其导向、激励、规范、约束、融合、自控、协调、塑造、创新、信誉、辐射等功能,对企业安全文化的建设将会发挥极为重要的作用。

安全文化建设对安全生产有着推动作用,促进社会进步与文明生产,保持国民经济持续发展。归根结底,它是保障企业安全生产经营活动,保护员工安全与健康,提高大众安全生活质量和水平的根本途径之一,同时也是保护生产力,发展生产力,推动国民经济建设可持续发展的重要基础。

5.1.4 安全文化建设的层次理论

5.1.4.1 器物层次

包括人类因生产、生活、生存和求知需要而制造并使用的各种安全及防护、保护人类身心安全的工具、器具和物品。器物是文化概念中物质文化的重要内容,安全文化的器物层次能够较明显、全面、真实地体现一定社会发展阶段的特点。

5.1.4.2　制度层次

包括劳动保护、劳动安全与卫生、交通安全、环保方面等一切制度化的社会组织形式以及人和人的社会关系网络。安全法制体系的建设,正是需要在安全文化制度层次上加强。安全文化制度层次的变化对安全文化整体的充实、更新发展往往能起到决定性的影响,因为它具有实现社会凝聚和社会控制的功能。

5.1.4.3　精神智能层次

包括安全哲学思想、宗教信仰、安全审美意识、安全文学、安全艺术、安全科学、安全技术以及关于自然科学、社会科学的安全科学理论或安全管理方面的经验与理论。安全文化的精神智能层次,从安全本质来看,它是人的思想、情感和意志的综合表现,是人对外部客观世界和自身内心世界认识能力与辨识结果的综合体现,人们把它看成是文化结构系统中"软件"。安全文化的器物层次、制度层次都是精神智能层次的物化层或对象化,是其"物化"或称为"外化"的表现形式,是精神转化为物质的"外化"结果。而安全文化系统的安全价值与规范层次,则是安全文化精神智能层次长期作用形成的心理深层次的积淀和升华产物。

5.1.4.4　价值规范层次

包括人们对安全的价值观和行为规范。美国人类学家安·瑞菲尔德(R·Redfeild)说:"价值是一种或明确或隐含的观念。这种观念制约着人类在生产实践中的一切选择、一切愿望以及行为的方法和目标。"更明白地说,所谓价值观念,就是人们对什么是真的和什么是假的;什么是好的和什么是坏的;什么是善的和什么是恶的;什么是美的和什么是丑的等方面的问题所做出的判断。实际上,从事安全文化的事业是保护和爱护人类能安全、和谐、持续地发展与进步的事业,是为他人、为自己、为社会奉献爱心和力量的公益性工作,它的价值观应是美、好、真、善的,是大众的、社会的、最有活力和前途光明的事业。安全价值观念反映在人际关系上,则形成公认的安全价值标准,存在于人们内心,指导着人的安全行动,安全生命观制约着人们的安全行为,这就是所谓安全行为规范。

安全行为规范具体表现为安全的道德、风俗、习惯、伦理等。安全价值规范层次处于文化系统的深层结构之中,是文化中最不易变更的而较为顽固的成分。每一社会区域的变化,都是通过集体认同的价值观念,把各种不同的个人在信念和心志上统合于一个整体。因此,价值规范层次被视为它所属的文化系统的特质和核心。

5.1.5　企业安全文化的建设

推进企业安全文化建设,能逐步树立正确的安全人生观、安全价值观,形成科学的安全思维方法,培养规范的安全行为,塑造安全习惯,建立自我约束、自我发展的安全生产长效机制。推进企业安全文化建设,需发动群众构建理念安全文化、制度安全文化、行为安全文化、机(器)物(料)安全文化和景观安全文化。

1. 理念安全文化

理念安全文化是安全文化的核心,是形成和提高行为安全文化、机物安全文化、制度安全文化和景观安全文化的基础和动力。

通过构建观念安全文化,使员工拥有共同的安全理念和安全价值观,形成以下基本安全理念:

(1) 关爱生命、保障安全,是人类最基本的需求。

(2) 以人为本、尊重人权、珍惜生命、关爱健康。

(3) 安全才能生产,安全才有效益,安全才能回家。

(4) 安全第一、预防为主、居安思危、未雨绸缪。

2. 制度安全文化

制度安全文化是企业各种安全生产法规、章程、制度、标准和文件资料的总和。

制度安全文化是规范理念安全文化、行为安全文化、机物安全文化和景观安全文化的文本和准则。

3. 行为安全文化

行为安全文化强调:“一切安全生产行为都要符合法律法规”,“安全工作要与各项生产业务工作五同时:即同时计划、同时布置、同时检查、同时总结、同时评比。”

行为安全文化既是理念安全文化的反映,同时又反作用于理念安全文化。

4. 机(物)安全文化

机(物)安全文化是生产设备设施(机器、工具)和加工对象(物质、材料)的安全状态、作业环境的安全条件,应符合有关安全、卫生、环保的技术规程和标准要求。

机(物)安全文化是形成理念安全文化和行为安全文化的条件,折射出行为安全文化的成效。

5. 景观安全文化

景观安全文化是宣传普及理念安全文化、行为安全文化和安全法规、安全知识的各种媒介和载体。

通过景观安全文化营造浓厚的企业安全文化氛围,使人在耳濡目染中提高安全意识,并从一个侧面反映行为安全文化的成效。

企业安全文化建设的主要目标是使企业职工建立起安全自救、互爱、互救、应急的安全文化体系,以企业为家、以企业安全为荣的企业安全精神和风貌,要在职工的心灵深处树立起安全、高效的个人和群体的安全行为规范及安全与健康的奋斗目标。

5.1.6　运用实例

由于安全文化对安全生产和社会的稳定、进步的重要作用,自 20 世纪 80 年代安全文化的概念被明确提出以来,安全文化的理论研究和实际应用都获得了飞速的发展。国外一些大企业已把安全文化融入他们的事业中,日本住友化学(株)的“住友精神”即住友安全文化是:“事业成于人,人成于教育,教育成于社风,社风成于人心,人心成于健康、安全和环境保护"(这里的"社风"指该公司的风气)。可见他们把人的安全作为了企业生存、发展的根本。他们对生产安全还有这样一段颇具特色与哲理的见解,即"最初安全并不存在,常常存在的是危险,怎样确实预测危险、确实做好防止危险的努力才是安全。所谓安全就是人人齐心合力所创造出来的东西"。

"所有在现场工作的员工都享有安全健康的工作环境的权利,同时也必须为实现这一环境负责",这是印在全球最大的建材行业集团——法国拉法基所有工厂内和员工手册上的一句话,它强调的是每个人都要对自己和他人的安全负责。"以人为本"是这家企业最为显著的安全文化理念。一个骑摩托的人撞了拉法基的班车,受伤了,虽然摩托车手负全责,可此事仍然作为一个事故,记在公司的安全通报上。天津拉法基铝酸盐(中国)有限公司,他们把所有不能上班的"工作日损失"都叫事故。一名女员工去北京办事,由于穿的是高跟鞋,下楼梯时崴了脚,一个星期不能上班。这件不起眼的小事,却引起了拉法基公司的高度重视,在全公司开展了一次"高跟鞋危害"的宣传。拉法基一贯的做法是千方百计去找事故,再在公司里"大肆"宣传,不断地增强员工的危机意识,消除因长期不出事故而可能产生的麻痹思想。

杜邦的安全管理被称为全球工业界的典范,甚至许多航空公司都在引进杜邦的管理系统。在杜邦公司,所有的安全目标都是零,这意味着零伤害、零职业病和零事故。进入杜邦的任何一个工厂,面对这个有着200多年历史的跨国企业,无论是员工,还是来访者、客户谈论最多感受最深的永远是安全。杜邦公司对安全控制很有信心,认为"本公司是世界上最安全的地方"。该公司自成立以来就逐渐形成了一种独特的企业安全文化:安全是企业一切工作的首要条件。应该说,杜邦200多年的发展历史中,前100年的安全记录是不好的。1802年成立时以生产黑色炸药为主,发生了许多事故,最大的事故发生在1818年,当时杜邦100多名员工中有40多名在事故中死亡或受到伤害,企业面临破产。杜邦公司在沉沦中崛起后得出一个结论:安全是公司的核心利益,安全管理是公司事业的一个组成部分,安全具有压倒一切的优先权。在随后的100年杜邦形成了完整的安全体系,在安全方面取得丰硕成果,并获得社会广泛的认同。所有的成绩与杜邦建立的安全文化和安全理念有着密切的联系。杜邦安全文化的本质就是通过人的行为体现对人的尊重,就是人性化管理,体现以人为本。文化主导行为,行为主导态度,态度决定结果,结果反映文明。杜邦的安全文化,就是要让员工在科学文明的安全文化的主导下,创造安全的环境,通过安全理念的渗透,来改变员工的行为,使之成为自觉规范的行动。

杜邦的安全文化和安全理念主要体现在以下几个方面:

"一切事故均可避免"——这是杜邦公司坚定不移的安全文化理念,体现了杜邦人在安全管理上的远见卓识。杜邦人认为,就某一起事故而言,如果预先采取了有针对性的预防措施,完全可以避免。因此,无数个可以预防的个体加起来,便能使所有事故得以避免。"一切事故均可避免"不但有助于强化管理层的安全责任感,使管理者失去了"纯属操作者个人违章"的借口,而且有助于提高员工的安全主观能动性。

预防为主——一切事故都是可以预防的。这是杜邦从高层到基层的共同理念。工作场所从来都没有绝对的安全,决定伤害事故是否发生的是处于工作场所中员工的行为。管理者并不能为员工提供一个安全的场所,它只能提供一个使员工安全工作的环境。绝大多数事故都是在生产过程中通过人对物的行为所发生的。人的行为可以通过安全理念加以控制,抓事故预防就是抓人的管理,抓员工的意识(包括管理者的意识)、抓员工的参与,杜绝各种各样的不安全行为(包括管理者的违章指挥)。

管理优先——各级管理层对各自的安全负责。"员工安全"是杜邦的核心价值观。杜邦公司的高层管理者对其公司的安全管理承诺是:致力于使工人在工作和非工作期间获得最大程度的安全与健康;致力于使客户安全地销售和使用我们的产品。为了取得最佳的安全效果,各级领导一级对一级负责,在遵守安全原则的基础上,尽一切努力达到安全目标。

行为控制——不能容忍任何偏离安全制度和规范的行为。杜邦的任何一员都必须坚持杜邦公司的安全规范,遵守安全制度。如果不这样去做,将受到严厉的纪律处罚,甚至解雇,这是对各级管理者和工人的共同要求。工作外安全行为管理和安全细节管理,是杜邦独特的安全文化。"把工人在非工作期间的安全与健康作为我们关心的范畴",在工作以外的时间里仍然要做到安全第一。杜邦认为工伤与工作之余的伤害,不仅损害员工及其家庭利益,也严重影响公司的正常运行。"铅笔不得笔尖朝上插放,以防伤人;不要大声喧哗,以防引起别人紧张;过马路必须走斑马线,否则医药费不予报销;骑车时不得听'随身听';打开的抽屉必须及时关闭,以防人员碰撞;上下楼梯,请用扶手"。这些规定,看似烦琐,实际上折射出管理层对员工生命权和健康权的关注。

在杜邦,有近乎苛刻的安全指南,从修一把锁到换一个灯泡,都有极其严格的程序和控制;在走廊上,没有紧急情况时不允许跑步;上楼梯必须扶扶手。高层领导的以身作则以及公司严格的训练和要求,使每个人对安全几乎形成条件反射,这正是公司的目的,因为这是避免事故的有效途径。因为安全一旦形成习惯,事故就变得非常遥远。

杜邦给了我们很好的启示,我国有些行业、地区伤亡事故不断,总借口于存在不可避免的因素,这往往是很多单位和部门提前给自己留后路。部分企业领导心存侥幸,认为出问题的几率很小,即使有点小问题,也可以上下通融消化在指标之内,这样久而久之安全工作就被置于脑后,在与其他工作发生冲突时,往往牺牲安全工作,积小成大,从而导致了安全管理工作的松懈。正如杜邦所言:每100个疏忽或失误,会有一个造成事故;每100个事故中,就会有一个是恶性的。安全工作是一项很基础的工作,同时也是一项长期工作,没有什么捷径,唯有严格制度,落实责任,科学管理,常抓不懈才是解决问题的真正出路。

5.2　安全目标管理

5.2.1　概述

1954年美国管理学家杜拉克在《管理的实践》一书中首先提出了"目标管理和自我控制"的主张。他认为:一个组织的目的和任务必须转化为目标,各级管理人员只有通过这些目标对下级进行领导,并以目标来衡量每个人的贡献大小,才能保证一个组织的总目标的实现。如果没有一定的目标来指导每个人的工作,则组织的规模越大,人员越多,发生

安全管理

冲突及浪费的可能性就越大。

　　奥迪恩把参与目标管理的范围扩大到整个企业的全体职工上。他提出,让每个职工根据总目标的要求制定个人目标,并努力实现。在实施目标管理中,要充分信任职工,实行权限下放,民主协商,使职工实现自我控制,独立自主地完成自己的任务。要严格按照每个职工完成个人目标的情况进行考核和奖惩,这样可以进一步激励每个职工的工作热情,发挥每个职工的主动性和创造性。

　　目标是指人们进行某项活动所要达到的预期结果,安全管理目标则是指人们进行安全管理活动所要达到的预期结果。一般所说的目标,往往只考虑达到预期结果,而不去过多地考虑如何达到这一结果。安全管理目标不但要考虑预期结果,而且还要考虑如何达到这一预期结果。比如过河,就安全管理目标而言,不仅要考虑过河,而且还要考虑怎样过河和过河过程中的安全问题。因此,安全管理目标包括双重任务:一是安全预期结果;二是达到这一安全预期结果所应采取的安全管理措施。

　　目标管理就是让企业管理人员和工人参与制订工作目标,并在工作中实现自我控制,努力完成工作目标的管理方法。其目的是通过目标的激励作用来调动广大职工的积极性,从而保证实现总目标,其核心是强调工作效果,重视成果评价,提倡个人能力的自我提高。

5.2.2　目标设置理论

　　人的行为的一个重要特征是有目的的行为,目标是一种刺激,合适的目标能够诱发人的动机,规定行为的方向。通过目标管理,可以把目标这种外界的刺激转化为个人的内在动力,形成从组织到个人的目标体系。具体说来,目标管理的理论依据主要有以下几方面:

5.2.2.1　一个具有明确目标的组织才能成为一个高效的组织

　　管理心理学认为,所谓"组织"就是由各部门分工合作并以各级责、权、利加以保证,为达到组织的共同目标而合理地协调一群人的活动。这个定义告诉我们:

　　(1)组织必须有一个明确的共同目标,组织中每一个成员都是为了达到这个特定的目标而协同劳动,没有共同的目标,组织就是一盘散沙。

　　(2)组织的功能在于协调人们为达到共同目标而进行的活动,包括各层次内部和各层次之间的协调。

　　(3)达到组织目标要讲求效率和效益,要正确处理人、财、物之间的关系,使所有成员的思想、意志和行动明确,以最经济有效的方式去达到目标。

　　(4)顺利达到组织目标的关键,是充分调动组织中各层次、每个人的积极性。如果一个组织不能调动人们的积极性,它必然是一个工作效率极其低下的组织。

5.2.2.2　期望的满足是调动职工积极性的重要因素

　　管理心理学认为,目标实际上就是期望达到的成果。如果一个人通过努力达到了自己的目标,取得了预期的成果,那么他就期望得到某种"报酬"。这种"报酬"不仅是物质上的,更重要的是精神方面的鼓励,因此,为了激励职工持续地发挥主动性和创造性,就应该在每个职工经过努力取得了某种成就之后,及时地以物质鼓励和精神鼓励形式加以"认可"。从心理学上说,这种"认可"会反馈于劳动者,使劳动者产生积极的情绪反应,激励其持续不断地、以更高涨的热情投入工作,这样就形成了一个正反馈的连锁反应。

很显然,当一个人经努力达到目标后而得不到组织的"认可"时,就会产生一种负反馈,导致职工的工作热情越来越低,工作效率和效益也越来越差。目标管理强调个人目标、部门目标与整个组织的一致性,十分重视每个人工作成绩的评定,并把这种成果评价同物质鼓励和精神鼓励挂钩,这就会极大地提高组织的工作效率,增强广大职工的责任感和满意感。

5.2.2.3 追求较高的目标是每个职工的工作动力

有人认为,职工在制定个人目标时,多数都倾向于制定低目标,这种看法是片面的。管理心理学认为,追求较高目标是每个人的理想和抱负,是每个人的工作动力,这个结论是心理学家经过多次实验后才得出的。如在一次实验中曾为工人的生产规定了产品数量和质量方面的最高水平、最低水平和最可能水平,结果实际的水平大多达到或近于最高水平而不是最低水平。这就证实了只要正确引导,只有真正把每个人的工作热情充分调动起来,每个职工都会尽自己的努力向高标准看齐,向高目标努力。

5.2.3 安全目标管理的内容

安全目标管理的基本内容是动员全体职工参与制定安全生产目标,并保证目标的实现。具体地来讲,由企业领导根据上级要求及本单位的具体情况,在充分听取广大职工意见的基础上,制定出企业安全生产总目标,然后层层展开,层层落实。下属各部门以至每个职工根据安全生产总目标分别制定部门及个人安全生产目标和保证措施,形成一个全过程、多层次的安全目标管理体系。

安全目标管理的基本内容,如图 5.1 所示。

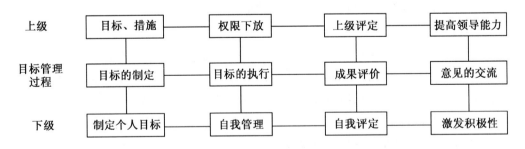

图 5.1 安全目标管理体系

5.2.3.1 安全目标的制定

目标体系的制定是目标管理的第一个阶段。首先由单位总负责人根据上级领导机关下达的工作要求,并在充分发动群众的基础上确定整个组织的总体目标。

制定安全目标应注意以下几点:

(1) 制定安全管理目标要有广大职工参与,领导要与群众共同商定可行的工作目标。

（2）安全目标要具体，根据实际情况可以设置若干个，但是目标不宜太多，以免力量过于分散。

（3）安全目标的制定要分层次，应将重点工作首先列入目标，并将各项目标按重要性分成等级或序列。

（4）各项目标要尽可能数量化，以便考核和衡量。

制定安全管理目标的主要依据是：

（1）国家的方针政策、法令。

（2）上级主管部门下达的指标或要求。

（3）同类兄弟厂的安全情况和计划动向。

（4）本厂的情况评价。

（5）历年本厂工伤事故情况。

（6）企业的长远安全规划。

安全目标管理制定的内容包括目标指标和保证措施两部分。

1. 安全目标指标

安全目标是企业中全体员工在计划期内预期完成的职业安全健康工作的成果，主要包括以下指标：

（1）重大事故次数：包括死亡事故、重伤事故、重大设备事故、重大火灾事故、急性中毒事故等。

（2）死亡人数指标。

（3）伤害频率或伤害严重率。

（4）事故造成的经济损失：如工作日损失天数、工伤治疗费、死亡抚恤费等。

（5）尘、毒作业点达标率。

（6）职业安全健康措施计划完成率、隐患整改率、设施完好率。

（7）全员安全教育率、特种作业人员培训率等。

2. 安全保证措施

安全保证措施应明确实施进度和责任者等内容，大致有以下几方面：

（1）安全教育措施：包括教育的内容、时间安排、参加人员规模、宣传教育场地。

（2）安全检查措施：包括检查内容、时间安排、责任人、检查结果的处理等。

（3）危险因素的控制和整改：对危险因素和危险点要采取有效的技术和管理措施进行控制和整改，并制定整改期限和完成率。

（4）安全评比：定期组织安全评比，评出先进班组。

（5）安全控制点的管理：制度无漏洞、检查无差错、设备无故障、人员无违章。

安全管理的目标确定后，还要把它变成各科室、车间及每个职工的分目标。下属各部门负责人根据本部门具体情况，为完成组织总体目标而提出部门目标；部门下属各小组负责人为完成部门目标而制定小组目标；基层每一个职工为保证完成小组目标而制定个人目标。这样，自上而下与自下而上地把组织总体目标层层展开，最后落实到每个职工，形成一个完整的目标连锁体系，共同为保证实现总目标而奋斗。这种目标连锁体系可用图 5.2 表示。

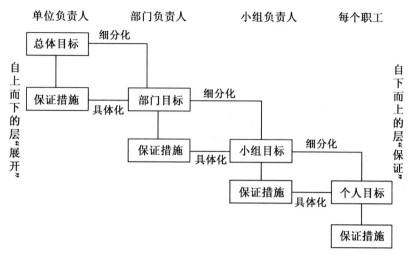

图 5.2 安全目标展开图

将安全管理目标展开时,应注意:

(1)要使每个分目标与总目标密切配合,直接或间接地有利于总目标的实现。

(2)各部门或个人的分目标之间要协调平衡,避免相互牵制或脱节。

(3)各分目标要能够多激发下级部门和职工的工作欲望和充分发挥职工的工作能力,应兼顾目标的先进性和实现的可能性。

系统图法是一种常用的安全管理目标展开法,它是将价值工程中进行机能分析所用的机能系统图的思路和方法应用于安全目标管理的一种图法。

安全管理目标展开后,实施目标的部门应对目标中各重点问题编制一个"实施计划表",安全管理目标确定后,为明确实现安全目标所采取的措施,明确部门间的配合关系,厂部、车间、工段和班组都要绘制安全管理目标展开图,班组要绘制安全目标图。

5.2.3.2 目标的实施

目标的实施是目标管理的第二个阶段,也就是进入了完成预定目标值的阶段。这个阶段的工作内容主要包括三个部分:

(1)通过对下级人员委任权限,使每个人都明确在实现总目标中自己应负的责任,让他们在工作中实行自我管理,独立自主地实现个人目标。

(2)加强领导和管理,主要是指加强与下级的意见交流以及进行必要的指导等,至于下级以什么方法和手段来完成目标,则听其自行选择,这样就能极大地发挥各级人员的积极性、主动性、创造性和工作才能,从而提高工作效率,保证所有目标的全面实现。

(3)目标实施者必须严格按照"目标实施计划表"(如表 5.1)上的要求来进行工作,目的是为了在整个目标实施阶段,使得每一个工作岗位都能有条不紊地、忙而不乱地开展工作,从而保证完成预期的各项目标值。实践证明,"目标实施计划表"编制得越细,问题分析得越透,保证措施越具体、明确,工作的主动性就越强,实施的过程就越顺利,目标实现的把握就越大,取得的目标效果也就越好。

表 5.1　某车间粉尘治理项目实施计划表

项目描述:简单介绍项目的必要性、现状、拟采取的措施和项目经费,项目的总负责人和牵头部门

序号	项目分解	项目目标	完成时间	经费/万元	责任部门	责任人
1	现状粉尘浓度监测	委托职防所监测（出具报告）	×年×月×日—×年×月×日	×××	HSE 部	×××
2	设备采购	供应商交付规定产品	×年×月×日—×年×月×日	×××	物料部	×××
3	非标件制作					
4	施工准备					
5	设备安装					
6	设备调试					
7	治理后粉尘浓度监测					
8	竣工验收					

说明:

编制部门:(盖章)　　　　　　　　　　编制时间:
批准:(签名)　　　　　　　　　　　　批准时间:
抄送:(各责任部门)

5.2.3.3　成果的评价

在达到预定期限或目标完成后,上下级一起对完成情况进行考核,总结经验和教训,确定奖惩,并为设立新的目标、开始新的循环做准备。

成果的评价必须与奖励挂钩,使达到目标者获得物质的、精神的奖励,要把评价结果及时反馈给执行者,让他们总结经验教训。

评价阶段是上级进行指导、帮助和激发下级工作热情的最好时机,也是发挥民主管理、群众参加管理的一种重要形式。

5.2.4　安全目标管理的作用

5.2.4.1　发挥每个人的力量,提高整个组织的“战斗力”

随着现代科学技术的进步和社会经济的发展,管理工作也相应地复杂起来。传统管理往往用行政命令规定各部门的工作任务,而忽视了充分发挥人的积极性和创造性这个关键问题,削弱了部门或个人工作同完成整个组织任务之间的有机联系。在这种情况下,尽管每个人都认真地进行工作,但由于在一些无关紧要的工作上花费了过多的力量,或由于力量分散,或由于力量互相排斥,结果对完成目标任务没有多大的推动力。可见,集中并发挥职工的全部力量,提高整个组织的“战斗力”,就成了各行业管理工作的当务之急。

5.2.4.2　增强现代管理组织的应变能力

管理工作是一项动态工作,应随着工作环境与条件的变化及时调整管理组织和工作

方法,以迅速适应变化了的工作环境和工作条件。

目标管理是一个不间断的、反复的循环过程,其循环周期可以是一年、半年、三个月或更短。这样就能根据变化了的环境,适时地、正确地制定组织目标,动员全体职工去实现目标。此外,目标管理在实施过程中,上级必须下放适当的权限,让每个职工实行自我管理,充分发挥每个人的智慧和力量,使每一个职工面对变化了的工作条件,适时地、合理地做出判断和决定,并积极采取必要的措施,以适应复杂多变的工作环境。可见,在多变的"现实"中贯彻执行这种"动态"的管理制度,就能增强管理组织的应变能力。

5.2.4.3 提高各级管理人员的领导能力

领导水平的高低,是搞好各行各业管理工作的关键。过去,大多数管理干部都是靠其职务、权威去命令下级工作,也有极少数的管理人员采取了放任自由、松弛涣散和不负责任的管理态度。事实说明,这种"命令型"或"放任型"的领导方式,对搞好管理工作是极为不利的。

实行目标管理,创造一个培养和锻炼管理人员领导能力的管理环境,使他们逐渐具备真正的领导能力,不是单凭职务、权威、地位和尊严去领导下级,而是相信群众、依靠群众来实现领导,也就是采用"信任型"的领导方式。因此目标管理在管理方式上实现了从"命令型"向"信任型"的过渡,也就是从以往的由上级命令、下级服从的传统管理方法,转移到下级自己制定与上级目标紧密联系的个人目标,并由自己来实施和评价目标的现代管理方法上来。

5.2.4.4 改善和提高职工的素质

以往各单位在布置工作任务时,片面强调领导意志,不能使每一个职工清楚地了解整个组织的总目标,致使每个职工的积极性不能充分发挥,人的主观能动作用也受到限制。在这种情况下,往往出现在自己职责范围内本来应该及时处理的问题也要一一请示汇报,长此以往会逐步丧失职工的责任心和进取心。

目标管理是以全体职工为对象,以提高职工的工作能力为中心。由于管理职责的不同,职工个人目标与组织总目标直接结合的程度就不同。所以,大多数基层职工,只能通过提高个人工作能力间接地与组织总目标相结合,成果评价也只能以提高个人工作能力的努力程度为依据。这就要求每个职工在制定目标时,努力反映出自己工作能力的提高程度,并在实现目标的过程中,加强自我管理,充分发挥自己的聪明才智。目标管理强调个人工作成果和个人工作能力,以利于激发职工努力学习,促进工作能力的自我提高,从而普遍提高整个组织的管理水平。

5.2.4.5 充分调动广大职工的主动性和创造性

无论企业单位还是事业单位,对人的管理是最重要的管理,因为"事在人为",人是社会生产力中最积极的因素。因此,在各项管理工作中,怎样调动广大职工的积极性和创造性,就成为管理工作的关键。

目标管理要求每一个职工根据上级目标来制定恰如其分的个人目标,在实施目标的过程中使每一个人实行自主管理,最后,对目标达到的情况进行全面的自我评价。

5.3 安全决策

5.3.1 概述

安全决策是针对生产中的危险源或特定的安全问题,选择最优化的控制和管理方案。危险控制的成败以及优劣,取决于决策。

安全决策包括宏观决策和微观决策。宏观决策是以解决全局性重大问题和大系统的共性问题为目标的高层次决策,包括安全方针、政策、规划、体制、法规等方面重大问题的决策;微观决策是各企业所进行的,针对具体危险源时所作的控制决策,它包括具体工程项目的改建、扩建或新建时的安全决策,预防事故和处理事故的决策。

为保证安全决策的优化及合理性,需要考虑以下几个关系:

(1)综合考虑安全目标与生产目标的关系,既要保证安全,又不失促进生产的根本宗旨。

(2)把握安全性与经济性关系,追求最小的消耗,避免较大的损失。

(3)先进性、适用性相结合,以实效为主,工程技术为主,考虑管理、教育和法规的作用。

(4)考虑当前利益与长远利益的关系,既要现实目标,又顾及长远建设。

(5)以预防为上策,也应注重损失最小化的措施。

(6)综合考虑系统中人、机、物料、环境的关系和相互作用。

为了减少安全决策的失误,须遵循如下的科学程序:

合理确定目标──→搜集资料,把握信息──→研究分析,拟定方案──→综合考察,优选方案──→实施可行方案──→总体评价,确定新的目标

当前,科学的安全决策方法主要包括如下几类:

(1)经验法:对过去的资料进行总结分析后,依靠经验判断,做出决策。

(2)比较法:应用技术分析、效益分析、价值工程评价等方法,进行最优化决策。

(3)专家法:在专家论证、分析建议的基础上,做出决策。

(4)系统分析法:用逻辑分析、定量分析的手段,对系统进行判断后,做出决策。

5.3.2 安全决策方法

5.3.2.1 头脑风暴法

头脑风暴法(Brain Storming)的发明者是现代创造学的创始人、美国学者阿历克斯·奥斯本,他于 1938 年首次提出头脑风暴法。Brain Storming 原指精神病患者头脑中短时间出现的思维紊乱现象,病人会产生大量的胡思乱想。奥斯本借用这个概念来比喻思维高度活跃、打破常规的思维方式而产生大量创造性设想的状况。

运用头脑风暴的思想,将有兴趣解决某些安全问题的人集合在一起,针对某一安全专题开展会议研究和决策。会议在非常融洽和轻松的气氛中进行,自由地发表意见和看法,以免影响会议的气氛。由于会议的参与者都是各个领域具有安全生产知识和经验的专

家,在自由争鸣和大量提出的方案中会出现许多新奇的建议,而且会产生一些有根据、有价值的设想。有些设想又在相互启发和促进中迅速发展、综合、完善,形成更有价值的方案,因而可以迅速地收集到各种安全工作意见和建议。

头脑风暴的特点是让与会者敞开思想,在相互碰撞中激起创造性的设想,可分为直接头脑风暴和质疑头脑风暴法。前者是在专家群体决策基础上尽可能激发创造性,产生尽可能多的设想的方法;后者则是对前者提出的设想、方案逐一质疑,发现其实现可行性的方法。这是一种集体开发创造性思维的方法。

1. 头脑风暴法的基本程序

头脑风暴法力图通过一定的讨论程序与规则来保证创造性讨论的有效性,由此,讨论程序构成了头脑风暴法能否有效实施的关键因素。从程序来说,组织头脑风暴法关键在于以下几个环节:

(1) 确定议题

一个好的头脑风暴法从对问题的准确阐明开始。因此,必须在会前确定一个目标,使与会者明确这次会议需要解决什么问题,不要限制可能的解决方案的范围。一般而言,比较具体的议题能使与会者较快产生设想,主持人也较容易掌握;比较抽象和宏观的议题引发设想的时间较长,但设想的创造性也可能较强。

(2) 会前准备

为了使头脑风暴畅谈会有好的效率和效果,可在会前做一点准备工作。如收集一些资料预先供与会者参考,以便了解与议题有关的背景材料和外界动态。就参与者而言,会前对于要解决的问题要有所了解。会场可作适当布置,座位排成圆环形的环境往往比教室式的环境更为有利。此外,在头脑风暴会正式开始前还可以出一些创造力测验题供大家思考,以便活跃气氛、促进思维。

(3) 确定人选

一般以8~12人为宜,也可略有增减(5~15人)。与会者人数太少不利于交流信息,激发思维;而人数太多则不容易掌握,并且每个人发言的机会相对减少,也会影响会场气氛。只有在特殊情况下,与会者的人数可不受上述限制。

(4) 明确分工

要推定一名主持人,1~2名记录员(秘书)。主持人的作用是在头脑风暴畅谈会开始时重申讨论的议题和纪律,在会议进程中启发引导,掌握进程。如通报会议进展情况,归纳某些发言的核心内容,提出自己的设想,活跃会场气氛,或者让大家静下来认真思索再组织下一个发言高潮等。记录员应将与会者的所有设想都及时编号,简要记录,最好写在黑板等醒目处,让与会者能够看清。记录员也应随时提出自己的设想,切忌持旁观态度。

(5) 规定纪律

根据头脑风暴法的原则,可规定几条纪律,要求与会者遵守。如集中注意力积极投入,不消极旁观;不要私下议论,以免影响他人的思考;发言要针对目标,开门见山,不要客套,也不必做过多的解释;与会者之间相互尊重,平等相待,切忌相互褒贬,等等。

(6) 掌握时间

会议时间由主持人掌握,不宜在会前定死。一般来说,以几十分钟为宜。时间太短与会者难以畅所欲言,太长则容易产生疲劳感,影响会议效果。经验表明,创造性较强的设想一般要在会议开始 10～15 分钟后逐渐产生。美国创造学家帕内斯指出,会议时间最好安排在 30～45 分钟之间。倘若需要更长时间,就应把议题分解成几个小问题分别进行专题讨论。

2. 头脑风暴法的成功要点

一次成功的头脑风暴除了在程序上的要求之外,更为关键是探讨方式,即要进行充分的、非评价性的、无偏见的交流。具体而言,可归纳以下几点:

(1) 自由畅谈。参加者不应该受任何条条框框限制,放松思想,让思维自由驰骋。从不同角度、不同层次、不同方位,大胆地展开想象,尽可能地标新立异、与众不同,提出独创性的想法。

(2) 延迟评判。头脑风暴必须坚持当场不对任何设想做出评价的原则。既不肯定某个设想,又不否定某个设想,也不对某个设想发表评论性的意见。一切评价和判断都要延迟到会议结束以后才能进行。这样做一方面是为了防止评判约束与会者的积极思维,破坏自由畅谈的有利气氛;另一方面是为了集中精力发掘设想,避免把应该在后阶段做的工作提前进行,影响创造性设想的大量产生。

(3) 禁止批评。绝对禁止批评是头脑风暴法应该遵循的一个重要原则。参加头脑风暴会议的每个人都不得对别人的设想提出批评意见,因为批评对创造性思维无疑会产生抑制作用。同时,发言人的自我批评也在禁止之列。有些人习惯于用一些自谦之词,这些自我批评性质的说法同样会破坏会场气氛,影响自由畅想。

(4) 追求数量。头脑风暴会议的目标是获得尽可能多的设想,追求数量是它的首要任务。参加会议的每个人都要抓紧时间多思考,多提设想。至于设想的质量问题,自可留到会后的设想处理阶段去解决。在某种意义上,设想的质量和数量密切相关,产生的设想越多,其中的创造性设想就可能越多。

(5) 会后的设想处理。通过组织头脑风暴畅谈会,往往能获得大量与议题有关的设想,至此任务只完成了一半。更重要的是对已获得的设想进行整理、分析,以便选出有价值的创造性设想来加以开发实施,这个工作就是设想处理。

头脑风暴法的设想处理通常安排在头脑风暴畅谈会的次日进行。在此以前,主持人或记录员(秘书)应设法收集与会者在会后产生的新设想,以便一并进行评价处理。设想处理的方式有两种。一种是专家评审,可聘请有关专家及畅谈会与会者代表若干人(5 人左右为宜)承担这项工作;另一种是二次会议评审,即由头脑风暴畅谈会的参加者共同举行第二次会议,集体进行设想的评价处理工作。

3. 注意事项

头脑风暴是一种很好的安全决策的方法,如果想使头脑风暴保持高的绩效,必须每个月进行不止一次的头脑风暴。有活力的头脑风暴会议倾向于遵循一系列陡峭的"智能"曲线,开始能量缓慢地积聚,然后非常快,接着又开始进入平缓的时期。头脑风暴主持人应该懂得通过小心地提及并培育一个正在出现的话题,让创意在陡峭的"智能"曲线阶段自由形成。

头脑风暴是就特定主题集中注意力与思想进行创造性沟通的一种有效方式,无论是对于安全问题或日常事务的解决,都不失为一种可资借鉴的途径。唯需谨记的是使用者切不可拘泥于特定的形式,因为头脑风暴法是一种生动灵活的技法,实践应用中,应该根据与会者情况以及时间、地点、条件和主题的变化而有所变化、有所创新。

5.3.2.2 集体磋商法

这是让持有不同安全观点的人或组织进行正面交锋、展开辩论,最后找出一种合理方案的安全决策方法。因此持有不同思想观点的人在一起进行辩论往往会使各方充分阐述自己方案的优越性之处,同时又会极力发现对方方案的不足之处,通过辩论比较出优劣,或者最终综合不同方案的优点。这种方法适用于有着共同利益追求和同样具有责任心的集体,因为只有这样的集体,才会在争论中消除分歧、求同存异。一般来说,集体磋商和头脑风暴的成员有所不同,头脑风暴的成员可以是临时请来的某一安全生产领域的专家,而集体磋商的成员是组织内担负安全决策使命的安全生产决策者。

5.3.2.3 加权评分法

这是一种对备选方案进行分项比较的方法,当安全决策处于需要在许多备选方案中进行抉择时,可以通过加权评分发现备选方案中的最优方案。具体做法是先把备选方案分成若干对应的项,然后逐项比较打分,最后对打分结果进行统计,累计得分最高的就可以被确定为最佳方案,如同体操比赛一样。

5.3.2.4 电子会议法

所有参加会议的人面前只有一台计算机终端,会议的主持人通过计算机将所要讨论的安全问题显示给参加会议的人。会议的参与者将自己的意见输入计算机,通过计算机网络显示在各个参与者的计算机屏幕上。个人的评论和票数统计都投影在会议室的计算机屏幕上。优点是匿名、诚实和快速,能够充分表达自己的观点而且不被人打断。

5.4 安全培训观察程序(STOP)

5.4.1 概述

STOP是美国杜邦公司在EHS管理中提出以行为为基准的一种管理方法。STOP是由以下四个单词所组成Safety、Training、Observation和Programme。即,安全、培训、观察和程序。目前该方法已经被世界上大部分石油公司和钻井承包商所采用,该方法通过鼓励并倡导现场全体作业人员使用STOP卡,运用STOP卡纠正不安全行为,肯定和加强安全行为,达到安全生产的目的。

杜邦公司通过数十年对以往事故发生原因的统计分析,发现几乎所有不安全状态都可以追溯到不安全行为上。其中事故中人的反应占14%,劳保用品占12%,人的位置占30%,设备和工具占28%,程序和整洁占12%。认为安全或不安全行为总是由人引起的,而不是机器,所以应将注意力集中在观察人和人的行为上,提出所有事故都是可以预防的,安全是每一个人的责任。

通过运用安全培训观察程序,期望达到以下目的:

(1) 大幅度减少伤害及意外事件。

(2) 降低事故赔偿或损失成本。

(3) 提高员工的安全意识。

(4) 增强相互沟通的技巧。

(5) 培养监督及管理的技巧。

(6) 传达管理阶层对安全的承诺等。

5.4.2　安全培训观察程序的实施

安全培训观察程序通过 STOP 安全观察循环周和运用 STOP 卡的形式实施。它包括五个步骤,如图 5.3 所示。

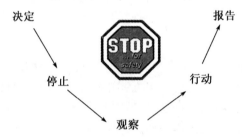

图 5.3　安全培训观察程序

1. 决定

要注意员工如何遵守程序,准备做一次安全观察。对于一位经理或小组领导人,下决定在安全工作上也占有很重要的地位。如果要创造一个安全的工作环境,就必须像进行每天例行工作一样地重视安全。因为每当改变你所在位置时,你就能看到不同的人在工作。

2. 停止

停止你手中的其他工作,在距员工较近的地点止步。假设你经过你的责任区,这个区域内的每一个员工依规定都必须戴安全眼镜。如果你因心里正在想另外一件事,当你从一个人身边走过时,你有印象这员工没戴安全眼镜但走过数步之后,你回头来看,这员工正戴着安全眼镜,这样就不能准确发现不安全行为。

3. 观察

按照 STOP 卡所列观察内容和顺序,观察员工是如何进行工作,并特别注意工作的进行与安全程序。STOP 卡示例如下表 5.2。

表 5.2 观察检核表

有任何不安全请打"✕" 完全安全请打"✓"	观察报告
个人防护装备　　　　　　　□	• 所观察的安全行为 • 鼓励继续安全行为所采取的行动
□ **头部** 安全帽、防酸头罩、发网 □ **眼部** 安全眼镜、面罩、防喷溅护目镜、焊接帽 □ **耳部** 耳塞、耳罩 □ **呼吸系统** 呼吸防护具、输气管面罩、防尘面罩、供氧呼吸防护具	操作员穿戴工作上要求的安全帽，安全眼镜，手套与安全鞋，而且所有的装备都保持在良好的状况。 　与该操作员讨论那份工作，说明安全的工作是重要的，操作员了解安全地工作的需求。 　鼓励该操作员继续保持良好的作业习惯。
□ **手臂与手部** 手套：皮革制、抗化学药物、抗热或抗割；长袖 □ **躯干** 围裙、安全带、防火衣物、全身衣物、连身工作服、防坠保护 □ **腿部与脚部** 安全鞋、护胫、抗化学物长靴、橡皮靴	• 所观察的不安全行为 • 即刻的纠正行动 • 预防再发生的行动
	观察员签名 *S. Brown* 区域/部门 *操作部*　　日期 *12/2/xx*

注：在做完观察之后，如果你所看见的行为都是安全的，就在此表右边"完全安全"方框中打钩；如果你在任何一个类别下发现有不安全行为，就在左边方框中打钩。

4. 沟通(行动)

与被观察人员进行面对面交流，特别注意他们是否知道并了解工作程序和操作规程。因为当你主动地指出安全及不安全行为时，这就表明在告诉周围的人，你的安全标准设定的很高。相反地，如果你好像不太注意安全行为与不安全行为的话，就会让人以为，安全对你来说并不重要。

观察到员工的不安全行为时，不能保持沉默，沉默就意味着默许。因为如果你看到一个不安全的行为，却不说穿它，那么那个人就会以为，他或她的表现是可以被接受的。所以他没理由去改变什么。同一个作业区的其他人，也会以为这种行为是可以被接受的。

如果你忽略了安全的行为，员工可能认为，安全并未被你作为优先考虑，那么会给予他们心里的暗示，使得工作安全绩效会每况愈下。

在与员工进行沟通和交谈时要注意以下事项：

(1) 提出问题并聆听回答，采取询问的态度。

(2) 非责备原则，双向交流。

（3）赞赏他的安全行为，鼓励他持续的安全行为。

（4）了解他的想法和安全工作的原因。

（5）评估他对自身角色和责任的了解程度，找出影响他们想法的因素。

（6）培养正面与员工进行交谈的工作习惯。

常用的沟通语句如下：

（1）可不可以耽误你一分钟的时间？请告诉我你正在进行的工作是什么？

（2）如果一旦……可能会发生什么事？

（3）你穿了哪些可以保护你不受潜在危险伤害的衣物？

（4）要避免在你的责任区中发生会导致伤害的不安全行为，最好的办法是什么？

（5）你的后方是否有东西可能突然地伤害到你？

5. 报告

利用安全观察卡来完成报告。安全观察卡的另一边是观察报告（如表 5.2）。你要用这个观察报告描述观察结果，以及对于你所观察的行为，需要鼓励或纠正的时候，你所采取的行动。

需要注意的是，这个观察报告并未显示出被观察者的名字及性别。安全观察的目的是要鼓励安全的工作行为能持续下去及避免伤害，而不挑出所有观察的个人。

观察后应立刻完成观察报告，因为这时记忆犹新，而且你已远离所观察的对象。一个观察报告要能告诉阅读的人，到底在观察过程中发生了什么事情，才算是完整的报告。这可能包括你所观察到的安全或不安全行为、立即的纠正行动、为了鼓励持续安全行为所采取的行动，以及为了防止事故再度发生所采取的行动。

5.4.3　STOP 卡的运用技巧和注意事项

（1）不要当着被观察人写观察报告（STOP 卡），不要把被观察人的名字写在报告里，因为安全观察的目的是纠正不安全行为、鼓励安全行为进而预防伤害，而不是记录所观察的人。

（2）不要让雇员感觉到观察卡意味着要找他们的麻烦，在远离他们的地方填写 STOP 卡，不要让他们感觉到他们正在被记录下来，让他们知道卡里不会包括他们的名字，告诉他们可以看全部的报告。观察的目的就是帮助雇员和身边的同事安全地工作。

（3）能够在工作当中正确穿戴劳保用品的人，也会遵守其他的安全规定和安全工作程序。反之亦然，即不能严格穿戴正确劳保用品的人，也不会严格遵守其他安全规定，或在工作当中也会无视安全规定。

（4）一种错误的观点是提高安全管理成绩的唯一方法是纠正不安全行为。但是，肯定、加强安全行为和指出不安全行为一样重要。

（5）STOP 安全观察程序是非惩罚性的，必须和组织纪律分开来，或者说它不应当和组织纪律相联系。

（6）当雇员知道其行为会威胁到他人生命安全时，或明知工作程序或制度规定，却故意违反和不遵守时，就必须立即停止 STOP 观察程序，而采取纪律惩罚手段。

5.4.4　运用实例

美国行为安全学者 McSween·T. E. 在其《The Values-Based Safety Process》一书中给出了下面一个安全培训观察程序的案例。

周一安全会议结束时,维护小组的员工安全代表兰迪宣布,周二他将对在第一小组工作的维护成员进行安全观察。周二下午,兰迪对维护小组的另一个员工安全代表吉姆说:"我们一块去第一小组好吗? 我要对那里的员工进行安全观察,希望你也看看该怎么做,以便今后可以单独来执行这套程序。如果你不愿意也可以不去,但你的参与将帮助我们确保工作场所的安全。"

吉姆同意一起去,路上兰迪和吉姆对即将看到的员工情况进行了讨论,包括现场经理人员和主管,将要完成的视察训练,以及自愿实施安全视察者的做法——每个人都应是安全中的一员,并应对其承担一定的责任。

当兰迪和吉姆到达第一小组后,兰迪从活页夹中拿出来了一张详尽的检查清单,在未参考检查清单的情况下,两个人首先对工作环境进行了审视。然后,兰迪向吉姆就观察的过程作了解释。他们问自己:"我们所看到的员工的什么行为会引起伤害事故?"他们关注检查清单上的每种做法,并进一步对检查清单进行审核,对每种安全做法进行标注,但没有在检查清单上留下任何人的名字。

视察完成后,他们开始与员工进行探讨,并一起就检查清单作了审核。兰迪说:"我们注意到,你们正在使用的机器需要人工维护,你们的工作场所是整洁的,你们的工具放置得很有条理,而且在生产时也使用了正确的工具。尽管如此,我们还是注意到,工作场所内仍存在一些障碍物,使人们不能自由通过。"兰迪和吉姆也回答了一些问题。之后,兰迪请员工用绳子将工作场所围了起来。接着,两人回到兰迪的办公室,兰迪将填写好的清单放到活页夹中。他们又花了20分钟完成观察和记录等程序,之后吉姆回去工作,兰迪用5分钟将清单的数据输入计算机中。

第二周的周一早晨,兰迪将上周安全观察取得的数据向员工进行了展示,并感谢他们的工作和良好的配合。接着,他就所关心的被一些员工称为无障碍工作区的问题与大家进行了讨论,小组成员同意在4周之内完全清除工作区中的障碍。

周五下午,行为安全程序委员会举行了每月例会,委员会由10人组成,包括兰迪、车间其他工作区每区一名的员工安全代表、一名安全部门代表和一名管理层代表,会议评价了按计划观察到的数字图表、进行观察的员工比例,以及展示存在着安全隐患做法的条形统计图表;在评价了这些数据之后,委员会成员决定,他们需要对防坠落安全保护装置的使用采取改进措施。尽管这并不是人们最经常担心的问题,委员会还是认为,防坠落安全保护不当将会引起十分严重的伤害事故。约翰作为委员会成员之一,同意领导一个具体的工作委员会,来研究问题并提出具体的提升行动方案,以供下次会议讨论。他们决定,将防坠落安全保护数据在这个安全会议上对员工作简明介绍,并就如何提升安全做法进行讨论。

程序委员会对大家选取的前几个月的一些安全观察的描述质量进行了审核,在选出每个人都同意的"高质量"观察之后,他们计划在即将到来的安全会议上对这些观察进行审核,并给相应的员工授予"安全冠军"T恤。会议结束后,各成员回到自己的工作岗位。

5.5　预知危险训练(KYT)

5.5.1　概述

KYT即日语的"危险"(Kiken)、"预知"(Yochi),以及英语的"训练"(Training),它起源于日本住友金属工业公司下属的工厂,经过三菱重工业公司和长崎造船厂发起的"全员参加的安全运动"以及日本中央劳动灾害防止协会的推广,形成技术方法,在尼桑等众多日本企业获得了广泛运用,被誉为"零灾害"的支柱。

预知危险训练是针对生产特点和作业全过程,以危险因素为对象,以作业班组为团队开展的一项安全教育和训练活动,它是一种群众性的"自主管理"活动,目的在于控制作业过程中的危险,预测和预防可能发生的事故,有针对性地提出并落实防范措施,从而起到确保职工生命安全和身体健康的目的。我国宝钢集团首先引进了此项技术,是近几年从日本引进的一种颇具实效性的安全管理模式。

预知危险训练(KYT)常见于以下四类作业活动中:

(1)固定生产岗位作业中的KYT活动。此类作业在开展活动的初期,要发动广大职工查找危险因素,挖掘作业过程中人的不安全行为和物的不安全状态,及其相关的影响安全生产的各类因素。通过一段时间试运行后,车间可根据实际情况编制标准化KYT活动卡片,在作业过程中进行复述确认。如生产工作的内容发生了变化,则按照正常的KYT活动进行操作。

(2)维护检修作业的KYT活动。此类作业必须严格按照KYT活动程序进行,即每一项任务都要开展一次KYT活动。从实践效果看,KYT活动对检修类的作业能起到很好的控制作用。

(3)班组间组合(交叉)作业的KYT活动。此类作业由接受任务的班组指派作业小组负责人承担参与作业人员的KYT活动的组织。

(4)抢修抢险作业的KYT活动。参与此类作业的单位或部门应在有条件的情况下,根据作业内容尽可能做到预先分类地开展KYT活动,并形成抢修抢险应急预案KYT卡片,在作业前让职工熟知。抢修抢险时,由现场负责人监督执行。

5.5.2　预知危险训练的实施

1. 实施方法

结合班组作业特点,作业过程中开展KYT活动应遵循以下几个步骤:

(1)由班组长针对当班生产任务划分作业小组,指派工作能力强的人担任作业小组长。

(2)作业小组长组织作业人员,持KYT卡片到作业现场开展KYT活动。

(3)运用基础四阶段法(4R):

第一步,掌握现状(1R)。通过作业小组长向作业人员介绍工作任务及程序,采用有效的方法调动作业小组参与人员针对工作内容及程序,以现场为中心,让大家轮流分析,找出潜在的危险因素,并预测可能出现的后果。

第二步,追求根本(2R)。在所发现的危险因素中找出主要危险因素。

第三步,制定对策(3R)。针对主要危险因素每人制定出具体、可实施的对策。对策必须在实践上切实可行,并且不为法规所禁止。经讨论综合后,制定出1~2项最可行的对策。

第四步,目标设定(4R)。统一思想,将所有对策中选出最优化的重点安全实施项目设定为小组行动目标。作业小组负责人将收集到的危险因素及其对应措施,整理记录在KYT活动卡片上;同时为了达成共识、加深印象,负责人带领全体组员以手指口述的方式共同确认小组行动目标。

(4) 作业小组负责人确认后开始作业。作业完毕后,应在当天将卡片交班组长检查认可。有条件时,班组长应到现场进行检查验收。

2. 实施要点

(1) 活动的主持人应充分发挥组织和引导作用,调动每一个人发言的积极性,防止活动变成主持人唱独角戏。

(2) 流程正确(必须严格按照4R要求进行训练);过程清楚(每个步骤必须要达到所要求的目的,做到抓住重点,不能含糊不清和混淆)。

(3) 表格填写规范、正确。

(4) 尽量列出各种类型的危险性;危险因素的描述应准确具体,尽量将直接、间接原因都列出,避免笼统;对策措施具体可行,有针对性。

(5) 行动目标重点突出、简练(要求针对本岗位、作业,不能千篇一律)。

(6) 对策措施必须落实,防止活动流于形式。

(7) 活动结束后,全体组员签字确认,主持人就本次KYT活动情况进行讲评,提出改进意见。

(8) 对小组参与人员针对危险因素提出的相关防范措施,现场能立即整改的应在整改完毕后再开始作业。

3. 表单使用

表5.3 预知危险训练(KTY)的表单

序 号	表单名称	适用对象	表单格式	使用频率	保存期限
1	训练记录	所有班组	班组自定	至少一次	三年
2	员工危险预知训练(KYT)记录	所有班组	公司规定	至少一月一次	永久
3	新员工培训记录	所有班组	工厂自定	不定期	三年
4	改善委托书	所有班组	工厂自定	不定期	三年

5.5.3 指认呼唤和指认唱和

在开展KYT活动时,常使用描绘职场和作业情况的工作图片,或在现场使用实物,让雇员进行操作或让作业指示者进行示范,对职场和作业过程中潜在的"危险因素"及其后果在职场分组进行讨论、相互启发和理解(或者一个人自问自答)。作业参与人员在指出危险因素时,要充分利用身体语言对危险因素加以描述,以强化对危险形态的直观认识。在确认关键危险点和行动目标时,常通过指认唱和或指认呼唤来进行。

为使作业安全无误进行,在作业的重要场所,将手指伸直,指认出自己要确认的对象物,清晰的喊出"……确认安全!",这就称为"指认呼唤"。比如,对压力表上的刻度显示,不仅眼睛注视要确认的对象,还要左手撑腰,伸出右手臂,用食指指向对象,并且要大声喊出来:"气压 2.3 兆帕",如图 5.4 所示。

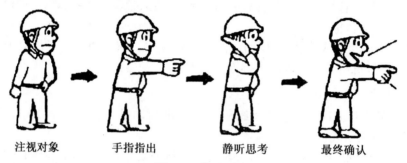

注视对象　　　　手指指出　　　　静听思考　　　　最终确认

图 5.4　指认呼唤

如果不仅自己喊,还有人回应、有人确认,则称为"指认唱和"。例如有人问:"气压 2.3 兆帕,OK?"就要有另一人确认,然后根据情况作答:"气压 2.3 兆帕,OK!"通过全员共同指认及呼唤对象物的方式以统一对目标的认识,加强小组的团结和连带感。有些组织开展指认唱和时要求,全员要有接触肌肤的碰撞呼唤(碰触、牵手、围成圈)做法。通过这种做法刺激大脑细胞活动,集中注意力,减少错觉几率,这比"哑巴式"检查更起实效。

5.5.4　运用实例

以某燃气厂为例,实施 KYT 过程如下:

1. 成立 KYT 活动领导小组

成立以燃气厂厂长为领导的 KYT 活动领导小组,下设若干 KYT 实施小组。

2. 培训

对全厂所有员工开展 KYT 的相关知识培训。

3. 确立了 KYT 实施岗位

结合燃气生产工艺和设备的特点,确立了该厂的三种作业应实施 KYT。包括:

(1)固定的岗位作业:主要有合成岗位;净化岗位;压缩岗位;充装岗位;仓储岗位;车辆、销售及采购岗位;瓶检岗位;保卫岗位等。

(2)正常状态下的维护检修作业:主要是针对设备设施的检维修。

(3)应急状态下的抢修抢险作业:主要针对压缩机、发生器、气柜、充装、净化、仓储、运输等阶段的泄漏、爆炸、燃烧。

4. 实施

(1) 集中一个月时间,在不影响生产的情况下,以作业岗位为主线,充分考虑参加人员的学历、经验、工作背景等因素,搭配参与人员,并做到尽可能地吸收本岗人员,对每个岗位或作业过程进行 KYT 活动。

(2) 固定的岗位作业的 KYT 活动实施。要发动参加人员查找危险因素,挖掘作业过程中人的不安全行为和物的不安全状态,及其相关的影响安全生产的各类因素。形成固定的 KYT 活动卡片,等待企业 KYT 活动领导小组最后确认并发布。

正常状态下的维护检修作业。要求每一项任务都要开展一次 KYT 活动。最后的确认由企业 KYT 活动领导小组指定的负责人完成。

应急状态下的 KYT 活动。参与此类作业的 KYT 活动小组,应根据作业内容尽可能做到预先分类地开展 KYT 活动,进而完善应急预案,同时在作业前让职工熟知、甚至演练。

(3) 对于正常状态下的维护检修作业,在运用 KYT 卡片作业之前,应要求相关从业人员了解熟悉本作业的风险和对策措施,并要求签字确认,并归各个岗位指定的人员保管。卡片也可作为班组职工开展安全教育的材料使用。

对于固定的岗位作业,在运用 KYT 卡片作业之前,应对各岗位进行班组教育和考试,让从业人员充分了解本岗位存在的风险及措施。

部分岗位的 KYT 所形成的措施,还应被吸纳到岗位安全操作规程中。

5.6 上锁挂牌管理(LOTO)

5.6.1 概述

上锁挂牌(Lockout-Tagout),简称 LOTO,是指通过隔离、锁定某些危险能量源的方法以防止人身伤害,是国际上通行针对机械设备的危险能量控制方法。我国现已将该方法制定成国家标准 GB/T 33579—2017《机械安全 危险能量控制方法 上锁/挂牌》,并于 2017 年 12 月 1 日起实施。

图 5.5 上锁

图 5.6 挂牌

该方法适用于在机器生命周期内的设计、制造、安装、建造、修理、调整、检查、疏通、设定、故障查找、测试、清洗、拆卸、保养和维护等。不适用于由电线和插头连接电源且电源插头的插拔只由从事保养或维护人员个人控制的电气设备上从事的保养或维护工作。

5.6.2　上锁挂牌的作用

据统计,美国大约10%的生产事故与LOTO相关,每年大约发生25万件与LOTO相关的事故并导致2 000人死亡,6万人受伤。常见因隔离未到位导致的严重伤亡事故有:

(1) 没有把机器或设备停下来。

(2) 没有将能源确实切断。

(3) 没有把残余的能量排除。

(4) 意外地把已关闭的设备开启。

(5) 在重新启动之前未将工作现场确实清理。

实施LOTO的作用有:

(1) 可以防止危险能量和物料的意外释放。

(2) 隔离系统或某一设备,保证工作的人员免于安全和健康方面的危险。

(3) 强化能量和物料隔离管理。

执行LOTO需要注意:

(1) 上锁装置能防止作业人员不经意地操作危险能源。

(2) 每个可能暴露于危险的人员必须参与上锁/挂牌。

(3) 上锁挂牌仅能防止误操作,对于蓄意的行为,并不能产生作用。

5.6.3　需要进行上锁挂牌的情景

在调校、检查、改造、改换部件、分解机械或设备、清塞、润滑、清洁、调换工具等作业时常需要进行LOTO,在对设备、工艺进行维修、维护时,如果存在下列情形,必须实施LOTO。

(1) 需要拆除、越过设备防护罩或其他安全装置,以致在正常操作面上的员工会有风险时。

(2) 员工身体的全部或部分会进入设备的操作点。

(3) 员工身体的全部或部分需要进入危险区域或者设备内部。

5.6.4　上锁挂牌的实施

1. 准备

计划准备工作是上锁挂牌成功的必要条件。认真计划工作的每一个细节,使用工作安全分析来识别危险能量。任何一种电、机械、水力、气动、化学、热或任何其他,如不加控制,可能造成人员伤害或财产损失。

常见的危险能量种类有:

(1) 机械能:动能、势能、风能、液压、压缩空气元件、飞轮、其他贮存能量。

(2) 电能:通电的导线或元件、电容器。

（3）化学能。

（4）热能：低温、高温。

（5）辐射能：电离辐射、非电离辐射、激光、微波。

这些危险在诸如安装、制造、服务和维修管道、容器，或清洁有关设备时都可能存在。

只有经授权的员工，才可以开展上锁挂牌工作。作业人员要熟悉该设备的 LOTO 程序，熟悉设备的能源和可能隐患。实施之前，通知该区域内所有受影响的人员，该机器将上锁/挂牌。

2．关机

将机器设备按照既定关机程序关机。

3．隔离

隔离包括物体隔离和人员隔离。物体隔离是将阀件、电器开关、蓄能配件等设定在合适的位置，或借助特定的设施使设备不能运转，或危险能量和物料不能释放。人员隔离是把和工作不相关的人员隔离在危险能量的区域之外；帮助其他人识别工作中的危害；使用围栏标签；明确个人防护用品（PPE）和其他要求。

隔离或控制危险能量和物料的方式，包括但不限于：

（1）断开电源或对电容器放电。

（2）隔离压力源或释放压力。

（3）停止转动设备并确保它们不再转动。

（4）释放（容器、管线等）贮存的能量和物料。

（5）放低设备，确保其不因重力而移动。

（6）防止设备可能受外力的影响引起的移动。

对于存在压力和流动性的化学品、热、液体、气体系统的隔离，应采取对阀门的关闭、切断、锁定和排空（这些系统还应切断相关的马达或泵的电源），但是对于下列列举的情况，必须至少采取双重隔离：

（1）进入需要进入许可的受限空间。

（2）存在或曾经存在易燃物料。

（3）存在或曾经存在 pH<2 或 pH>12 的物料。

（4）存在或曾经存在大于 689 kPa 的压力。

（5）存在或曾经存在高于 60 ℃的温度。

（6）存在或曾经存在氧化剂、低温或有毒物质。

（7）存在或曾经存在有害细菌或病毒（如冷却塔）。

4．上锁/挂牌

根据隔离清单，对已完成隔离的设施选择合适的锁具，填写危险警示标签。锁分为个人锁和集体锁。

个人锁，用于锁住单个隔离点或锁箱的标有个人姓名的安全锁。每人只有一把，供个人专用。个人锁应当始终和白色个人标签一起使用。

集体锁，用于锁住隔离点并配有锁箱的安全锁。集体锁可以一把钥匙配一把锁，也可以一把钥匙配多把锁,集体锁应当始终和蓝色集体人标签一起使用。

用于锁定设备的锁又称为设备锁,设备锁应当始终和黄色设备标签一起使用。

如果使用的设备或个人锁多于一把,必须用一个锁箱。收集所有设备锁的钥匙并放在锁箱内,使用一把集体锁一个蓝色集体标签(多人作业)将锁箱锁上,然后所有相关服务或维修实施者用个人锁将锁箱锁住。

正确使用上锁挂签,以防止误操作的发生。应有程序明确规定安全锁钥匙的控制,上锁同时应挂签,标签上应有上锁者姓名、日期、单位、简短说明,必要时可以加上联络方式。

图 5.7　标签　　　　　　　　　　　　图 5.8　标签内容

5. 确认

确认所有潜在的危险的能量或物料都应被释放、阻止、散开、限制或变得安全。如:

(1) 释放能量或物料,观察压力表、视镜或液面指示器确认贮存的危险能量已被去除或已适当地阻塞。

(2) 目视确认组件已断开、转动设备已停止转动。

检查电源导线已断开,上锁必须实物断开且测试无电压。

6. 隔离验证

测试所有机器操纵装置和电路已确保能量被完全隔离。验证方法:

(1) 正常启动方式。

(2) 其他非常规的运转方式。

验证前,清理该设备周围区域内的人员和设备。验证时,屏蔽所有可能会阻止设备启动或移动的限制条件(如联锁)。有测试按钮的设备,应在切断电源箱开关之前,先按测试按钮以确认按钮正常,上锁后,再进行确认测试,以确保电源被确实切断。

验证启动或移动设备,确保危险能源和物料已完全控制。验证所有可能会阻止设备启动或移动的安全联锁或自动控制的输出为"零"。

目视检查阀门是否关闭；打开放尽；转动设备已停止转动；确认组件已断开并确认；贮存的危险能源已被去除或已适当地阻塞。

5.6.5 沟通

完成上述上锁/挂牌步骤后，操作设备的区域的主管有责任向维修人员、承包商介绍工作危害、上锁情况和验证结果。操作人员仔细检查每一个上锁点。

5.6.6 恢复

维修维护作业完成后恢复原状，包括：

（1）装好机器护罩或其他的装置。

（2）移走工具和材料。

（3）确保操作区域整洁，合适操作。

（4）通知受影响人员。确保所有受影响的人员都不在机器内，并向其告知机器将恢复动力，并且防护装置已到位。

（5）锁具和标识全部移走。

工作完成后，由上锁者本人进行解锁。在确认所有工作完成后，每个上锁挂牌作业人员应亲自去解锁，他人不得替代。集体锁的解锁应在所有作业人员集合后，确认人数、个人锁及标签无误后再统一进行解锁，按照集体上锁清单逐一确认并解除集体锁及标签。

5.7 工作安全分析(JSA)

5.7.1 概述

工作安全分析(Job Safety Analysis，JSA)又称作业风险分析(Job Hazard Analysis，JHA)，是目前欧美企业在安全管理中使用最普遍的一种危险分析与控制的管理方法。

JSA 是一个多步过程，被设计用来研究和分析一个任务（或工作），把一个工作分解为多步作业，仔细地研究和记录工作的每一个步骤，识别已有或者潜在的隐患（人员、程序/计划、设备、材料和环境等隐患源）并对其进行风险评估，找到最好的办法来减小或者消除这些隐患所带来的风险，以避免意外的伤害或者损坏，达到安全作业的目的。

工作安全分析的主要用途：

（1）制定操作规程和制度。

（2）对新人进行操作指导。

（3）作为现场安全观察的参考。

（4）事故发生后检讨操作步骤。

（5）改进作业方法。

通过实施工作安全分析，可以促进员工参与到安全管理中，提高作业安全意识，增进团队合作精神。还有利于发现安全操作制度中的不足，制定更安全合理的操作规程，创造更安全的作业环境。

5.7.2　工作安全分析的实施

工作安全分析一般可以按如下步骤实行：

1. 确定分析目标

根据作业中面临的危险源的多少和风险大小来对工作进行分类，在进行工作分类时应考虑如下一些因素：

（1）事故频率：以往相同作业中发生事故的次数决定工作安全分析的优先级别。

（2）事故的严重性：发生事故导致损失工作日或者财产损失决定该工作安全分析的优先级别。

（3）新工作、非日常工作或者工作发生变化：由于这些工作是新的工作或者与原来的工作不同，那么事故发生的可能性就大大增加。

（4）在一段时间内多次重复接触危险源或者暴露于危险源之中，该作业需要进行工作安全分析。

在大型工厂中，列出工作（作业）列表是一项很大的工作，这取决于工厂的大小和执行情况，列表轻易就可能超过 100 个或者更多。管理者或安全委员会的代表与雇员进行交流，使整个工作更易控制和管理。列表可以以某些特定部门、某个岗位、某个班组分类创建，以便更容易受到关注。应当让员工参与到工作安全分析中，这有助于保护员工自己和同事。特别是那些有着丰富实践经验的员工还能够帮助识别与该工作相关的潜在隐患，他们可能有一些专家所不知道的经验和知识。

2. 组建工作安全分析小组

安全分析小组通常由 4～5 人组成，需要有不同工种的人员。一般包括熟悉工作区域和生产设施的操作人员、作业人员、作业单位现场负责人、现场安全代表等。安全分析小组的组长通常由区域（车间、站、场）负责人担任。

3. 工作步骤分解

一旦选定了某项作业做工作安全分析，应将该项作业的基本步骤列在工作安全分析表格的第一列（见表 5.4）。工作步骤的区分是根据该作业完成的先后顺序来确定的，工作步骤需要简单说明"做什么"，而不是"如何做"。注意工作步骤不能太详细以至于步骤太多，也不能太简单以至于一些基本的步骤都没有考虑到，通常不超过 10 个步骤，步骤太多会影响使用效果。如果某个工作的基本步骤超过 9 步，则需要将该作业分为不同的作业阶段，并分别做不同阶段的工作安全分析。工作安全的小组成员应该充分讨论这些步骤，并达成一致意见。

表 5.4　工作安全分析表

工作名称：<u>清理储罐的内表面</u>　　　　在线主管或安全监督：<u>　　　　　　　</u>
工作地点：<u>　　　　　　　　　</u>　　　使用的设备或工具：<u>　　　　　　　</u>
作业人员：<u>　　　　　　　　　</u>　　　使用的材料物料：<u>　　　　　　　　</u>
职责或目的：<u>　　　　　　　　</u>　　　个人防护用具：<u>　　　　　　　　</u>

分析完成及修订日期(1)　　(2)　　(3)　　(4)

步　骤	危害辨识	对　策
1. 确定罐内的物质种类，确定在罐内的作业及存在的危险	• 爆炸性气体 • 氧含量不足 • 化学物质暴露——气体、粉尘、蒸气(刺激性、毒性)液体(刺激性、毒性、腐蚀、过热) • 运动的部件/设备	• 根据标准制定有限空间进入规程 • 取得有安全、维修和监护人员签字的作业许可证 • 具备资格的人员对气体检测 • 通风至氧含量为 19.5%~23.5%，并且任一可燃气体的浓度低于其爆炸下限的 10%。可采用蒸气熏蒸、水洗排水，然后通风的方法。 • 提供合适的呼吸器材 • 提供保护头、眼、身体和脚的防护服 • 参照有关规范提供安全带和救生索 • 如果有可能，清理罐体外部
2. 选择和培训操作者	• 操作人员呼吸系统或心脏有疾患，或有其他身体缺陷 • 没有培训操作人员——操作失误	• 工业卫生医师(美国)或安全员检查，能适应于该项工作 • 培训操作人员 • 按照有关规范，对作业进行预演
3. 设置检修用设备	• 软管、绳索、器具——脱落的危险 • 电气设施——电压过高、导线裸露 • 电机未锁定并未作出标记	• 按照位置，顺序地设置软绳索、管线及器材以确保安全 • 设置接地故障断路器 • 如果有搅拌电机，加以锁定并作出标记
4. 在罐内安放梯子	• 梯子滑倒	• 将梯子牢固地固定在人孔顶部或其他固定部件上
5. 准备入罐	• 罐内有气体或液体	• 通过现有的管道清空储罐 • 审查应急预案 • 打开罐 • 工业卫生专家或安全专家检查现场 • 罐体接管法兰处设置盲板(隔离) • 具备资格的人员检测罐内气体(经常检测)
6. 罐入口处安放设备	• 脱落或倒下	• 使用机械操作设备 • 罐顶作业处设置防护护栏
7. 入罐	• 从梯子上滑脱 • 暴露于危险的作业环境中	• 按有关标准，配备个体防护器具 • 外部监护人员观察、指导入罐作业人员，在紧急情况下能将操作人员自罐内营救出来

（续表）

步　骤	危害辨识	对　策
8. 清洗储罐	• 发生化学反应,生成烟雾或散发空气污染物	• 为所有操作人员和监护人员提供防护服及器具 • 提供罐内照明 • 提供排气设备 • 向罐内补充空气 • 随时检测罐内空气 • 轮换操作人员或保证一定时间的休息 • 如果需要,提供通信工具以便于得到帮助 • 提供 2 人作为后备救援,以应付紧急情况
9. 清理	• 使用工(器)具而引起伤害	• 预先演习 • 使用运料设备

厂方主管:　　　　　部门主管:　　　　　　职业健康主管:

　　以从顶部入孔进入化学物质储罐,清理储罐内表面的作业为例,运用工作安全分析对该作业进行分析。

　　4. 风险识别和评估

　　对需要分析隐患,按照作业流程列于 JSA 表的第二列。从人员、程序/计划、设备/工具、材料和环境等五个方面来考虑可能存在的隐患。尽可能多地识别各个步骤中的隐患,对每个步骤都应该问:"这个工作步骤过程中可能存在什么样的隐患,这些隐患可能导致什么样的事件?"

　　识别时应考虑如下问题:① 谁会受到伤害?（人、财产、环境）② 伤害的后果是什么?③ 找出造成伤害的原因。

　　对于列举的隐患,评价人员应集体讨论所进行危险辨识及风险评价是否全面和实事求是。

　　5. 确定安全的工作方法

　　在 JSA 表的第三列中列举隐患的控制措施。在制订隐患控制措施时,应按照如下顺序进行考虑:

　　(1)消除:工作任务必须做吗? 能否用机械装置取代手工操作?

　　(2)替代:是否可以用其他替代品来降低风险? 使用危害更小的材料或者工艺设备? 减低物件的大小或重量。

　　(3)工程控制:消除隐患实现本质安全,使设备和工作环境本身没有隐患。员工不可能接触到隐患。或者能否用常规通风或者强制通风、防护栏/罩、隔离（机械/电力）、照明、封闭等来降低风险?

　　(4)隔离:能否用距离/屏障/护栏、进入控制、距离、时间、工程控制等措施手段防止员工接触隐患?

　　(5)减少员工接触:限制接触风险的员工人数,控制接触时间;在低活动频率阶段进行危险性工作,如周末/晚上;合理地安排工作场所、工作轮换、换班等措施减少员工与危险源的接触。

(6) 个人劳动保护用品:适用充分的个人防护用品,是否适合工作任务。通常都需要使用劳保用品,但是绝对不能将劳保用品作为控制隐患的第一选择,只能作为隐患控制的最后一道控制措施。因为即便是使用了劳保用品,隐患还是存在,即并不能消除隐患。

常用的劳动保护用品如安全带,防坠葫芦,呼吸保护设备,化学品防护服、手套、护目镜,面具等。

(7) 程序:是否可以通过工作许可、检查单、操作手册/作业方案、风险评估、工艺图等程序操作来减低风险?

6. 确定实施控制措施的负责人

工作安全分析小组长需要根据控制措施的实际需求,确定控制措施的负责人,并填写在工作安全分析的表格上。

5.7.3 工作安全分析的管理

(1) 所有完成的 JSA 需要由区域负责人签字确认,对于需要上级主管部门审批的作业,其工作安全分析在区域负责人认可之后,还需要同作业方案一道报批。审批后的工作安全分析由工作执行负责人向相关作业人员进行介绍并让他们签字确认。

(2) 所有完成的 JSA 都应该存档,以便以后使用或者让相关单位借鉴。

(3) 对于已经完成和使用过的 JSA,下次有相同作业时,可以参照这些已经完成的 JSA。但是在以后使用这些 JSA 之前,必须组织相关的 JSA 成员对已有的 JSA 进行重新审核,确保以前识别的风险及其控制措施仍然有效,并且与确定的工作场所和工作任务相适应。不能拿来就用,因为相同的工作可能由某些因素的变化带来新的隐患而被忽视。

5.8 作业许可管理(PTW)

5.8.1 概述

作业许可(Permit To Work),简称 PTW,是指对作业中有风险的非常规作业或特殊作业正式的书面授权,由授权人授权给特定工作人员(接受授权人)在规定时间、规定地点,做某项作业的正式许可,以达到控制作业内容和管理现场安全的目的。

作业许可管理在国内外石化行业已经实施了几十年,我国在与国际工程承包商合作过程中引入"作业许可管理"的理念和方法。2009 年中国石油天然气集团公司制定实施了《作业许可管理规范》(Q/SY 1240—2009)的企业标准。2014 年我国颁布《化学品生产单位特殊作业安全规范》(GB30871—2014),以国家标准的形式明确了化学品生产单位生产过程中动火、进入受限空间、盲板抽堵、高处作业、吊装、临时用电、动土和断路等特殊作业应执行作业许可。2016 年颁布《企业安全生产标准化基本规范》(GB/T 33000—2016),也规定企业应对临近高压输电线路作业、危险场所动火作业、有(受)限空间作业、临时用电作业、爆破作业、封道作业等危险性较大的作业活动,实施作业许可管理,严格履行作业许可审批手续。

5.8.2　作业许可的目的

作业许可管理针对的是风险高的高危作业以及非常规作业安全,这些作业往往容易发生人身伤亡事故。1988 年 7 月 6 日,英国北海产量最高的派珀·阿尔法钻井平台发生连环大爆炸,上百万吨重的采油平台随即沉入海底,短短一个半小时内,167 人失去了生命。专家在分析事故原因时惊讶地发现,事故起因源于一个已经拆下安全阀的泵,被当作备用泵启动,导致液化石油气从盲板处泄漏,最终引发火灾爆炸。后期的调查报告进一步显示,导致这次灾难的一个重要原因就是作业许可制度执行的失败。据统计,我国石化行业 2010—2015 年发生的事故中,直接作业环节事故占事故总数的 77.2%(包括工程建设施工、检维修作业等),直接作业环节的管理已成为安全管理的软肋和短板。

通过作业许可管理实施,从而达到:

(1) 识别、分析与控制高风险作业过程中的危险。

(2) 计划、协调本区域与邻近区域的作业。

(3) 使员工养成按标准作业的良好行为习惯。

(4) 减少事故的发生。

5.8.3　作业许可管理流程

作业许可管理流程分为申请作业、批准作业、实施作业和关闭作业四个阶段,共 12 个步骤,如图 5.9 所示。

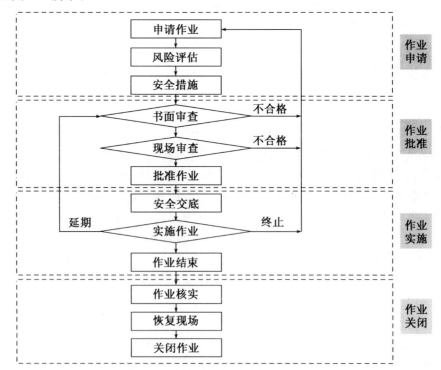

图 5.9　作业许可管理流程图

1. 申请作业

申请人提交作业许可申请,填好作业许可证并准备好相关资料。作业申请人应是作业单位现场负责人,如项目经理、作业单位负责人、现场作业负责人、区域负责人。作业申请人应实地参与作业许可所涵盖的工作,否则作业许可不能得到批准。当作业许可涉及多个负责人时,则被涉及的负责人均应在申请表内签字。

2. 风险评估

常见的手段是运用工作安全分析方法,工作安全分析和作业方案是作业许可审批的基本要求。工作安全分析方法见 5.7 节。

3. 安全措施

申请人根据工作安全分析的结果和技术要求,制定作业方案。作业方案要求适宜、可操作、有效、尽量简单。然后,按照安全工作方案落实安全措施。例如:

(1)系统隔离、吹扫、置换。

(2)交叉作业时的区域隔离。

(3)气体检测,明确检测时间、频次。

(4)个人防护装备等。

4. 书面审查

在收到申请人的作业许可申请后,批准人应组织申请人和相关人员集中对许可证内容进行审查,并记录审查结论。批准人是负责审批作业许可证的责任人或其授权人,是有权提供、调配、协调风险控制资源的直线管理人员。通常是企业主管领导、业务主管、区域负责人、项目负责人等。

由批准人组织书面审查,包括以下内容:

(1)确认作业的详细内容。

(2)确认风险评估、安全工作方案或作业计划书。

(3)确认作业区域相关示意图和作业人员资质证书等相关支持文件。

(4)确认作业活动应遵守的相关规定。

(5)确认作业前后应采取的安全及应急措施。

(6)分析评估作业与周围环境或相邻区域的相互影响,并确认安全措施。

(7)确认许可证期限及延期次数。

(8)其他需要确认的事项。

作业许可的签发原先由企业安全监管部门负责,现在为了落实"谁的工作谁负责、谁的业务谁负责、谁签字谁负责"基本原则,许多企业改由业务主管部门负责。以中石化为例,该集团的作业许可管理制度规定,企业业务主管部门是作业许可的管理责任主体,安全监管部门不再负责作业许可签发,其主要职责转换为制度执行情况的检查与监督,以及作业许可审批人、监护人等相关人员的业务培训与资质认定等工作。这从制度上解决了以前企业安全监管部门"既当裁判员,又当运动员"的问题。此外,安全人员负责签发作业票,不如基层业务人员负责签发作业票更利于掌握作业动态、合理安排生产。安全人员自己执行作业,则更是失去了检查、指导的作用。

5. 现场审查

作业许可的审批人必须在现场确认和审批,作业过程全程视频监控。通过制度严格要求许可的现场签发,避免作业过程中安全交底内容随意,交底过程不正式,存在省略安全交底现象。同时应用视频监控等先进的安全技术手段,一是可以为事故调查提供直接证据,二是可以有效对承包商进行安全监督。所有参加书面审查的人员都应现场审查,审查内容如下:

(1) 与作业有关的设备设施、工具和材料等准备情况。

(2) 现场作业人员资质及能力情况。

(3) 系统隔离、置换、吹扫和检测情况。

(4) 个人防护装备的配备情况。

(5) 安全消防设施的配备及应急措施的落实情况。

(6) 培训和沟通情况。

(7) 安全工作方案或作业计划书中提出的其他安全措施落实情况。

(8) 确认安全设施完好。

(9) 其他需要确认的事项。

现场核查确认合格,批准人方可签署作业许可证。

6. 批准作业

确认通过书面审核和现场核查,批准人或其授权人、申请方和相关各方签字。需要注意的是,许可证的期限一般不超过一个班次。如书面审查或现场核查未通过,申请人应重新申请。交接班或现场关键人员变更时,应经过审批。

7. 安全交底

作业许可经批准后,由申请人和现场负责人对作业人员和相关人员实施现场培训,内容包括但不限于:① 作业内容;② 工作前安全分析结果;③ 安全措施或工作方案;④ 应急预案(措施);⑤ 作业中安全注意事项等。

作业票(证)样式

表 5.5　动火安全作业票(证)　　　　编号:

申请单位		申请人		作业申请时间	年　月　日　时　分
作业内容			动火地点		
动火作业级别		特级□　一级□　二级□			
动火方式					
动火作业实施时间		自　年　月　日　时　分始　　至　年　月　日　时　分止			
动火作业负责人		动火人			
动火分析时间	月　日　时　分	月　日　时　分		月　日　时　分	
分析点名称					

分析数据(%LEL)			
分析人			
涉及的其他特殊作业		涉及的其他特殊作业安全	
作业证编号			
风险辨识结果			

序号	安全措施	是否涉及	确认人
1	动火设备内部构件清理干净,蒸汽吹扫或水洗合格,达到动火条件		
2	断开与动火设备相连接的所有管线,加盲板( )块		
3	动火点周围的下水井、地漏、地沟、电缆沟等已清除易燃物,并已采取覆盖、铺沙、水封等手段进行隔离		
4	罐区内动火点同一围堰内和防火间距内的油罐无同时进行的脱水作业		
5	高处作业已采取防火花飞溅措施		
6	动火点周围易燃物已清除		
7	电焊回路线已接在焊件上,把线未穿过下水井或与其他设备搭接		
8	乙炔气瓶(直立放置并有防倾倒措施)、氧气瓶与火源间的距离大于 10 m		
9	现场配备消防蒸汽带( )根,灭火器( )台,铁锹( )把,石棉布( )块		
10	其他安全措施: 编制人:		

安全交底人		接受交底人	
动火措施初审人		监护人	

作业单位负责人意见	签字:	年	月	日	时	分
动火点所在车间(分厂)负责人	签字:	年	月	日	时	分
安全管理部门意见	签字:	年	月	日	时	分
动火审批人意见	签字:	年	月	日	时	分
动火前,岗位顶班班长验票	签字:	年	月	日	时	分
完工验收	签字:	年	月	日	时	分

8. 实施作业

在实施作业时,如果发生下列任何一种情况时,许可证可取消:

(1) 作业环境和条件发生变化。

(2) 作业许可证规定的作业内容发生改变。

(3) 实际作业与规范的要求发生重大偏离。

(4) 发现有可能发生立即危及生命的违章行为。

(5) 现场作业人员发现重大安全隐患。

作业许可证可以延期,但要在书面审查和现场核查时确认期限和延期次数。延期只适用于安全措施有效、作业条件、作业环境没有变化的情况。申请人、批准人及相关方重新核查工作区域。

9. 作业结束和核实

当作业完成后,申请人与批准人确认现场没有遗留任何安全隐患。

10. 恢复现场

现场已恢复到正常状态。

11. 关闭作业

验收合格后,申请人和批准人签字,作业许可关闭。作业许可关闭后,收回现场和相关方许可证。

5.8.4　作业许可管理的注意事项

作业许可是现行规章制度的补充,本身并不能确保安全,关键是通过落实许可证所确定的工作程序和各项安全措施来确保安全。许可证上规定的安全准备措施,只是针对可预计的危险和潜在的危害,但并不表明所有的危险有害因素已彻底排除。

实施作业许可管理的原则:尽可能减少高风险作业;控制作业人数;控制作业时限;控制作业人员;控制作业许可审批。

作业许可管理的要求:程序不可逾越;直线责任;授权不授责;现场确认;有效沟通;分级审批原则。

在执行特殊作业时:必须开作业票;作业前必须进行 JSA 分析;作业票必须现场签发;签批人必须持证签票;作业过程必须全程视频监控。

还需注意的是:

(1) 许可证审批人对交叉作业要指定项目现场协调人。

(2) 作业区域应进行隔离,并予以标识。

(3) 项目负责人在作业前应将作业内容、作业风险及防范措施、完工验收要求等向作业人员交底。

(4) 作业过程安全监护和监督。

(5) 现场高风险作业应实行属地和承包商双监护。

(6) 作业范围和内容发生变化后需重新申请作业。

5.9 变更管理(MOC)

5.9.1 概述

1974 年 6 月 1 日 16 时许,英国 Nypro 公司在英国 Flixborough 镇的己内酰胺装置发生爆炸事故,造成厂内 28 人死亡,36 人受伤,厂外 53 人受伤,经济损失达 2.544 亿美元。根据调查,事故发生前,公司内有一位总工程师离职,职务空缺后并没有人员接替这一职位。在移除 5 号氧化反应槽后进行 4 号、6 号氧化反应槽暂时性连接工程时,这一职位空缺情况已经影响了工艺动改。在改造前,应先进行必要的风险评估,以确保基本工艺和整体设计没有被改变或破坏。该厂没有工艺变更管理制度,工艺变更未进行风险评估,未制订详细的施工方案,这是导致事故发生的关键因素。

许多事故的调查工作发现,变更管理的失败是事故发生的根本原因。工业活动中的变化引起了大量的安全、健康和环境事故。因此,设备,工具、流程和组织结构变化的管理和控制对安全健康和环境非常重要。变更管理后来被西方的国防工业和核电行业采纳。1976 年后开始在石化行业获得运用。1992 年,OSHA 在其颁布的工艺安全管理(PSM)中将"变更管理"作为其中的要素之一,以法规的形式要求相关企业加强对变更的管理。变更管理是企业风险控制工作的重要内容,我国的国家标准《企业安全生产标准化基本规范》(GB/T 33000—2016)和安全标准《化工企业工艺安全管理实施导则》(AQ/T 3034—2010)均对实施变更管理提出明确的要求。

5.9.2 变更和变更管理的定义

变更是指工艺、设备、环境和管理等永久性或暂时性的变化。

变更管理(Management of Change),简称 MOC,是指通过工艺、设备、环境和管理等永久性或暂时性的变更进行控制,避免因变更风险失控导致事故的过程。

MOC 系统适用于涉及以下内容的变化:① 化学品的使用;② 技术;③ 设备;④ 流程;⑤ 位置、设备重新布置和工厂布局;⑥ 重要人员;⑦ 工艺控制方法(重要的操作参数);⑧ DCS 硬件和软件;⑨ 组织结构;⑩ 政策、管理体系;⑪ 关于工艺危险的新的信息;⑫ 原材料或产品规范;⑬ 产品或工艺的特性。

5.9.3 变更的分类

变更分为四类:工艺变更、设备变更、环境变更和管理变更。

1. 工艺变更

主要是涉及工艺流程的改变。例如:① 超出生产能力的改变;② 物料的改变(包括成分比例的变化);③ 化学药剂和催化剂的改变;④ 工艺设计依据的改变;⑤ 工艺控制参数的改变(如温度、流量、压力等);⑥ 操作规程、操作卡等工艺文件的改变;⑦ 产品质量指标的改变;⑧ 工艺流程和操作条件改变;⑨ 软件系统的改变;⑩ 其他。

2. 设备变更

主要是对设备设施物理条件的改变。例如：① 设备的更新改造；② 设备、设施设计负荷、依据的改变；③ 设备和工具的改变或改进；④ 仪表监控系统、控制系统及逻辑的改变；⑤ 安全装置及安全联锁的改变；⑥ 非标准的（或临时性的）维修；⑦ 安全报警装置位置、设定值的改变；⑧ 试验及测试操作；⑨ 设备、原材料供货商的改变；⑩ 装置设计和安装过程布局改变；⑪ 设备材料代用改变；⑫ 其他。

3. 环境变更

主要是指作业时间、空间和社会背景发生改变。例如：① 社会环境变更；② 自然环境变更；③ 作业区域变更。

4. 管理变更

主要是指法律法规、人员、组织等发生改变。例如：① 法律、法规和标准的变更；② 机构、人员的变更；③ 工作程序的变更。

5.9.4　变更管理的分级

变更管理一般分三级，即同类替换、一般变更、重大变更。

1. 同类替换

同类替换是指符合原设计参数、规格型号、材质、生产工艺、操作方式和环境条件、管理标准相同的更换。

变更管理范围不包括：

（1）维修和"同类替换"。

（2）没有超出设定操作参数范围的操作条件变化。

（3）常规的启动、停止或清扫，已经在之前经过审核和批准的标准操作程序。

同类替换由基层单位组织实施。

2. 一般变更

一般变更是指在现有设计参数、规格型号、环境条件、管理标准许可范围内的改变，影响较小、不造成重大工艺参数规格型号、环境条件、管理标准等的改变。

一般变更由基层单位负责人申请，二级单位工程技术主管部门或装备主管部门负责审批，基层单位组织实施。

3. 重大变更

重大变更是指影响较大、涉及重大工艺参数、规格、型号、环境条件、管理标准的改变，导致工艺技术改变、设施功能变化、环境风险增大、管理标准偏离等。

重大变更由二级单位提出申请，上报公司相关的主管部门，报公司领导审批，二级单位组织实施。公司确定工艺设备重大变更清单，各二级单位确定本单位工艺设备一般变更清单、各基层单位确定本单位工艺设备同类替换清单。

各单位主要负责人全面负责本单位变更管理。各分管领导按照审批权限，负责分管范围的变更审批。

5.9.5　变更管理的流程和步骤

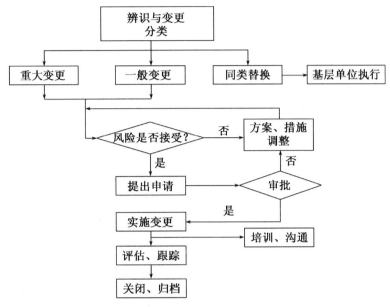

图 5.10　变更管理流程图

变更管理的步骤有:变更申请、变更评估、变更审批、变更实施、变更关闭、审核。

1. 变更申请

(1) 提出变更:由作业现场作业人提出变更。

(2) 确认分级:作业现场负责人应初步判断变更类型、等级、影响因素、范围等情况,确认变更等级。同类替换现场组织实施。

(3) 提出申请:按分类、分级做好实施变更前的各项准备工作,由作业现场负责人提出变更申请。

现场负责人按照工艺和设备变更管理规范的要求填写申请表。变更申请的内容包括:① 变更目的;② 变更涉及的相关技术资料;③ 变更内容;④ 变更对健康安全环境的影响;⑤ 对人员培训和沟通的要求;⑥ 变更的限制条件(如时间期限、物料数量等)。

2. 变更评估

由变更申请批准人负责评估,评估内容有:① 潜在的安全风险;② 潜在的环境风险;③ 潜在的健康风险;④ 控制措施及方案。

常用的评估方法有:PHA、What If、FMEA、检查表法、LEC 法、风险矩阵法等。

3. 变更批准

审批人应针对变更所带来的影响进行评估,决定是否签字批准。如果批准,由二级单位组织实施;不批准,则申请单位重新组织评估,制定控制措施的方案。

变更审批责任人为相关部门负责人或公司主管领导。

4. 变更实施

变更的工艺、设备在运行前,应对影响或涉及的相关人员进行培训或沟通,告知风险,使其知晓在变更作业。组织实施变更的负责人负责培训。变更涉及人员包括:① 变更所在区域的人员;② 变更管理涉及的人员;③ 相关的直线组织管理人员;④ 承包商、供应商人员;⑤ 外来人员;⑥ 相邻装置(单位)或社区的人员;⑦ 其他相关的人员。

申请单位负责人为实施的责任人,应严格按照变更审批确定的内容和范围实施,并对变更过程实施跟踪。涉及作业许可的,应按照《作业许可管理规范》要求办理作业许可;涉及启动前安全检查或工艺危害分析时,应执行相关规范;涉及的所有工艺安全相关资料及操作规程都按《工艺安全信息管理规范》得到审查、修改或更新。

5. 验证关闭

当变更执行完成后,应依据变更的内容和效果进行验证。当变更达到预期目的后,按照批准的内容执行。当变更未达到预期目的,应分析原因,制订相应的措施。

审批人或审批授权人应对变更效果跟踪验证,申请单位保留变更申请审批表。

6. 变更审核

工艺安全分委员会和设备设施可靠性分委员会应按年度定期审阅具体的变更审批表的适应性、相关的工艺安全分析的质量、变更管理的程序以及人员的培训等。

工程技术或装备部门应每半年执行一次变更管理的专项审核,确保相关规定能被有效遵守执行。

5.10 "5S"管理

5.10.1 概述

"5S"是日文 Seiri(整理)、Seiton(整顿)、Seiso(清扫)、Seiketsu(清洁)、Shitsuke(修养)这五个单词,简称 5S 管理或称 5S 运动。

5S 起源于日本,是指在生产现场中对人员、机器、材料、方法等要素进行有效的管理,这是日本企业独特的一种管理办法。1955 年,日本 5S 的宣传口号为"安全始于整理,终于整理整顿"。当时只推行了前两个 S,其目的仅为了确保作业空间和安全。后因生产和品质控制的需要而又逐步提出了 3S,也就是清扫、清洁、修养,从而使应用空间及适用范围进一步拓展。到了 1986 年,日本的 5S 的著作逐渐问世,从而对整个现场管理模式起到了很大冲击,并由此掀起了 5S 热潮。

日本企业将 5S 运动作为管理工作的基础,积极推行各种品质的管理手法,使得产品品质得以迅速地提升,逐步奠定其经济大国的地位。在丰田公司的倡导推行下,5S 对于企业塑造形象、降低成本、准时交货、安全生产、高度标准化、创造令人心旷神怡的工作场所、现场改善等方面发挥了巨大作用,逐渐被各国的管理界所认识。日本的制造业也因为推行成效良好,使得日本商品成为世界精工制造的代名词。随着世界经济的发展,5S 已经成为工厂管理的一股新潮流。

5.10.2 "5S"管理内容

5.10.2.1 运动的原则

确立零意外为目标,所有意外均可预防,机构上下齐心参与。

5.10.2.2 提出口号

安全始于整理、整顿,而终于整理、整顿。

通过5S运动的开展,培养员工保持工作场所清洁整齐、有条不紊的习惯,从习惯上养成实现人的本质安全。

5.10.2.3 5S的含义

1. 整理

就是将工作场所收拾成井然有序的状态。区分必需和非必需品,将必需品收拾得井然有序,不放置非必需品。

要点一:不用的东西——丢弃;不太常用的东西——放在较远的地方;偶尔使用的东西——安排专人保管;经常使用的东西——放在身旁附近。

要点二:能迅速拿来的东西——放在身旁附近;拿来拿去十分花时间的东西——只留下必要的数量。

2. 整顿

明确整理后需要物品的摆放区域和形式,即定置定位。能在30秒内找到要找的东西,将寻找必需品的时间减少为零。要求如下:① 物件位置清楚标示;② 能迅速取出;③ 能立即使用;④ 处于能节约的状态。

3. 清扫

即是大扫除,清扫一切污垢、垃圾,创造一个明亮、整齐的工作环境。要求如下:① 强调高质量、高附加值的商品,其制造过程不容许有垃圾或者污染,造成产品不良;② 机械设备要经由每天的擦拭保养,才能发现细微的异常;③ 工作场所通过巡回检查,发现不安全的地方,采取措施消除隐患,减少事故发生。

清扫的对象包括地板、天花板、墙壁、工具架、橱柜、机器、工具、测量用具等。

4. 清洁

就是要维持整理、整顿、清扫后的成果,是前三项活动的继续和深入,认真维护和保持在最佳状态,并且制度化、管理公开化、透明化。要求如下:① 一直保持清洁的状态;② 一旦开始就不可中途放弃;③ 为了打破公司的陈旧陋习,必须贯彻到底;④ 长时间累积下来不好的工作习惯及不流畅的工作程序,要花更多时间来矫正。

5. 修养

修养就是提高人的素质,养成严格执行各种规章制度、工作程序和各项作业标准的良好习惯和作风,这是5S活动的核心。没有人员素质的提高,各项活动就不能顺利开展,开展了也坚持不了,所以抓5S活动,要始终着眼于提高人员的素质。5S活动始于素质,也终于素质。要求如下：① 要求严守标准，正确且彻底地去实行，强调团队精神；② 为了贯彻修养，所有规定都公布在显而易见的地方；③ 养成良好的 5S 管理的习惯。

根据企业进一步发展的需要，有的公司在原来 5S 的基础上又增加了节约(Save)和安全(Safety)这两个要素，形成了 7S；也有的企业加上习惯化(Shiukanka)、服务(Service)及坚持(Shikoku)，形成了 10S。但是万变不离其宗，所谓 7S、10S 都是从 5S 里衍生出来的。

5.10.2.4　推动标准化、制度化

推动 5S 管理是一项持续不断的工作，而持续不断的工作就是要让企业所有的员工养成良好的工作习惯。5S 运动核心之一——"清洁"的目的就是要标准化与制度化，在推动标准化和制度化时要注意的是：

(1) 是否找到了真正的原因？

(2) 有没有对策？对策是否有效？对策是否已经写入了 5S 指导书中？

(3) 是否每一个作业员都清楚明白？

5.10.3　目视管理在"5S"中的运用

5S 运动常结合目视管理开展。目视管理是利用形象直观而又色彩适宜的各种视觉感知信息来组织现场生产活动，达到提高劳动生产率的一种管理手段，也是一种利用视觉来进行管理的科学方法。其是综合运用管理学、生理学、心理学、社会学等多学科的研究成果。

5.10.3.1　目视管理的特点

(1) 以视觉信号显示为基本手段，员工能够直观的看见。

(2) 要以公开化、透明化为基本原则，尽可能地将管理者的要求和意图可视化，从而推动自主管理或叫自主控制。

(3) 现场作业人员可以通过目视的方式将自己的建议、成果、感想展示出来，与领导、同事以及工友们进行交流。

目视管理是一种以公开化和视觉显示为特征的管理方式，也可称为"看得见的管理"，或"一目了然的管理"。这种管理的方式不仅仅限于企业安全管理的领域。

5.10.3.2　目视管理三要点

(1) 无论是谁都能判明好坏(异常)。

(2) 能迅速判断，精度高。

(3) 判断结果不会因人而异。

目视管理以视觉信号为基本手段，以公开化为基本原则，尽可能地将管理者的要求和意图让大家都看得见，借以推动看得见的管理、自主管理、自我控制。

5.10.3.3　目视管理的手段

1. 红牌

红牌，适宜于 5S 中的整理阶段。使用红色牌子，贴于醒目的地方，使大家能一目了然地知道工厂的缺点在哪里。但注意不要把红牌贴在人的身上，贴红牌的对象是库存、机

器、设备、空间等,是物件和工作项目。挂红牌的活动又称为红牌作战。

2. 看板

看板在5S运动中又称为"看板作战",用看板标识使用的物品放置场所等基本状况,显示物品的具体位置、用途、数量、负责人等内容,让人一目了然。

5S运动强调的是透明化、公开化,消除暗箱操作是目视管理的一个先决的条件。

3. 信号灯或者异常信号灯

在生产现场,一线管理人员必须随时知道,机器是否在正常地开动,人员是否在正常作业。管理人员可以通过信号灯判断作业过程是否异常。

信号灯的种类包括如下几种:

(1)发音信号灯——适用于物料请求通知,当工序内物料用完时,通过信号灯或扩音器通知搬送人员及时地供应。信号灯必须随时让它亮,信号灯也是目视管理中的一个重要的项目。

(2)异常信号灯——用于产品质量不良及作业异常情况的显示,通常安装在大型工厂较长的生产、装配流水线上。一般设置红或黄这样两种信号灯,由员工来控制,当发生零部件用完、出现不良产品及机器的故障等异常时,员工马上按下红灯的按钮。红灯一亮,生产管理人员和厂长都要停下手中的工作,马上前往现场,予以调查处理,异常被排除以后,管理人员就可以把这个信号灯关掉,然后继续维持作业和生产。

(3)运转指示灯——检查显示设备状态的运转、机器开动、转换或停止的状况。

(4)进度灯——比较常见的,一般安在组装生产线。在手动或半自动生产线,它的每一道工序间隔大概是1~2分钟,用于组装节拍的控制,以保证产量。但是节拍时间隔有几分钟的长度时,它用于作业。就作业员的本身,自己把握的进度,防止作业的迟缓。进度灯一般分为10分钟,对应于作业的步骤、顺序、标准化程序。

4. 操作流程图

操作流程图是描述工序重点和作业顺序的简明指示书,也称为步骤图,用于指导生产作业。在一般的车间内,特别是工序比较复杂的车间,在看板管理上一定要有个操作流程图。原材料进来后,第一个流程可能是签收,第二个工序可能是点料,第三个工序可能是转换,或者转制,这就叫操作流程图。

5. 反面教材

反面教材,一般它是结合现物和图画(片)来表示,目的是让现场的作业人员明白不良的操作的后果。一般是放在人多的显著位置,让人一看就明白,这是不能够违规操作的。

6. 提醒板

用于防止遗漏。健忘是人的本性,不可能杜绝,只有通过一些自主管理的方法来最大限度地减少遗漏或遗忘。比如有的车间进出口处,有一块板子上显示,今天有多少产品要在何时送到何处,或者什么产品一定要在何时生产完毕,或者有领导来视察,下午两点钟有一个什么检查等。这些都统称为提醒板。一般来说,用纵轴表示时间,横轴表示日期,纵轴的时间间隔通常为一个小时,每个时间段都要记录正常、不良或者是次品的情况,让作业者自己记录。提醒板一个月统计一次,在每个月的例会中总结,与上个月进行比较,看是否有进步,并确定下个月的目录,这是提醒板的另一个作用。

7. 区域线

区域线就是对半成品放置的场所或通道等区域,用线条画出,主要用于整理与整顿、异常原因、停线故障等,可结合看板管理运用。

8. 警示线

就是在仓库或其他物品放置处,用来表示最大或最小库存量的涂在地面上的彩色漆线,用于看板作战中。

9. 告示板

告示板是一种及时管理的道具,也就是公告,或是一种让大家都知道,例如今天下午两点钟开会。

10. 生产管理板

生产管理板是揭示生产线的生产状况、进度的表示板,记入生产实绩、设备开动率、异常原因(停线、故障)等,用于看板管理。

除了目视管理外,还可以把标准作业、检核表、定点摄影等手段运用到 5S 活动中,不再一一叙述了。

5.11 三级危险点管理

5.11.1 概述

三级危险点管理始于 1983 年江南机械厂,1985 年由原兵器工业部在军工行业推广应用,现在广泛运用于军工、民爆、危险化学品等行业。它是将传统的检查和整改深化了一步,落实了安全生产责任制,提高了管理水平。三级危险点管理采用了安全检查表、信息反馈表、事故树分析图等方法,在传统管理的基础上加入了现代管理的内容。

三级危险点管理就是根据企业特点,将企业内部容易发生事故,事故影响大的岗位或场所按其危险性分为三个等级,按等级不同提供实施相应的管理程序,以达到控制危险因素,预防事故的目的。

传统的安全管理工作将安全检查、安全措施作为预防事故的重要环节,强调深入生产第一线,强调"勤动嘴,勤跑腿"。现代安全管理不但强调安全检查在预防事故中的作用,而且对安全检查提出了更高更系统的要求。采用安全检查表,按一定的周期、一定的层次进行检查,将检查的结果、整改情况记录在案,按层次按系统进行信息反馈。

三级危险点管理抓住了人、机、物、环境等各个方面的重要危险因素,从管理制度、安全措施、宣传教育等方面采取相应措施。措施的中心是落实安全生产责任制,明确每个人的安全责任,通过对危险点实施全员管理、全面管理、全过程管理,以达到消除隐患、控制隐患、预防事故、减少事故的作用。

5.11.2 三级危险点管理的特点

与传统的安全管理相比,三级危险点管理有如下的特点:

1. 抓住了重点管理,抓住了主要矛盾

军工、民爆、危险化学品、石油化工等行业生产、储存过程中涉及大量易燃易爆的危险物质,容易发生燃烧爆炸和人身伤亡事故。企业内部不安全因素千头万绪,将不安全因素按类型、程度排序,分级进行重点管理就成了预防事故的重要一环。三级危险点的建立正是在千头万绪的不安全因素中抓住了主要矛盾。对三级危险点实施重点管理,不出事故,就可以有效地预防重大事故的发生,减少一般事故,保证企业的安全生产。

2. 落实了安全生产责任制

企业要做到安全生产,必须贯彻"安全第一,预防为主,综合治理"的方针,必须落实安全生产责任制。三级危险点管理用图表和文字的形式明确了各级人员应负的安全责任,明确了应做的具体工作,这就落实了安全生产责任制。危险点一经确定,责任人也就确定,并且用书面明确了各级责任人的职责,应如何检查,问题如何处理等。如何反馈问题,真正做到任务清楚,责任分明。

3. 采用了事故树分析图、安全检查表等方法,促进了现代管理

三级危险点管理过程中应用了一些现代方法,如事故树分析图、安全检查表、信息反馈表等,并建立了危险点的安全档案,这就将安全系统工程中的现代方法具体化,有力地促进了安全系统工程的推广应用,促进了现代安全管理。

5.11.3 三级危险点管理的实施

5.11.3.1 定点分级

三级危险点管理实施的第一步是实事求是地划分危险点。这就需要将安全因素进行排队分类,恰如其分的划分危险点。其根据是工艺特点、生产危险性以及事故资料。划分危险点一般考虑如下因素:① 工艺复杂,人机活动量大,危险因素多;② 物料的易燃易爆性比较大;③ 易燃易爆的物料存量大;④ 高温高压等非常态操作;⑤ 万一发生事故,造成的人员伤亡多,造成的事故影响大。

危险点确定以后,还要进行分级,级别分为三等。一级最危险,管理措施要最周密。为了对最危险的岗位场所实施重点管理。一级点、二级点、三级点的数量应呈现宝塔形,一级点数量应较少。

危险点分级标准要具体,尽量做到定量化。例如物料的易爆易燃性可用闪点、燃点、爆炸极限、爆炸威力、感度等分级;易燃易爆物的存量可以用 t、kg 分级;高温高压可用℃、MPa 来分级。

为进一步提高危险点管理水平,使危险点管理标准化,一个行业或一个部门可以划定统一的定点分级标准,可以对本行业、本部门、本系统的危险点实施统一管理,这样可以促使各下属单位相互交流经验,互相比较开展竞赛,可促使三级危险点的管理水平得到进一步提高。

例如，我国《民用爆破器材工程设计安全规范》(GB50089—2007)中将危险品及生产工序的危险等级划分为1.1级、1.2级、1.4级三个等级，其中：

(1)1.1级：危险品具有整体爆炸危险性

例如：膨化硝铵炸药的膨化、混药、凉药、装药、包装工序。

(2)1.2级：危险品具有迸射破片的危险性，但无整体爆炸危险性

例如：火雷管装药、压药工序；电雷管、导爆管雷管装配、雷管编码工序；引火药头用和延期药用的引火药剂制造工序。

(3)1.4级：危险品无重大危险性，但不排除某些危险品在外界强力引燃、引爆条件下的燃烧爆炸危险作用。

例如：硝酸铵粉碎、干燥工序；延期药混合、造粒、干燥、筛选、装药工序；二硝基重氮酚废水处理工序。

注：民用爆破器材尚无1.3级危险品，不设对应的1.3级建筑物危险等级。

5.11.3.2　张挂标志，落实责任

危险点确定以后，要根据分级张挂相应的标志牌，落实各级责任人。标志牌要求色彩醒目，张挂在明显地点。标志牌的一般式样如表5.6。

表5.6　危险点分级责任标志牌

单位	编号	危险等级	危险点名称	危险点责任人
膨化炸药生产线	1036-1	1.1	膨化工序	组长(×××)
巡回检查责任人			检查周期	
段(班)领导	×××		每日检查	
车间领导	×××		每周检查	
子公司领导	×××		每月检查	
公司领导	×××		季度检查	

由表可知，标志牌上要写明危险点的部位(或名称)、危险点级别、岗位负责人、各级检查人的姓名以及检查周期。与标志牌相对应，要编制安全检查表，为各级检查人使用。要印制相应的危险点检查记录本、信息反馈表，有条件的还要做出危险点的事故树图，勾画出该岗位的主要不安全因素及其与事故的关系。事故图中的基本事件就是安全检查表中的检查内容。

5.11.3.3　危险点检查

预防危险点发生事故的中心环节是检查-整改，不同的危险点有不同的责任人，也有不同的周期，各级安全检查都由固定人员进行。危险点的管理关键就是岗位责任人，一般就是本岗位的操作人员。他们对危险点的状况最了解，对危险点负有直接的安全责任。岗位责任人的检查一定要具体、细致，每天应进行一次。各级检查人对危险点按一定周期进行检查也是必不可少的，他们的检查不仅可以发现问题、解决问题，而且可以起到督促作用、支持作用。

各级检查人的检查情况应记录在专用的检查记录本上,记录本保存在岗位上,由岗位负责人保管,检查人必须到现场检查方能记录。检查记录的式样可根据具体情况设计。

5.11.3.4　信息反馈,落实措施

三级危险点管理能有效地预防事故,其关键的一环就是对查出的问题进行认真的整改。整改措施往往涉及许多部门,这就需要领导的支持,需要纵向进行协调和及时地信息交流。信息反馈就是进行协调交流的一种重要方法,它用专门格式的信息反馈表,由专职人员填写,将危险点管理中存在的问题反映给有关部门和领导,以促使不安全行为的解决。

信息反馈的主要内容有:

(1) 危险点是否按规定管理、按周期检查,是否按要求记录,是否整洁清楚等。

(2) 各级检查中发现了哪些问题,如何解决?

(3) 分厂无力解决的较大问题,反映给有关部门和领导,以促进解决。

信息反馈表也有固定的周期,每月一次比较适宜,可由专职人员进行。信息反馈表的式样可根据具体情况设计,例如表5.7。

表 5.7　一级点信息反馈汇总表

序号	名称	厂级检查人	是否按规定检查			存在问题	反馈人	备注
			工段级	分厂级	厂级			

5.11.3.5　奖惩兑现,促进落实

建立切实可行的奖惩制度,做到奖罚分明、奖罚兑现,可以促进人员落实、制度落实。危险点管理可以展开竞赛、定期交流经验、展开评比。好的要进行表彰和奖励,坏的要进行批评和处罚,造成事故的要追究其刑事责任。危险点的奖罚应预先制定奖罚条例,由公司行文下放,奖罚兑现的同时开展宣传教育,以促进三级危险点管理和各级责任的进一步落实。

5.12　工艺安全管理(PSM)

5.12.1　概述

Process Safety Management 简称 PSM,我国翻译为工艺安全管理,现在大多数学者倾向称之为过程安全管理。20世纪后期以来,国际上发生了多起石油化工行业的重大事故(如博帕尔事故、塞维索事故),造成了重大的人员伤亡、财产损失和环境破坏,让工业界不得不重视工艺安全。1982年,欧洲首次颁布了《某些工业活动的重大事故危害》(82/501/EEC)的指令,又称"塞维索指令Ⅰ"。1996年,欧洲颁布《涉及危险物料的重大事故危害控制》的指令取代塞维索指令Ⅰ,也被称为"塞维索指令Ⅱ"。美国最重要的工艺安

全管理(PSM)法规是职业安全和健康管理局(OSHA)于 1992 年颁布的《高度危险化学品的工艺安全管理》(29CFR1910.119)。1996 年美国环境保护局(EPA)颁布《净化空气法案之灾难性泄漏预防》,补充了对风险评价和应急预案的要求。此外,一些企业和组织也提出了工艺安全管理(PSM)的标准和指导程序,如美国石油学会《工艺危害管理》(APIRP750)。

　　1997 年,中国石油天然气总公司根据 APIRP750 编写并颁布了 SY/T 6230—1997《石油天然气加工工艺危害管理》。2010 年 9 月 6 日,我国首次颁布了工艺安全管理的安全标准《化工企业工艺安全管理实施导则》(AQ/T3034—2010),并在 2011 年 5 月 1 日实施。该标准是与《石油化工企业安全管理体系实施导则》(AQ/T 3012—2008)相衔接的标准,用来帮助企业强化工艺安全管理,提高安全业绩。

表 5.8　各组织和地区工艺安全管理要素

	杜邦公司	美国 OSHA	美国石油学会	美国化学工程师学会	中国
		1. 员工参与		1. 人员因素	
安全信息	1. 工艺安全信息	2. 工艺安全信息	1. 工艺安全信息	2. 工艺知识与文件	1. 工艺安全信息
危害与风险分析	2. 工艺危害分析	3. 工艺危害分析	2. 工艺危害分析	3. 工艺安全分析 4. 工艺风险管理	2. 工艺危害分析
标准与规范	3. 操作规程与安全规则	4. 操作规程 5. 热工作业许可	3. 操作规程 4. 安全作业规则	5. 公司标准和规范	3. 操作规程 4. 作业许可
变更管理	4. 变更管理—技术 5. 变更管理—设备 6. 变更管理—人员	6. 变更管理	5. 变更管理	6. 变更管理	5. 变更管理
设备管理	7. 质量保证 8. 机构完整性 9. 启动前安全检查	7. 机械完整性	6. 质量保证及关键设备机械完整性 7. 启动前安全检查	7. 工艺与设备完整性	6. 机械完整性
培训	10. 培训与表现	8. 培训	8. 培训	8. 培训与表现	7. 培训
承包商	11. 承包商安全管理	9. 承包商			8. 承包商管理
事故调查	12. 事故调查	10. 事故调查	9. 工艺事故调查	9. 事故调查	9. 工艺事故/事件管理
应急响应	13. 应急准备与反应	11. 应急计划和响应	10. 应急响应和控制		10. 应急管理

	杜邦公司	美国 OSHA	美国石油学会	美国化学工程师学会	中国
审核	14. 审核	12. 审核	11. 审核	10. 审核和整改	11. 符合性审核
		13. 商业机密			
		14. 投产前安全检查			12. 试生产前安全检查

5.12.2 工艺安全与作业安全的区别

2005 年 BP 公司得克萨斯城炼油厂发生爆炸事故后,由美国前国务卿贝克领导的独立专家调查小组发现事故的根本原因是 BP 管理层没有界定"作业安全"和"工艺安全"之间的区别。

作业安全关注的事故特点是高概率,但后果较轻。如:滑、绊、摔倒,机械伤害,驾驶安全等。作业安全有时又称为职业安全。

工艺安全关注的事故特点是低概率,但后果严重。比如 BP 的炼油厂爆炸、博帕尔毒气泄漏等。工艺安全管理关注工艺过程和系统功能(工艺危害、系统的机械完整性等),专注于预防重大事故,如火灾、爆炸、有毒化学品泄漏等。工艺安全管理的目的是通过对工艺设施整个生命流程中各个环节的管理,从根本上减少或消除事故隐患,从而提高工艺设施的安全。

由于工艺安全与作业安全的显著不同,BP 事故调查小组认为,防范工艺事故需要的是坚持不懈的警觉性。以往无事故的纪录并不能代表安全已全面受控,长期无事故反而可能滋生出日益增长而又极端危险的松懈麻痹情绪。工艺安全管理的缺陷能导致发生概率不高甚至是罕见的但却有灾难性后果的事故,并伴随着多种伤害、死亡和对周围社区及环境的影响。

5.12.3 工艺安全管理的要素

PSM 适用于所有涉及危险化学品的活动,包括使用、存储、生产和操作等。通过防止危险化学品的泄漏,来保证工艺设施。工艺安全管理是一整套主动识别、评估、缓解和防止石油化工企业由于过程操作与设备导致安全事故的整体管理体系。如果工艺安全管理实施得当,可以增加生产效率、消减长期成本以及提高过程安全。工艺安全管理标准已在美国和其他一些国家得以推广应用,并卓有成效。我国安全标准《化工企业工艺安全管理实施导则》(AQ/T3034—2010)中包含 12 个相互关联的要素:工艺安全信息(PSI)、工艺危害分析(PHA)、操作规程、培训、承包商管理、试生产前安全审查、机械完整性、作业许可、变更管理、应急管理、工艺事故/事件管理和符合性审核。

1. 工艺安全信息

工艺安全信息(PSI)提供了工艺或操作的描述。它提供辨识和理解所包含危险的基础,是工艺安全管理工作中的第一步。PSI 一般由三部分组成:① 物质的危险性;② 工艺设计依据;③ 设备设计依据。

工艺安全信息的收集、保存、应用与更新贯穿于整个工艺设备的生命周期。它是工艺安全管理的基础要素,与其他工艺安全管理要素均有关联,是其他工艺要素有效、科学推进的基础和前提,且通过其他要素的实施反过来又会产生新的信息内容。如:

（1）工艺安全信息是进行工艺危害分析的主要依据。

（2）工艺安全信息是启动前安全检查、装置评估的主要审核内容之一。

（3）工艺安全信息是员工培训的内容,也是操作与维修规程、应急管理实施的依据。

（4）持续完善和推进该要素是直线领导、直线组织和属地管理的具体工作内容和职责体现。

工艺安全信息必须实施完整的统一管理,实现信息共享。工艺安全信息不全、版本的不统一将直接造成员工对风险的认识不完整和不统一,增加风险不受控的概率。工艺安全信息必须实施全过程管理,得到及时更新。工艺装置的整个生命周期(设计、制造、安装、验收、操作、维修、改造、封存、报废)都伴随着工艺安全信息的变化和更新,只有实施全过程的管理才能保证其实时性和准确性,为工艺安全的管理提供有效的指导。

工艺操作人员必须对工艺安全信息有一定的掌握。工艺安全信息是员工了解工艺风险的基本途径,员工对工艺安全信息的掌握程度,决定其对工艺风险的认知程度。工艺安全信息管理不仅限于信息的收集和保管,更重要的是工艺安全信息有没有得到有效的利用。信息再全、保管得再整洁,如果没有在工艺安全管理中得到有效的应用,也不能体现其真正的价值。

2. 工艺危害分析(PHA)

工艺危害分析又称工艺安全分析。辨识危害、控制和消除风险是安全管理的目的,工艺危害分析就是采用科学的、系统的工艺安全分析方法,全方位、全过程辨识危害,评价存在的风险,应用定性或定量评估原则对分析出的风险合理定级,对风险进行管理,防止工艺安全事故的发生。工艺安全分析是实现工艺装置安全最有效的安全管理工具。常见的工艺危害分析的方法有 HAZOP、LOPA、ETA、FTA、JSA、FMEA、MORT、PRA、QRA 等。

工艺危害分析是工艺安全管理的核心要素,需要直线领导、直线组织提供足够的资源保障和技术支持,并最终在属地管理中实施。工艺安全分析需要通过培训及评估的实施,来提高和保证分析人员资质符合要求。事故/事件管理可以有效补充和提高工艺安全分析质量。施工安全管理、工艺技术变更实施的过程中,都应有效运用工艺安全分析,以防止引入新的风险。工艺安全分析的结果也应用于应急管理、操作规程及检维修规程的持续改进和完善。

工艺安全分析贯穿于工艺设备的整个生命周期,设计阶段的 PHA 尤为重要,做到"从源头控制风险"。工艺安全分析必须由有经验的操作和维护维修人员参与。通过工艺安全分析将运行经验融入到新改扩建项目的设计,不断提高工艺安全标准。管理层必须对工艺安全分析的建议予以回复,并跟踪建议的落实。完整的 PHA 应就分析结果与工艺管理和操作人员进行充分的沟通。

3. 操作规程

操作规程是工艺装置和设备从初始状态通过一定顺序过渡到最终状态的一系列准确的操作步骤、规则和程序,以及对超出工艺参数范围的危害(安全、环境及/或质量方面)应采取的纠正或避免偏差措施的说明。其内容应根据生产工艺和设备的结构运行特点,以及安全运行等要求,对操作人员在全部操作过程中所必须遵守的事项、程序及动作等做出规定。

操作规程是一种书面规范,它按照步骤列出了给定任务,以及按步骤执行这些任务的方式方法。一个好的操作规程应该详细描述工作的过程、危害、工具、防护装备以及控制措施,以便操作者能够理解危害,确认控制措施,以及按照预期要求做出反应。操作规程还应该给出系统未达预期时相应的解决措施。规程应该给出什么时候执行紧急切断,以及一些特殊装备出现问题时应该采取哪些临时措施。操作规程通常被用在控制活动中,如产品的传输,工艺装备的周期性清洁,为特定维护活动准备装备,以及其他一些由操作者进行的日常活动。

与企业其他安全管理规章、程序一样,所有的操作规程是企业内部"法定"文件,是企业规范员工工艺操作、检维修操作,控制人、机界面风险,保障安全操作的文件化依据。完整准确的书面操作规程是安全、高效操作工艺系统的指令性文件。一方面它确保所有操作人员按照经实践验证为准确,并经过批准的统一标准来完成所有操作。操作规程是岗位员工手中的工具,也是员工直接管理的对象,其持续改进和完善,应在相关工艺安全信息的有力支撑下,融入岗位操作经验,完成工艺设备的安全运行。

操作规程是在属地管理当中完成编制和更新的,工艺安全组织和人员为其提供足够的资源保障。操作规程体现了工艺安全信息和工艺安全分析结果的应用。操作规程也必须经过培训,让员工掌握和达成一致的理解。也需通过安全观察与沟通及安全评估定级等方法的实施来发现和纠正规程中存在的偏差,以促进其持续改进和完善,更加具有针对性、有效性和可操作性。

操作程序为工艺操作人员解释安全操作参数的确切含意,其还应当阐述违背工艺限制的操作对安全、健康和环境的影响,并说明用以纠正或避免偏差的步骤,从而达成安全与操作融合的目的。

操作规程应包括:① 首次开车,及大修完成后开车或者紧急停车后重新开车;② 正常操作;③ 正常停车;④ 非正常操作;⑤ 应急操作。

4. 培训

培训即安全教育,是给新员工或现有员工传授其完成本职工作所必需的正确思维认知、基本知识和技能的过程。它的目的是使员工满足基本的标准要求,保持有效性,以及满足更高层次的要求。持续优良的执行是工艺安全程序的关键一环,如果没有足够水准的执行力对操作的各个方面都是不利的。没有足够的培训和操作保证系统,公司很难保证工作任务达到最低标准,或者相关的被接受规程和实践。培训可以在工作场所也可以在教室进行,在员工单独操作之前必须完成。

5. 承包商管理

采取一些行动来确保承包商可以安全地实施他们的工作,不给设施带来额外的操作危险。所有的任务都应按制定的程序或安全工作实践安全地完成,不管任务是由工厂员工或承包商员工来完成。工厂将制定、文件化和执行承包商安全管理程序以确保:

(1)将与承包商工作和工艺有关的已知潜在危险通知每个承包商。

(2)每个承包商员工都接受并了解工厂安全规定和适用的设施安全工作实践的培训。

(3)每个承包商员工都遵循安全规定和适用的设施安全工作实践,保存并定期评估承包商的安全表现。

6. 试生产前安全审查

试生产前安全审查(PSSR)是指在工艺设备启动前对所有相关因素进行检查确认,并将所有必改项整改完成、批准启动的过程,也称启动前安全审查。根据相关法律法规的要求,建设项目和用于生产、储存危险物品的建设项目竣工投入生产或者使用前,必须依照有关法律、行政法规的规定对安全设施进行验收;验收合格后,方可投入生产和使用。验收部门及其验收人员对验收结果负责。

工程验收及投运前安全检查是质量保证和机械完整性管理间的桥梁,保证工艺装置从"优生"到"优育"阶段的无缝衔接。

投运前安全审查是有组织的,对新的或维修、变更过的工艺设备,按照工艺安全标准或规范要求,进行投运前系统、全面的最终检查,确认所有工艺安全管理相关要素均满足相关标准或规范要求,发现并消除、控制缺陷,保证投产过程及后期装置和设备稳定运行的管理过程。

启动前安全审查要素是保证工艺装置"优生"的关键要素,其审查的对象囊括工艺安全管理的全部要素,还涵盖了培训及评估、事故/事件管理、承包商管理、制度与标准、应急管理的全部内容。通过该要素的实施,可有效评估工艺设备和管理是否满足投产安全需求。

所有新、改、扩建工程投产前和装置设备检、维修结束投产前都必须按照工艺安全管理标准进行启动前的安全检查,启动前安全检查要严格执行相关安全标准、成立相关组织、做好相关技术准备、做好参与人员的相关培训、科学制定检查程序、做好相关检查表,启动前安全检查要严格实行安全确认制,明确每一个参与人员的安全技术责任和各级安全确认人的安全责任。

新改扩建项目、停产检修以及单台设备检维修以后投用均需要进行启动前安全检查,采用系统的检查清单,检查清单包含了工艺安全管理的经验积累,并不断地完善。

启动前安全检查不是仅在启动前进行一次检查,而是有组织地在工艺设备开始安装施工前就有计划地进行的。

其要点包括:

(1)用于新的和改造的设施。

(2)由多专业小组来完成。

（3）确认是否按规格建造；PSM 的各要素是否已实施；工艺危害整改建议是否已在启动前完成；基本的安全、健康、环保措施是否充分；程序落实是否到位；培训是否完成。

（4）确保测试和检查完成。

（5）制定合适的检查清单。

（6）指派执行和跟进的负责人。

（7）确认设备可以安全启动。

7. 机械完整性

机械完整性（Mechanical Integrity）又称设备完整性，是一套用于确保（关键性）设备在生命周期内保持完好状态的管理体系（方法）。机械完整性中所指的设备是广义的，包括电气、仪表、设施、管线等，一旦该设备失效或故障，会引起过程安全事故。纳入机械完整性管理的设备一般包括：压力容器、高能动设备、泄放和通风系统及部件、气体检测系统、二次容纳系统、安全仪表系统、紧急停车系统、消防设施、防雷防静电系统、关键性管道及其附件，以及软管和膨胀节等。

机械完整性是针对工艺设备投运后，在使用、维护、修理、报废等各个环节中始终保持符合设计要求，功能完好，保持设备无故障运行的管理过程。还有的专家认为设计、制造、购买、安装等环节也应属于机械完整性管理的范畴。

机械完整性问题是员工直接面对的安全问题，直接关系到员工的健康和生命安全。机械完整性管理包含：设备编号及台账、技术档案、备品配件定额管理、设备操作管理、设备维修保养管理、人员培训资格考核、特种作业设备定期检验、装置设备检维修管理、设备变更、启用前安全检查、异常原因及可靠性分析、维修记录归档、报废管理。

其要点主要包括：

（1）建立书面的维修程序。

（2）维修人员的培训与资质管理。

（3）建立维修、备件和设备的质量控制程序。

（4）关键设备的持续检测与可靠性分析。

（5）建立预见性/预防性维护程序。

（6）由工程师确保设备的完整性。

比如通过现场的管理发现有不少缺失（跑、冒、滴、漏、缺、松、锈、坏），除了显示执行不力，亦反映设备状况、工艺安全管理与操作纪律的情况。机械完整性的问题反映出现场操作和维修人员对技术标准的掌握不够，专业工程师现场审核力度欠缺。机械完整性从另一个方面反映出在设计、物资采购、施工过程管理及工程验收中质量管理的缺失和不足。现场的部分现象是归咎于质量保证要素没有完全落实，因而没能预先防止问题发生。

因此，应该将机械完整性的问题在设计和采购、施工阶段的质量保证，通过整合的管理程序联系起来；从质量保证做起，深入检讨现有装置和设备维护保养计划，以确认程序本身正确，员工也按计划进行维护保养。对重复发生的设备故障进行分析，深入了解问题并找出根本原因。建立工艺设备监测、维护、维修基础数据以及可靠度分析数据库。

8. 作业许可

见 5.8 节。

9. 变更管理

见 5.9 节。

10. 应急管理

见第七章。

11. 工艺事故/事件管理

见第六章。

12. 符合性审核

符合性审核是为获得审核证据并对其进行客观的评价,以确定满足审核准则的程度所进行的系统的、独立的并形成文件的过程。依据审核的目的和对象,可以是内部审核,也可以是外部审核。审核委托方可以是受审核方,也可以是依据法律或合同有权要求审核的任何其他组织。独立性是审核的公正性和审核结论的客观性的基础。审核的主要步骤包括:

(1) 审核启动:① 指定审核组长;② 确定审核目的、范围和准则;③ 确定审核的可行性;④ 选择审核组;⑤ 与受审核方建立联系。

(2) 实施文件评审。

(3) 准备现场审核活动。

(4) 实施现场审核:① 举行首次会议;② 审核的沟通;③ 信息的收集和验证;④ 形成审核发现;⑤ 准备审核结论;⑥ 举行末次会议。

(5) 编制、批准并发放审核报告。

(6) 完成审核。

通常不符合项判定的原则是:① 组织的管理体系文件未能满足申请管理体系认证的审核准则要求;② 组织的管理体系运行未能满足其管理体系文件的规定要求;③ 组织的管理体系运行结果未能实现其预期的方针、目标和指标及绩效的要求。

当审核计划中的所有活动已完成,并分发了经批准的审核报告时,审核即告结束。对纠正措施的完成情况和有效性进行验证。一般由审核组成员进行,但应该注意保持独立性。

6 事故管理和统计

6.1 概述

世界上没有 100% 的安全,事故的发生总是不可避免的,但我们可以通过事故预防等手段减少其发生的概率或控制其产生的后果,达到"风险可控"的安全。事故预防工作在很大程度上又取决于对以往事故的调查,因此在安全管理工作中,对已发生的事故进行调查处理是极其重要的一环。因为通过事故调查获得的相应事故信息对于认识危险、抑制事故起着至关重要的作用。而且事故调查与处理,特别是重特大事故的调查与处理会在相当大的范围内产生很大的影响。因此,事故调查是确认事故经过,查找事故原因的途径,是安全管理工作的一项关键内容,是制定事故预防对策的前提。

我国历来重视对事故的调查处理,最早的生产安全事故管理法规于 1956 年在周恩来总理主持下,制定并颁布的《工人职员伤亡事故报告规程》(以下简称规程),它和同期颁布的《工厂安全卫生规程》和《建筑安装工程安全技术规程》一起称为我国劳动保护的"三大规程",在安全生产立法上具有重要的意义。该《规程》的颁布实施,在相当长的一段时间内对我国安全生产中的伤亡事故报告、事故的调查处理起着重要的指导作用。

改革开放以后,《规程》不能适应经济的迅猛发展,为了完善伤亡事故管理,国家标准局颁布了《企业职工伤亡事故分类》(GB6441—1986)和《企业职工伤亡事故调查分析规则》(GB6442—86)两个劳动安全管理的国家标准。在"八五"期间,我国陆续发生了哈尔滨亚麻厂的特大粉尘爆炸事故、昆明至上海的 80 次列车颠覆等近十起重特大事故后,国务院于 1989 年颁布了《特别重大事故调查程序暂行规定》(国务院令第 34 号)。

原劳动部根据伤亡事故报告和调查处理过程中遇到的实际问题,着手修订《规程》,并将修订后的《规程》更名为《企业职工伤亡事故报告和规定》,于 1991 年以国务院令第 75 号形式颁布。为进一步解释、贯彻和监督检查这一规定,原劳动部先后印发了《劳动部关于"企业职工伤亡事故报告及处理规定"有关条文的解释》(劳安字[1991]23 号)以及《企业职工伤亡事故报告统计问题解答》(劳办发[1993]140 号)等文件。

为了有效地防范特大安全事故的发生,严肃追究特大安全事故的行政责任,2001 年国务院颁布了《国务院关于特大安全事故行政责任追究的规定》(国务院令第 302 号)。2007 年,国务院颁布了《生产安全事故报告和调查处理条例》(国务院令第 493 号),代替 34 号令和 75 号令。为了配合 493 号令的实施,国家安全生产监督管理总局同时还颁布了《〈生产安全事故报告和调查处理条例〉罚款处罚暂行规定》(安监总局令第 13 号)和《安全生产违法行为行政处罚办法》(安监总局令第 15 号)。2015 年国家安全生产监督管理总局对总局令第 13 号进行修订,并改名为《生产安全事故罚款处罚规定(试行)》。2019年国家市场监督管理总局公开发表《特种设备事故报告和调查处理规定》(征求意见稿)。

6.2　事故分类

6.2.1　按人员伤亡或者直接经济损失分类

为了研究事故发生原因,便于对伤亡事故进行统计分析和调查处理,《生产安全事故报告和调查处理条例》(国务院令第493号)第三条将生产安全事故分为四个等级。

(1)特别重大事故,是指造成30人以上死亡,或者100人以上重伤(包括急性工业中毒,下同),或者1亿元以上直接经济损失的事故。

(2)重大事故,是指造成10人以上30人以下死亡,或者50人以上100人以下重伤,或者5 000万元以上1亿元以下直接经济损失的事故。

(3)较大事故,是指造成3人以上10人以下死亡,或者10人以上50人以下重伤,或者1 000万元以上5 000万元以下直接经济损失的事故。

(4)一般事故,是指造成3人以下死亡,或者10人以下重伤,或者1 000万元以下直接经济损失的事故。

上述所称的"以上"包括本数,所称的"以下"不包括本数。

还需要注意的是,最高人民检察院和最高人民法院关于刑法第134和135条的司法解释中,对于"重大伤亡事故"的表述有所不同,该解释中所述的"重大伤亡事故"是指:死亡1人以上;或者重伤3人以上;或者直接经济损失100万以上;"情节特别恶劣"是指:死亡3人以上;或者重伤10人以上;或者直接经济损失300万元以上。

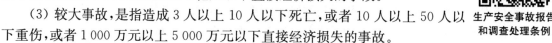

生产安全事故报告
和调查处理条例

6.2.2　按事故类别分类

《企业职工伤亡事故分类》(GB6441—1986)按致害原因将事故类别分为20类,详见表6.1。

表 6.1　按致害原因的事故分类

序号	事故类别	备注
1	物体打击	指落物、滚石、捶击、碎裂、崩块、砸伤,不包括爆炸引起的物体打击
2	车辆伤害	包括挤、压、撞、颠覆等
3	机械伤害	包括铰、碾、割、戳
4	起重伤害	各种起重作业引起的伤害
5	触电	电流流过人体或人与带电体间发生放电引起的伤害,包括雷击
6	淹溺	各种作业中落水及非矿山透水引起的溺水伤害
7	灼烫	火焰烧伤、高温物体烫伤、化学物质灼伤、射线引起的皮肤损伤等,不包括电烧伤及火灾事故引起的烧伤
8	火灾	造成人员伤亡的企业火灾事故
9	高处坠落	包括由高处落地和由平地落入地坑

序号	事故类别	备注
10	坍塌	建筑物、构筑物、堆置物倒塌及土石塌方引起的事故,不适用于矿山冒顶、片帮及爆炸、爆破引起的坍塌事故
11	冒顶片帮	指矿山开采、掘进及其他坑道作业发生的顶板冒落、侧壁垮塌
12	透水	适用于矿山开采及其他坑道作业时因涌水造成的伤害
13	爆破*	由爆破*作业引起,包括因爆破*引起的中毒
14	火药爆炸	生产、运输和储藏过程中的意外爆炸
15	瓦斯爆炸	包括瓦斯、煤尘与空气混合形成的混合物的爆炸
16	锅炉爆炸	适用于工作压力在 0.07 MPa 以上、以水为介质的蒸汽锅炉的爆炸
17	压力容器爆炸	包括物理爆炸和化学爆炸
18	其他爆炸	可燃性气体、蒸汽、粉尘等与空气混合形成的爆炸性混合物的爆炸;炉膛、钢水包、亚麻粉尘的爆炸等
19	中毒和窒息	职业性毒物进入人体引起的急性中毒、缺氧窒息性伤害
20	其他	上述范围之外的伤害事故,如冻伤、扭伤、摔伤、野兽咬伤等

* 在 GB6441—1986 标准中为"放炮"。"放炮"在《煤炭科技名词》中已规范为"爆破"。

6.2.3 按伤害程度分类

《企业职工伤亡事故分类》(GB6441—1986),把事故中人员的伤亡分成四类。

1. 轻伤

轻伤是指损失工作日低于 105 天的失能伤害。造成职工肢体伤残,或某些器官功能性或器质性轻度损伤,表现为劳动能力轻度或暂时丧失的伤害。一般指受伤职工歇工在一个工作日以上,但够不上重伤者。(见《企业职工伤亡事故报告统计问题解答》)

2. 重伤

重伤是指损失工作日等于或大于 105 天的失能伤害。造成职工肢体残缺或视觉、听觉等器官受到严重损伤,一般能引起人体长期存在功能障碍,或劳动能力有重大损失的伤害。

按照原劳动部《关于重伤事故范围的意见(试行)》的规定,有下列情形之一的均为重伤事故:

(1)经医生诊断为残废或可能成为残废的。

(2)伤势严重,需要进行较大的手术才能挽救的。

(3)人体要害部位严重的灼伤、烫伤或非要害部位的灼伤、烫伤占全身面积的 1/3以上。

(4)严重骨折(胸骨、肋骨、脊椎骨、锁骨、肩胛骨、腕骨、腿骨和脚骨等因受伤引起骨折)、严重脑震荡等。

（5）眼部受伤较剧，有失明可能。

（6）手部伤害。大拇指轧断一节，食指、中指、无名指、小指任何一只轧断两节或任何两只各轧断一节的；局部肌腱受伤甚剧，引起机能障碍，有不能自由伸曲的残废可能的。

（7）脚部伤害。脚趾轧断 3 只以上的；局部肌腱受伤甚剧，引起机能障碍，不能行走自如，可能残废的。

（8）内部伤害。内障损伤，内出血或伤及腹膜等。

（9）凡不在上述范围内的伤害，经医生诊断后，认为受伤较重，可根据实际情况参考上述各点审查确定。

3. 急性工业中毒

急性工业中毒是指人体因接触国家规定的工业性毒物、有害气体，一次吸入大量工业有毒物质使人体在短时间内发生病变，导致人员立即中断工作，入院治疗的列入急性工业中毒事故统计。

4. 死亡

发生事故后当即死亡，包括急性中毒死亡，或受伤后在 30 天内死亡的事故（因医疗事故死亡的除外，但必须得到医疗事故鉴定部门的确认。道路交通、火灾事故自发生之日起 7 日内）。失踪 30 天后（道路交通、火灾事故自发生之日起 7 日内），按死亡进行统计。死亡损失工作日为 6 000 天，这是根据当时我国职工的平均退休年龄和平均死亡年龄计算出来的。

在安全管理工作中，从事故统计的角度把造成损失工作日达到或超过 1 天的人身伤害或急性中毒事故称作伤亡事故。其中，在生产区域中发生的和生产有关的伤亡事故称作工伤事故。工伤事故包括工作意外事故和职业病所致的伤残及死亡。这里所说的"伤"是指劳动者在工作中因发生意外事故导致身体器官或生理功能受到损害。它分为器官损伤和职业病损伤两种情况，通常表现为暂时性的、部分的劳动能力丧失。"残"是指劳动者因公负伤或者患职业病后，虽经治疗、休养，但仍难痊愈，致使身体功能或智力不全。它包括肢体缺损和智力丧失两种情况，通常表现为永久性的部分劳动能力丧失或永久性的全部劳动能力丧失。

我国工伤认定资格条件的主要依据有：1953 年颁布的《中华人民共和国劳动保险条例》（以下简称《条例》）及其实施细则、全国总工会 1964 年颁布的《劳动保险问答》和原劳动部 1996 年颁布的《企业职工工伤保险试行办法》。

随着我国经济社会的发展，《条例》在实施过程中出现了一些新情况、新问题，为了解决出现的问题，国务院在认真总结《条例》实施经验的基础上，于 2003 年颁布了《工伤保险条例》（国务院令第 375 号），2009 年 7 月 24 日国务院法制办全文发布《国务院关于修改〈工伤保险条例〉的决定（征求意见稿）》，征求社会各界意见，以便进一步研究、修改后报请国务院常务会议审议。2010 年 7 月 19 日，国务院下发《国务院关于进一步加强企业安全生产工作的通知》（国发〔2010〕23 号），进一步提高工伤事故死亡职工一次性赔偿标准，从 2011 年 1 月 1 日起，依照《工伤保险条例》的规定，对因生产安全事故造成的职工死亡，其一次性工亡补助金标准调整为按全国上一年度城镇居民人均可支配收入的 20 倍计算，发放给工亡职工近亲属。同时,依法确保工亡职工一次性丧葬补助金、供养亲属抚恤金的发放。

事故分类方法的选择,取决于对伤亡事故进行调查、统计的目的和范围。上级管理部门需要综合掌握全局性的伤亡事故的情况,可选择比较笼统的事故类别划分方法;某个部门或某个企业为了便于追究事故的根源和探索整改方案,常常需要对事故进行比较细致的划分。在样本数一定的情况下,分类越细数据越分散。为了保证分类较细而数据又不过于分散,有时就需要扩大统计范围。

6.3　事故报告

6.3.1　事故报告的程序

企业发生人身伤亡或火灾爆炸事故,要及时、如实、准确地报告上级主管部门和当地人民政府有关部门。

企业及时报告发生的事故,有利于政府部门或上级机关帮助企业及时组织抢救,防止事故扩大,减少人员伤亡和财产损失;可以及时组织专家进行事故调查,分析事故原因,汲取事故教训,并提出防范措施,避免类似事故再次发生;同时教育广大职工和领导干部,加强安全生产管理,严格执行规章制度,保障安全生产。

国务院令第493号规定,事故发生后事故现场有关人员应当立即向本单位负责人报告;单位负责人接到报告后,应当于1小时内向事故发生地县级以上人民政府安全生产监督管理部门和负有安全生产监督管理职责的有关部门报告。

情况紧急时,事故现场有关人员可以直接向事故发生地县级以上人民政府安全生产监督管理部门和负有安全生产监督管理职责的有关部门报告。

安全生产监督管理部门和负有安全生产监督管理职责的有关部门接到事故报告后,应当依照下列规定上报事故情况,并通知公安机关、劳动保障行政部门、工会和人民检察院:

(1) 特别重大事故、重大事故逐级上报至国务院安全生产监督管理部门和负有安全生产监督管理职责的有关部门。

(2) 较大事故逐级上报至省、自治区、直辖市人民政府安全生产监督管理部门和负有安全生产监督管理职责的有关部门。

(3) 一般事故上报至设区的市级人民政府安全生产监督管理部门和负有安全生产监督管理职责的有关部门。

有关部门按照规定上报事故情况的同时,还应当同时报告本级人民政府。国务院安全生产监督管理部门和负有安全生产监督管理职责的有关部门以及省级人民政府接到发生特别重大事故、重大事故的报告后,应当立即报告国务院。必要时,有关部门可以越级上报事故情况。有关部门逐级上报事故情况时,每级上报的时间不得超过2小时。如果事故报告后出现新情况的,应当及时补报。自事故发生之日起30日内,事故造成的伤亡人数发生变化的,应当及时补报。道路交通事故、火灾事故自发生之日起7日内,事故造成的伤亡人数发生变化的,应当及时补报。

以国防军工企业为例,发生重大、特别重大事故的报告程序如图6.1所示。

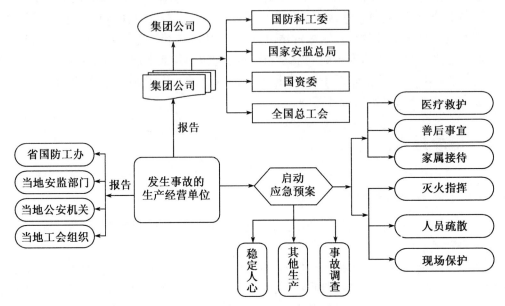

图6.1　生产安全重特大事故的报告程序

6.3.2　报告事故的内容

国务院令第493号第十二条规定,报告事故应当包括下列内容:

(1)事故发生单位概况。

(2)事故发生的时间、地点以及事故现场情况。

(3)事故的简要经过。

(4)事故已经造成或者可能造成的伤亡人数(包括下落不明的人数)和初步估计的直接经济损失。

(5)已经采取的措施。

(6)其他应当报告的情况。

6.3.3　事故报告后采取的措施

6.3.3.1　事故单位应采取的措施

事故发生单位负责人接到事故报告后,应当立即启动相应的事故应急预案,或者采取有效措施,组织抢救,防止事故扩大,减少人员伤亡和财产损失。《安全生产法》第四十二条还规定:"生产经营单位发生重大生产事故时,单位的主要负责人应立即组织抢救,并不得在事故调查处理期间擅离职守。"

事故发生后,有关单位和人员应当妥善保护事故现场以及相关证据,任何单位和个人不得破坏事故现场、毁灭相关证据。

因抢救人员、防止事故扩大以及疏通交通等原因,需要移动事故现场物件的,应当做出标志,绘制现场简图并做出书面记录,妥善保存现场重要痕迹、物证。

6.3.3.2 地方政府与主管部门应采取的措施

事故发生地有关地方人民政府、安全生产监督管理部门和负有安全生产监督管理职责的有关部门接到事故报告后,其负责人应当立即赶赴事故现场,组织事故救援。

安全生产监督管理部门和负有安全生产监督管理职责的有关部门应当建立值班制度,并向社会公布值班电话,受理事故报告和举报。

6.3.3.3 公安机关采取的措施

事故发生地公安机关根据事故的情况,对涉嫌犯罪的,应当依法立案侦查,采取强制措施和侦查措施。犯罪嫌疑人逃匿的,公安机关应当迅速追捕归案。

6.3.3.4 隐瞒、虚报、谎报或者故意拖延不报的法律责任

国务院令第 493 号规定,事故发生单位行政一把手要对事故报告的准确性、及时性负责。如有隐瞒、虚报、谎报或者故意拖延不报的,除责成其补报外,还要对责任者给予处罚,情节严重的(如延误抢救、扩大伤亡和经济损失),要追究有关责任者的法律责任。

《安全生产法》第十三条规定:"国家实行生产安全事故责任追究制度,依照本法和有关法律、法规的规定,追究生产安全事故责任人的法律责任。"

案例:"瞒报事故受到严厉查处"——广西南丹特大透水事故

2001 年 7 月 17 日南丹某厂有关人员在政府有关部门明令停产整顿期间,擅自组织职工冒险下井作业,造成特大透水事故,致使 81 名矿工死亡。事故后矿主与南丹县原主要领导串通一气,封锁消息、隐瞒事故长达半个月之久,并指使有关人员作伪证。

这起事故经历了:媒体披露生出疑端——全面封锁隐瞒上级——记者入围遭受追杀——便衣武警随行二次入境暗访——上级派来的事故调查组工作受阻——外地公、检、法受命入境——艰苦调查揭开黑铁内幕(调集水泵、抽干矿井)——南丹"7.17"特大透水事故真相大白。

调查处理结果:

经司法部门调查核实,南丹某厂总经理黎某犯有非法采矿罪、重大责任事故罪、行贿罪等,判处有期徒刑 20 年;同时,对厂副总经理王某、韦某等 22 名主管和员工也分别给予了不同程度的法律惩处。

对于南丹县原县委县政府五名参与密谋隐瞒的官员,原县委书记万某被判处死刑,原县长唐某被判处有期徒刑 20 年,原副县长韦某被判处有期徒刑 13 年,原县委副书记莫某被判处有期徒刑 10 年。原河池地委书记、行署专员和一名副专员被撤职,广西壮族自治区一名副主席被行政记过处分,另有 120 名涉案人员分别被逮捕、被审查。

6.4 事故调查

6.4.1 事故调查的目的和作用

6.4.1.1 事故调查的目的

首先必须明确的是:无论什么样的事故,一个科学事故调查的主要目的是防止事故的

再发生。也就是说,根据事故调查的结果,提出整改措施,控制事故或消除此类事故。

同时,对于重大特大事故,包括死亡事故,甚至重伤事故,事故调查提供的违反有关安全法规的资料,是司法机关正确执法的主要依据。这里当然也包括确定事故的相关责任,但这与以确定事故责任为目的的事故责任调查存在本质上的区别。后者仅仅以确定责任为目的,不可能控制事故的再发生。

此外,通过事故调查还可以描述事故的发生过程,鉴别事故的直接原因与间接原因,从而积累事故资料,为事故的统计分析及类似系统、产品的设计与管理提供信息,为企业或政府有关部门安全工作的宏观决策提供依据。

6.4.1.2　事故调查的作用

1. 事故调查是最有效的事故预防方法

事故的发生既有它的偶然性,也有必然性。即如果潜在的事故发生的条件(事故隐患)存在,什么时候发生事故是偶然的,但发生事故是必然的。因而,只有通过事故调查的方法,才能发现事故发生的潜在条件,包括事故的直接原因和间接原因,找出其发生发展的过程,防止类似事故的发生。例如:某建筑工地叉车司机午间休息时饮酒过量后,又进入工地现场,爬上叉车,使叉车前行一段后从车上摔下,造成重伤。如果按责任处理非常简单,即该司机违章酒后驾车。但试问在其酒后进入工地驾车的过程中,为什么没有人制止或提醒他不要酒后驾车呢? 如果在类似情况下有人制止,是否还会发生事故呢? 答案是十分明确的。

2. 事故调查为制定安全措施提供依据

事故的发生是有因果性和规律性的,事故调查是找出这种因果关系和事故规律的最有效的方法。只有掌握了这种因果关系和规律性,才可以有针对性地制定出相应的安全措施,包括技术手段和管理手段,达到最佳的事故控制效果。

3. 揭示新的或未被人注意的危险

任何系统,特别是具有新设备、新工艺、新产品、新材料、新技术的系统,都在一定程度上存在着某些尚未被人们了解而被人所忽视的潜在危险。事故的发生给了人们认识这类危险的机会,事故调查是抓住这一机会的最主要的途径。只有充分认识了这类危险,才有可能防止其再发生。

4. 可以确认管理系统的缺陷

如前所述,事故是管理不佳的表现形式,而管理系统缺陷的存在也会直接影响到企业的经济效益。通过事故调查可以发现管理系统存在的问题,加以改进后,就可以一举多得,既控制事故,又改进管理水平,提高企业经济效益。

5. 事故调查是高效的安全管理系统的重要组成部分

安全管理工作主要是事故预防、应急措施和保险补偿手段的有机结合,且事故预防和应急措施更为重要。事故调查的结果对于事故预防和应急计划的制定都有重要价值,因此在安全管理系统中要具备事故调查处理的职能,并真正发挥其作用。

当然,事故调查不仅仅与企业安全生产有关。对于保险业来说,事故调查也有着特殊的意义。因为事故调查既可以确定事故真相,排除骗赔事件,减少经济损失;也可以确定事故经济损失,确定双方都能接受的合理的赔偿额;还可以根据事故的发生情况,进行保险费率的调整,同时提出合理的预防措施,协助被保险人减少事故,搞好防灾防损工作,减少事故率。另一方面,对于产品生产企业来说,对其产品使用、维修乃至报废过程中发生的事故的调查对于确定事故责任,发现产品缺陷,保护企业形象,搞好新一代产品开发都具有重要意义。

6.4.2 事故调查对象

从理论上讲,所有事故,包括无伤害事故和未遂事故都在调查范围之内。但由于各方面条件的限制,特别是经济条件的限制,要达到这一目标几乎是不可能的。因此,要进行事故调查并达到最终目的,选择合适的事故调查对象也是相当重要的。

1. 重特大事故

所有重特大事故都应进行事故调查,这既是法律的要求,也是事故调查的主要目的所在。因为如果这类事故再发生,其损失及影响都是难以承受的。重大事故不仅包括损失大的、伤亡多的,也包括那些在社会上甚至国际上造成重大影响的事故。

2. 未遂事故或无伤害事故

有些未遂事故或无伤害事故虽未造成严重后果,甚至几乎没有经济损失,但如果其有可能造成严重后果,也是事故调查的主要对象。判定该事故是否有可能造成重大损失,则需要安全管理人员的能力与经验。

3. 伤害轻微但发生频繁的事故

这类事故伤害虽不严重,但由于发生频繁,对劳动生产率会有较大影响,而且突然频繁发生的事故,也说明管理上或技术上有不正常的问题,如不及时采取措施,累积的事故损失也会较大。事故调查是解决这类问题的最好方法。

4. 可能因管理缺陷引发的事故

如前所述,管理系统缺陷的存在不仅会引发事故,而且也会影响工作效率,进而影响经济效益。因此,及时调查这类事故,不仅可以防止事故的再发生,也会提高经济效益,一举两得。

5. 高危险工作环境的事故

由于高危险环境中,极易发生重大伤害事故,造成较大损失,因而在这类环境中发生的事故,即使后果很轻微,也值得深入调查。只有这样,才能发现潜在的事故隐患,防止重大事故的发生。这类环境包括高空作业场所、易燃易爆场所、有毒有害的生产等。

6.4.3 事故调查的原则和权限

6.4.3.1 事故调查的原则

事故调查应当坚持实事求是、尊重科学,及时准确地查清事故经过、事故原因和事故损失,查明事故性质,认定事故责任,总结事故教训,提出整改措施,并对事故责任者依法追究责任。

　　概括地说,在事故调查时要遵循"四不放过"的原则,即:

　　（1）事故原因分析不清不放过。

　　（2）整改措施不落实不放过。

　　（3）责任者未处理不放过。

　　（4）有关人员和群众未受教育不放过。

　　必须坚信,绝大多数事故是可以调查清楚的。事故,特别是那些大的火灾、爆炸事故,其原因一般很难调查清楚,因为工房摧毁了,设备破坏了,人员伤亡了。然而"难"不等于不可能,事故发生、发展具有内在的规律性,只要人们认真做到:全面总结事故调查的实际经验,树立正确的世界观,严格遵循科学的事故调查程序,注意现场勘查,技术鉴别,模拟试验及逻辑推理,并将事故调查的各个环节有机地结合起来,正确地加以运用,事故完全可以调查清楚。这是调查工作中必须坚持的重要指导原则。

6.4.3.2　事故调查的权限

　　特别重大事故由国务院或者国务院授权有关部门组织事故调查组进行调查。

　　重大事故、较大事故、一般事故分别由事故发生地省级人民政府、设区的市级人民政府、县级人民政府负责调查。省级人民政府、设区的市级人民政府、县级人民政府可以直接组织事故调查组进行调查,也可以授权或者委托有关部门组织事故调查组进行调查。

　　未造成人员伤亡的一般事故,县级人民政府也可以委托事故发生单位组织事故调查组进行调查。

　　需要注意的是,事故调查权力在政府,不在企业。发生事故的单位无权自行组织事故调查,只有那些没有人员死亡的重伤、轻伤事故或财产损失事故,受到政府委托才能组织事故调查。

　　如果上级人民政府认为必要时,可以调查由下级人民政府负责调查的事故。自事故发生之日起 30 日内（道路交通事故、火灾事故自发生之日起 7 日内）,因事故伤亡人数变化导致事故等级发生变化,应当由上级人民政府负责调查,且上级人民政府可以另行组织事故调查组进行调查。事故发生地有关地方人民政府应当支持、配合上级人民政府或者有关部门的事故调查处理工作,并提供必要的便利条件。参加事故调查处理的部门和单位应当互相配合,提高事故调查处理工作的效率。

　　特别重大事故以下等级事故,事故发生地与事故发生单位不在同一个县级以上行政区域的,由事故发生地人民政府负责调查,事故发生单位所在地人民政府应当派人参加,事故调查遵循属地原则。

　　任何单位和个人不得阻挠和干涉对事故的报告和依法调查处理。对事故报告和调查处理中的违法行为,任何单位和个人有权向安全生产监督管理部门、监察机关或者其他有关部门举报,接到举报的部门应当依法及时处理。

6.4.4　事故调查组的组建和职责

6.4.4.1　事故调查组的组成

　　事故调查组由有关人民政府、安全生产监督管理部门、负有安全生产监督管理职责的有关部门、公安机关、劳动保障行政部门以及工会派人组成,并应当邀请人民检察院派人参加。事故调查组可以聘请有关专家参与调查。事故调查组组长由负责事故调查的人民政府指定,主持事故调查组的工作。

6.4.4.2　事故调查人员

事故调查组成员应当具有事故调查所需要的知识和专长,并与所调查的事故没有直接利害关系。事故调查是一项高度专业性的工作,只有那些具有多种品质且训练有素的人,才能胜任这一工作。作为一个事故调查人员,首先要具有高度的责任感,工作认真负责,排除一切干扰,科学地进行事故调查;要有高尚的职业道德,事故调查时必须公正、平等对待有关事故责任者和事故肇事者,绝不能假公济私;要有良好的组织能力,善于与人沟通,适时调控事故肇事者及事故责任者的情绪;有较强的分析能力和判断能力,精通有关被调查对象的专业知识;还要具有广博的知识和丰富的经验,不但要有专业知识,而且要懂得各种社会科学和自然科学的一般知识。只有这样,才能全面、完整地对事故进行调查和分析。

事故调查组成员在事故调查工作中应当诚信公正、恪尽职守,遵守事故调查组的纪律,保守事故调查的秘密。未经事故调查组组长允许,事故调查组成员不得擅自发布有关事故的信息。

国外的事故调查都是由独立而具有超脱性的专门机构来组织实施的,并有职业事故调查人员,我国目前基本上尚无此类人员。部分欧美发达国家均有以某类专业事故调查为职业者,如小型飞机事故调查人员、汽车事故调查人员等。在我国刚刚兴起的保险评估业,实际上正扮演着这一角色。这类人既具备丰富的专业知识和事故调查经验,也有着较好的公正性,是事故调查的最好人选。

6.4.4.3　事故调查组的职责

(1) 查明事故发生的经过、原因、人员伤亡情况及直接经济损失。

(2) 认定事故的性质和事故责任。

(3) 提出对事故责任者的处理建议。

(4) 总结事故教训,提出防范和整改措施。

(5) 提交事故调查报告。

事故调查组有权向有关单位和个人了解与事故有关的情况,并要求其提供相关文件、资料,有关单位和个人不得拒绝。

事故调查中需要进行技术鉴定的,事故调查组应当委托具有国家规定资质的单位进行技术鉴定。必要时,事故调查组可以直接组织专家进行技术鉴定。技术鉴定所需时间不计入事故调查期限。

6.4.5　事故调查工作的程序和重点

一般要事先设立事故处理领导小组,首先抓好事故紧急抢险和救援工作,迅速救助伤员,遏制事故蔓延,防止事故扩大,减轻事故灾害;然后抓好事故调查工作,分设管理组、综合组、技术组、善后组等。

1. 管理组

主要从管理的角度调查事故原因。包括勘察事故现场、调查规章制度和各种记录,以及询问当事人等,查明事故发生前的管理缺陷,写出管理调查报告。

2. 技术组

主要从技术角度调查事故原因。包括勘察事故现场、调查工艺设备、生产过程、图纸资料,收集现场资料、物证,以查明事故发生前的技术状况,写出技术调查报告。

3. 综合组

主要负责汇总综合管理组和技术组的调查结果,撰写事故调查报告,也包括信息报送、调查取证、协调内务、对外联络、宣传报道等。

4. 善后组

主要负责遇难家属接待和安抚工作,工作原则是"统一政策,分散安排,分块负责,热情接待,耐心工作"。

事故调查工作的重点是搜集与事故有关的各种物证、人证和相关材料。一般生产安全事故的调查应遵循下列工作程序,如图 6.2 所示。

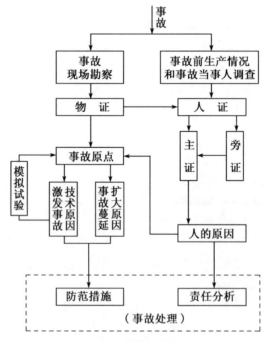

图 6.2　事故调查程序

原国家安全生产专家组综合组组长张国顺教授级高工结合其多年组织或参加有关火炸药及其制品发生的重特大事故调查的经验,给出了重特大燃烧爆炸事故调查程序,如图 6.3 所示。

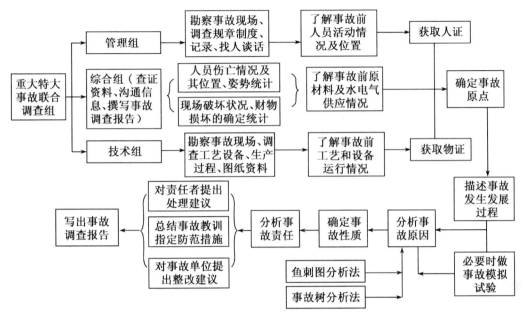

图 6.3　重特大燃烧爆炸事故调查程序

归纳起来,事故调查程序一般包括如下几个方面:

6.4.5.1　现场处理

事故现场是指事故发生以后保持原始状态的地点。包括事故波及的范围和与事故有关联的场所,只有当现场保留着事故以后的原始状态,现场勘察工作才有实际意义。实践证明,每个事故现场都存在着提供事故调查的线索及确定事故原因的证据,发现和提取确定事故原因的痕迹和物证,以便正确地进行原因分析,这是勘察工作的关键所在。

事故现场处理是事故调查的初期工作。对于事故调查人员来说,由于事故的性质不同及事故调查人员在事故调查中的角色的差异,事故现场处理工作会有所不同,但通常现场处理应进行如下工作。

1. 安全抵达现场

无论准备如何充分,事故的发生几乎对所有人都是一个意外事件,因而要顺利地完成事故调查任务,首先携带必要调查工具及装备,安全地抵达事故现场。越是手忙脚乱,越容易出现意外。在抵达现场的同时,应保持与上级有关部门的联系,及时沟通。

2. 现场危险分析

这是现场处理工作的中心环节。只有做出准确的分析与判断,才能够防止进一步的伤害和破坏,同时做好现场保护工作。现场危险分析工作主要有观察现场全貌,分析是否有进一步危害产生的可能性及可能的控制措施,计划调查的实施过程,确定行动秩序及考虑与有关人员合作,控制围观者,指挥救援人员等。

3. 现场营救

最先赶到事故现场的人员的主要工作就是尽可能地营救幸存者和保护财产。作为一个事故调查人员,如果有关抢救人员,如医疗、消防等已经到位且人手并不紧张,则应及时记录事故遇难者尸体的状态和位置并用照相和绘草图的方式标明位置,同时告诫救护人员必须尽量记下他们最初看到的情况,包括幸存者的位置,移动过的物体的原位置等。如需要调查者本人也参加营救工作,也应尽可能地做好上述工作。

4. 防止进一步危害

在现场危险分析的基础上,应对现场可能产生的进一步的伤害和破坏采取及时的行动,使二次事故造成的损失尽可能小。这类工作包括防止有毒有害气体的生成或蔓延,防止有毒有害物质的生成或释放,防止易燃易爆物质或气体的生成与燃烧爆炸,防止由火灾引起爆炸等。

许多事故现场都很容易发生火灾,故应严加防护,以保证所有在场人员的安全和保护现场免遭进一步的破坏。当存在严重的火灾危险时,应准备好随时可用的消防装置,并尽快转移易燃易爆物质,同时严格制止任何可能引起明火的行为。即使是使用抢救设备等都应在肯定绝对安全的情况下才可使用。

应尽快查明现场是否有危险品存在并采取相应措施。这类危险品包括放射性物质,爆炸物,腐蚀性液体、气体、固体有毒物质,细菌培养物质等。

5. 保护现场

这是下一步物证收集与人证问询工作的基础。其主要目的就是使与事故有关的物体痕迹、状态尽可能不遭到破坏,人证得到保护。

完成了抢险、抢救任务,保护了生命和财产之后,现场处理的主要工作就转移到现场保护方面。这时事故调查人员将成为主角,并应承担起主要的责任。

由于首先到达事故现场的有可能是企业职工、附近居民、抢救人员或警方人员,因此为保证调查组抵达现场之前不致因对现场进行不必要的干预而丢失重要的证据,争取企业干部职工,特别是厂长等基层干部,及当地警察或抢救人员的合作是非常重要的。调查人员应充分认识到,事故调查不仅需要进行技术调查,而且还需要服从某种司法程序,而国家法律也许更重视后者。所以应通过合适的方式使上述人员了解到,除必要的抢救等工作外,应使现场尽可能地原封不动。事故中遇难者的尸体及人体残留物应尽可能留在原处,私人的物品也应保持不动,因为这些东西的位置有助于辨别遇难者的身份。此外,应通过照相等手段记下像冰、烟灰之类短时间内会消失的迹象及记下所有在场目击者的姓名和地址,以便于调查者取得相应的证词。因此,对上述人员进行适当的保护现场的培训也是十分重要的。

6.4.5.2 物证搜集

通过对事故现场勘查来搜集物证是事故现场调查的中心环节。其主要目的是为了查明当事各方在事故之前和事发之时的情节、过程以及造成的后果。通过对现场痕迹、物证的收集和检验分析,可以判断发生事故的主、客观原因,为正确处理事故提供客观依据。因而全面、细致地勘查现场是获取现场证据的关键。无论什么类型的事故现场,勘查人员都要力争把现场的一切痕迹、物证甚至微量物证都要收集、记录下来,对变动的现场更要认真细致地勘查,弄清痕迹形成的原因及与其他物证和痕迹的关系,去伪存真,确定现场的本来面目。

1. 现场勘查的顺序和范围

应根据不同类型的事故现场来确定。因此,勘查人员到达现场后,首先要向事故当事人和目击者了解事故发生的情况和现场是否有变动。如有变动,应先弄清变动的原因和过程,必要时可根据当事人和证人提供的事故发生时的情景,恢复现场原状以便于实地勘查。在勘查前,应巡视现场周围情况,对现场全貌有概括的了解后,再确定现场勘查的范围和勘查的顺序。

勘查工作应按一定的顺序和方法进行。即先在事故现场外围进行查询、观察;在进入现场内进行不变动现场物体原始位置的静态勘察;最后翻动或移动物体,进行动态勘察,勘查前,必须事先准备好测绘和照相等器材,每进行一步都必须做好记录或拍照。

事故现场勘查工作是一种信息处理技术。由于其主要关注四个方面的信息,即人(People)、部件(Part)、位置(Position)和文件(Paper),且表述这四个方面的英文单词均以字母 P 开头,故人们也称之为 4P 技术。

(1) 人。以事故的当事人和目击者为主,但也应考虑维修、医疗、基层管理、技术人员、朋友、亲属或任何能够为事故调查工作提供帮助的人员。

(2) 部件。指失效的机器设备、通信系统、不适用的保障设备、燃料和润滑剂、现场各类碎片等。

(3) 位置。指事故发生时的地点、天气、道路、操作位置、运行方向、残骸位置等。

(4) 文件。指有关记录、公告、指令、磁带、图纸、计划、报告等。

在 4P 技术中 3P(部件(Part)、位置(Position)、文件(Paper))属于物证的范畴。保护现场工作的很主要的一个目的也是保护物证。几乎每个物证在加以分析后都能用以确定其与事故的关系。而在有些情况下,确认某物与事故无关也一样非常重要。

由于相当一部分物证存留时间比较短,有些甚至稍纵即逝,所以必须事先制订好计划,按秩序有目标地选择那些应尽快收集的物证,并在搜集到的物件贴上标签,注明地点、时间、管理者。如液体会随时间而逐渐渗入地下,应用袋、瓶等取样装入;如已渗入地下,则应连土取样,以供分析。物体表面的漆皮也是很重要的物证,因其与其他物质相接触后一般会带走一些,有时肉眼看不见,但借助于专门的仪器即可发现。有关文件资料、各类票据、记录等也是一类很重要的物证,即使不在事故现场,也应注意及时封存。对健康有危害的物品,应采取不损坏原始证据的安全防护措施。

数据记录装置是另一类物证。它是为满足事故调查的需要而事先设置的记录事故前后有关数据的仪器装置。其主要目的是在缺乏目击者和可调查的硬件(如已损坏)的条件下,保证调查者能准确地找出事故的原因。设备上的运行记录仪,计算机生产工艺参数记录、生产线的摄像记录,是较高档次的数据记录装置。前者不断录制最后某段时间的情景,提供有关信息;后者则是由于爆炸事故中大部分物证破坏极为严重而成为爆炸事故调查的最主要的物证之一。

2. 事故原点的勘查

事故原点是构成事故的最初起点(第一起火点、第一爆炸点),即事故中具有因果联系和突变特征的各点中最具初始性的那个点。一次事故,事故原点只能有一个。

事故原点不是事故原因,但它们之间既有区别又有联系,它们的区别在于,事故原点是指在时间和空间上的具体位置,而事故原因是危险因素转化为事故的技术条件。它们的联系在于,事故原因或技术条件不是别处发生的,而正是在事故原点产生,找不到事故原点,就不能正确地进行事故原因分析。

确定事故原点的方法有定义法、逻辑推理法和技术鉴定法。对于炸药爆炸事故,可以从炸药承受面爆炸痕迹、爆炸散落物分布、抛射体飞散情况、人员和设备受损伤的部位等方面来进行技术鉴定。

3. 典型的火灾爆炸事故现场勘查

(1) 火灾事故现场的特点

各类火灾事故由于发生的原因、地点、范围不同,各有其不同的特点。

① 现场上可以见到烟雾或烟熏痕迹及气味,可以为判断燃烧物质的种类提供依据。

② 现场上可以见到物质燃烧的火焰或燃烧痕迹,可以为判断起火时间、可燃物质的种类和确定起火点提供依据。

③ 现场上都有起火点,可以为查明起火原因,确定火灾事故性质提供依据。

④ 绝大多数火灾现场为变动现场。火灾发生后人们所采取的扑救活动,必定会使原来的燃烧痕迹损坏或变动,给现场勘查带来困难。

(2) 火灾事故现场勘查步骤和重点

① 环境勘查,确定起火范围。在现场外围对火场巡视和视察,以便对整个现场获得一个总体印象,并确定周围环境与火灾事故的可能联系。

② 初步勘查,确定起火部位。在不触动现场物体,不改变物体原始状态的情况下,判断火势蔓延的路线和过程,大体确定起火部位和下一步勘查的重点。

③ 详细勘查,确定起火点。在不破坏初步勘查所发现的痕迹、物证的原则下,对其逐一翻动检查。根据主要情况,仔细研究每一种现象和各个痕迹形成的原因,进一步确定最初起火点和推断起火原因。

④ 专项勘查,确定起火原因。对火灾现场找到发火物,发热体及其可以供给火源能量的物体或物质而进行的专门检查。根据它们的性能、用途、使用有效状态、变化特征、有无故障,分析造成火灾的原因。

在火灾事故现场勘查中主要应解决的问题是查明火灾发生的原因,凡与起火原因有关的部位、地点和场所都是勘查的重点。

(3) 爆炸事故的现场勘察

常见的爆炸事故包括炸药爆炸、可燃气体爆炸、压力容器爆炸、粉尘爆炸等四种类型。爆炸事故现场的特点有:

① 现场的建筑物、构筑物等有时会全部或部分坍塌、破坏,甚至燃烧。

② 爆炸时产生的高温、高压或由于煤气、火炉、电器、电线等损坏,造成现场起火。

③ 勘查人员进入现场有一定的危险性。

④ 发生爆炸后,由于现场抢救等原因,很少存在原始现场,大都属于变动现场。

⑤ 痕迹、器具等物证因爆炸而抛离中心现场,取证较为困难。

（4）爆炸事故现场勘查的重点

对于炸药爆炸事故应注意：

① 判明爆炸性质，即判明属气体爆炸还是炸药爆炸。

② 炸点的勘查，炸点即爆炸原点，对其勘查包括炸点的炸坑形状大小、坑口直径、深度及炸点底的物质类型，炸坑的气味、烟痕等。

③ 爆炸残留物的勘查，这是分析炸药种类和引爆装置的重要依据。

④ 抛出物的勘查，主要指因爆炸而抛射出来的炸点的物质，炸点周围的物质及炸药的包装物、捆绑物等。

对于非炸药化学爆炸事故要求做到：

① 找出起爆能源，可结合细致勘查和现场实验两种手段进行。

② 找出可爆物来源，对气体要找出泄漏点，对粉尘要勘查粉尘存在的可能性及爆炸的条件。

6.4.5.3　事故事实材料的搜集

1. 与事故鉴别、记录有关的材料

（1）发生事故的单位、地点、时间。

（2）受害人和肇事者的姓名、性别、年龄、文化程度、职业、技术等级、工龄、本工种工龄、支付工资的形式。

（3）受害人和肇事者的技术状况，接受安全教育情况。

（4）出事当天，受害人和肇事者什么时间开始工作、工作内容、工作量、作业程序、操作时的动作（或位置）、发现的异常现象及判断、处理情况。

（5）受害人和肇事者过去的事故记录。

2. 事故发生的有关事实

（1）事故前生产进行情况，人员活动情况，设备运行情况，以及设备缺陷、异常反应和质量状况。

（2）事故时的工艺条件、操作情况及各种参数，要妥善保管原始记录。必要时应将事故时的工艺条件、操作步骤、各种参数等与正常生产条件逐项进行对比。

（3）使用的材料，必要时进行物理性能或化学性能实验与分析。

（4）有关设计和工艺方面的技术文件、工作指令和规章制度方面的资料及执行情况。

（5）关于工作环境方面的状况，包括照明、湿度、温度、通风、声响、色彩度、道路、工作面状况及工作环境中的有毒、有害物质取样分析记录。

（6）个人防护措施状况，应注意它的有效性、质量、使用范围。

（7）出事前受害人或肇事者的健康状况。

（8）其他可能与事故致因有关的细节或因素。如事故时的气象条件，晴雨、风力与风向、温湿度、雷电等。

对与事故的发生以及发展起重要作用的设施、物质，如车辆的制动、连接装置、起重设备的钢绳、受压容器的安全阀、压力表和焊缝、承重部件的材质及应力，建筑物、购物设施的形变及受力状况，应在有关技术部门或科研单位的参与下，进行技术鉴定。

6.4.5.4　证人材料搜集

事故调查还必须以客观事实为依据,一切认识和总结来源于客观实际,做到有证可据。所谓证据,主要是指现场勘查记录、图纸、照片、实物、有关技术、试验和鉴定资料,当事人的陈述及证明人的证词等。它们对确定事故的发生、发展过程和事故原因有重要价值,是经查明、确实存在的客观事实,坚持实事求是、重依据、重调查研究,这是调查中必须坚持的另一条重要原则。

这里有必要把物证和人证材料之间的关系加以说明,物证是事故现场中客观存在的,不以人的主观意识为转移的客观事实;人证材料却会受到提供材料人的认识能力和心理状态的影响,它往往带有人的主观意志。但是,由于物证和人证材料必须是统一的,认证材料中的情况,必须在事故现场中有所反映,同时必须,而且只能用物证去核实人证材料的真伪。

在事故调查中,证人的询问工作相当重要,大约50%的事故信息是由证人提供的,而事故信息中大约有50%能够起作用,另外50%的事故信息的效果则取决于调查者怎样评价分析和利用它们。

所谓证人,通常是指看到事故发生或事故发生后最快抵达事故现场且具有调查者所需信息的人。广义上则是指所有能为了解事故提供信息的人,甚至有些人不知事故发生,却有有价值的信息。证人信息收集的关键之处在于迅速果断,这样就会最大程度地保证信息的完整性。有些调查工作耗时费力,收效甚微,主要原因是没有做到这一点。

1. 人证保护与询问工作应注意的问题

在进行人证保护与问询工作中,应注意以下问题:

(1)证人之间会强烈地互相影响。

(2)证人会强烈地受到新闻媒介的影响。

(3)不了解他所看到的事,不能以自己的知识、想法去解释的证人,容易改变他们掌握的事实去附和别人。

(4)证人会因为记不住、不自信或自认为不重要等原因忘却某些信息。如一个人10年后才讲出他看到的事情,因为当时他认为没有价值。

(5)问询开始的时间越晚,细节会越少,内容越可能改变。

(6)最好画出草图,结合草图讲解其所闻所见。

从上述问题可以看出,在人证保护工作中,应当避免其互相接触及其与外界的接触,并最好使其不离开现场,使问询工作能尽快开始,以期获得尽可能多的信息。

2. 证人的确定

证人的确定工作是人证保护与问询工作的第一步。事故调查人员应尽快赶到现场,为确定目击者创造良好的机遇。在收集证据时首先要收集证人的信息,如姓名、地址、电话号码等,以便与证人保持联系。

在一些特殊情况下,也可采用广告、电视、报纸等形式征集有关事故信息,获得证人的支持。

3. 证词的可信度

由于证人背景的差异及其在该事件中所处的位置,都可能产生证词可信度上的差异。

而不同可信度的证词其重要性有很大差异。例如熟悉发生事故的系统或环境的人能提供更可信的信息,但也有可能把自己的经验与事实相混淆,加上了自己的主观臆断。而与肇事者或受害者有特殊关系的人,或与事故有某种特定关系的人,其证词的可信度与事故和其工作的关系、个人的卷入程度、与肇事者或受害者的关系等密切相关。可信度最高的证人是那些与事故发生没有关联,且可以根据其经验与水平做出准确判断者,一般称之为专家证人。我国各级政府聘请的安全专家组的专家们,实际上就属于这类人,他们的经验和判断对于事故结论的认定具有极其重要的意义。

4. 证人问询

证人问询一般有两种方式。

(1)审讯式。调查者与证人之间是一种类似于警察与疑犯之间的对手关系,问询过程高度严谨,逻辑性强,且刨根问底,不放过任何细节。问询者一般多于一人。这种问询方式效率较高,但有可能造成证人的反感从而影响双方之间的交流。

(2)问询式。这种方法首先认为证人在大多数情况下没有义务为你描述事故,作证主要依赖于自愿。因而应创造轻松的环境,感到你是需要他们帮助的朋友。这种方式花费时间较多,但可使证人更愿意讲话。问询中应鼓励其用自己的语言讲,尽量不打断其叙述过程,而是用点头、仔细聆听的方式,做记录或录音,最好不引人注意。

无论是采用何种方法,都应首先使证人了解,问询的目的是了解事故真相,防止事故再发生。好的调查者,一般都采用两者结合,以后者为主的问询方式,并结合一些问询技巧进行工作。

6.4.5.5 现场照相

现场照相是收集物证的重要手段之一。其主要目的是通过拍照的手段提供现场的画面,包括部件、环境及能帮助发现事故原因的物证等,证实和记录人员伤害和财产破坏的情况。特别是对于那些肉眼看不到的物证、现场调查时很难注意到的细节或证据、那些容易随时间逝去的证据及现场工作中需移动位置的物证,现场照相的手段更为重要。

一个事故,在其发生过程中总要触及某些物品,侵害某些客体,并在绝大多数发生事故的现场遗留下某些痕迹和物证。在一些事故现场中,当事人为逃避责任,会千方百计地破坏和伪造现场。无论是伪造还是没有伪造过的,现场上的一切现象是反映现场的实际。通过这些现象能辨别事件的真伪,把它们准确地拍照下来,使之成为一套完整现场记录的一部分,在审理和调查的工作中具有重要的作用。它为研究事故性质、分析事故进程、进行现场实验提供资料,为技术检验、鉴定提供条件,为审理提供证据,所以现场照相是现场勘查工作中的重要组成部分和不可缺少的技术手段。

现场照相应包括记录事故发生的时间、空间及各自的特点,事故活动的现场客观情况以及造成事故事实的客观条件和产生的结果,形成事故现场的主体的各种迹象。现场照相的内容和要求有:

1. 现场方位照相

现场方位照相,即拍照现场所处的位置及现场周围环境。凡是与事故有关的场所、景物都是拍照的范围,用以说明案件场所、环境特点、气氛、季节、气候、地点、方向、位置以及现场与周围环境的联系。

由于现场方位照相包括的范围大,所以拍照点应选在较高较远而又能显示现场及其环境特点的位置,并把那些能显示现场位置的永久性标志,如商场、车站、桥梁、街名、门牌、路标等拍摄在画面的明显位置上。

2. 现场概貌照相

现场概貌照相,即拍照除了现场周围环境以外的整个现场状况。它表达现场内部情景,即拍照事故现场内部的空白、地势、范围、事故全过程在现场上所触及的一切现象和物体。现场概貌照相反映事故现场内部各个物体之间的联系和特点,表明现场的全部状况和各个具体细节,说明现场的基本特征,使人们看了后能对现场的范围、整个状况、特点等有一个比较完整的概念。

在进行现场概貌照相时,对现场的范围、现场内的物品、痕迹物证以及遗留痕迹物证的位置等现场全部状况,要完整、系统、全面地反映出来,切忌杂乱无章地盲目乱拍。

实践证明,在现场概貌照相中如果有遗漏,特别是与事故活动有关的物品没有拍照下来,就难以说明问题,给事故调查带来许多困难,甚至造成无法弥补的损失。在许多现场,当事故性质尚不明确时,切忌轻率地确定不拍某些。因为现场上有些物品,在勘查和拍照阶段认为与案件有关或者无关,而事后证明恰恰相反。可见,只有客观系统地全面拍照,才能避免遗漏或者搞错。

3. 现场重点部位照相

现场重点部位照相是指拍摄与事故有关的现场重要地段,对审理、证实事故情况有重要意义的现场上物体的状况、特点,现场上遗留的与事故有关的物证的位置和物证与物证之间的特点等,以反映它们与现场以及现场上有关物体的关系。

由于不同性质的案件有不同的拍照重点,同类性质事故的拍照重点也不尽相同,所以拍照时,要根据事故的具体情况,确定现场的拍照重点。

事故现场的重点部位都是现场勘查工作的主要目标。在拍照时不但要求质量高,而且数量也应比较多。一个现场,特别是复杂现场,有多处重点部位或重点物品,对它们都要一一拍照,而且在许多情况下还要采取不同角度拍照。现场重点部位拍照往往在整套现场照相中占有重要的位置和较多的数量。所以现场照相人员应当认真地拍好现场的每个重点部位或重点物品,使它能在审理中充分发挥应有的作用。

4. 现场细目照相

现场细目照相,又称比例照相、检验照相、特写,是拍摄在现场上存在的具有检验鉴定价值和证据作用的各种痕迹、物证,以反映其形状、大小和特征。细目照相的内容很多,如尸体、活体上的血迹,血迹的滴溅方向,电事故的电击点,火灾事故的起火点,交通事故的接触点以及工具的形状、号码、破损情况,撬压工具,脚印,文字,附着物等。现场细目照相所拍照的痕迹、物证,对揭露与证实事故真相具有重要的意义。

6.4.5.6 事故图

现场绘图是一种记录现场的重要手段。现场绘图与现场笔录、现场照相均有各自特点,相辅相成,不能互相取代。现场绘图是运用制图学的原理和方法,通过几何图形来表示现场活动的空间形态,是记录事故现场的重要形式,能比较精确地反映现场上重要物品的位置和比例关系。

1. 现场绘图的作用

现场绘图的作用概括起来有以下三点:

(1) 用简明的线条、图形,把人无法直接看到或无法一次看到的整体情况、位置、周围环境、内部结构状态清楚地反映出来。

(2) 把与事故有关的物证、痕迹的位置、形状、大小及其相互关系形象地反映出来。

(3) 对现场上必须专门固定反映的情况,如有关物证、痕迹等的地面与空间位置、事故前后现场的状态,事故中人流、物流的运动轨迹等,可通过各种现场图显示出来。

2. 事故现场图的种类

事故现场图的种类有以下四种:

(1) 现场位置图:是反映现场在周围环境中的位置。对测量难度大的,可利用厂区图、地形图等现成图纸绘制。

(2) 现场全貌:是反映事故现场全面情况的示意图。绘制时应以事故原点为中心,将现场与事故有关人员的活动轨迹、各种物体运动轨迹、痕迹及相互间的联系反映清楚。

(3) 现场中心图:是专门反映现场某个重要部分的图形。绘制时以某一重要客体或某个地段为中心,把有关的物体痕迹反映清楚。

(4) 专项图:也称专业图。是把与事故有关的工艺流程、电气、动力、管网、设备、设施的安装结构等用图形显示出来。

以上四种现场图,可根据不同的需要,采用比例图、示意图、平面图、立体图、投影图的绘制方式来表现,也可根据需要绘制出分析图、结构图以及地貌图等。

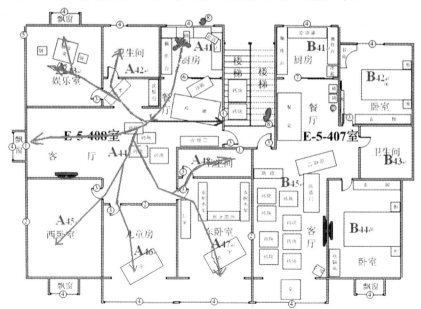

图 6.4　某居民楼天然气爆炸事故现场图

3. 现场绘图注意事项

在现场绘图中,一般应注意以下五个问题:

(1) 图中应标明方向。

(2) 图中应标明天气、高度、距离、时间、绘制者等有关信息。

(3) 图中应标明主要残骸及关键物证的位置。

(4) 图中应标明受伤者的原始存息地。

(5) 图中应标明关键的照片拍摄的位置和距离。

4. 表格

表格也是一种特殊形式的现场绘图,主要信息包括统计数据和测量数据。这类数据以表格的形式加以记录,既便于取用,也便于比较,对调查者也有很大的帮助。如表 6.2、表 6.3 和表 6.4 所示。

表 6.2　事故现场建筑物破坏情况登记表

建筑物名称		建筑物结构特征	
建筑面积/m²		破坏原因及持续时间	
破坏部位			
玻璃			
门窗			
外墙			
屋盖			
顶棚			
内墙			
其他			
直接经济损失(千元)			

表 6.3　事故现场设备损坏情况登记表

设备名称		规格型号		主要参数	
主要安全装置		最后一次检验日期		设备安装地点	
设备原有缺陷				事故发生时设备运行状态	

设备各部件事故前后的位置及其损坏程度:

表 6.4 事故现场飞散物登记表

序号	名称	飞散物特征数据	事故前所在位置	事故后所在位置及地形特征	飞散物所造成的后果	备注

6.4.6 事故调查报告

6.4.6.1 事故调查报告的内容

事故调查报告是事故调查分析研究成果的文字归纳和总结,其结论对事故处理及事故预防都起着非常重要的作用。因而,调查报告的撰写一定要在掌握大量实际调查材料并对其进行研究的基础上完成。报告内容要实在、具体,文字要鲜明、生动,较能真实客观地反映事故的真相及其实质。对于人们能够起到启示、教育和参考作用,有益于搞好事故的预防工作。

事故调查报告是事故调查后必须形成的文件,一般包括以下内容:

(1)事故发生单位概况;

(2)事故发生经过和事故救援情况;

(3)事故造成的人员伤亡和直接经济损失;

(4)事故发生的原因和事故性质;

(5)事故责任的认定以及对事故责任者的处理建议。

对于事故调查报告的提交时限,第 493 号令规定:事故调查组应当自事故发生之日起 60 日内提交事故调查报告;特殊情况下,经负责事故调查的人民政府批准,提交事故调查报告的期限可以适当延长,但延长的期限最长不超过 60 日。

6.4.6.2 事故调查报告的写作要求

事故调查报告的撰写应注意满足以下要求:

1. 深入调查,掌握大量的具体材料

这是写作调查报告的基础。调查报告主要靠实际材料反映内容,所以要凭事实说明,这是衡量事故调查报告写得是否成功的关键要求。从写作方法上来讲,要以客观叙述为主,分析议论要少而精,点到为止。能否做到这一点,取决于调查工作是否深入,了解情况是否全面,掌握材料是否充分。

2. 反映全面,揭示本质,不做表面或片面文章

事故调查报告不能满足于罗列情况,列举事实,而要对情况和事实加以分析,得出令人信服、给人启示的相应结论。为此,要对调查材料认真鉴别分析,力求去粗取精,去伪存真,由此及彼,由表及里,从中归纳出若干规律性的东西。

3. 善于选用和安排材料,力求内容精练,富有吸引力

只有选用最关键、最能说明问题、最能揭示事故本质的典型材料,才能使报告内容精

炼,富有说服力。我们强调写作调查报告要以客观叙述为主,不能对事实和情况进行文学加工,不等于不能运用对比、衬托等修辞方法,关键要看作者如何运用。某一事实、某个数据放在哪里叙述,从什么角度叙述,何处详叙,何处略叙,都是需要仔细考虑的。

6.4.6.3 事故调查报告的格式

事故调查报告与一般文章相同,有标题、正文和附件三大部分。

1. 标题

作为事故调查报告,其标题一般都采用公文式,即"关于……事故的调查报告"或"……事故的调查报告"。如"深圳市清水河化学危险品仓库'八五'特大爆炸火灾事故调查报告"、"关于我省阜新市'一一二七'特大火灾伤亡事故的调查处理报告"等。

2. 正文

正文一般可分为前言、主体和结尾三部分。

(1)前言。前言部分一般要写明调查简况,包括调查对象、问题、时间、地点、方法、目的和调查结果等,一般不设子标题或以"事故概况"等为子标题,如:

2010年8月3日9时30分,××省××市××矿发生一起重大煤矿瓦斯突发事故,死亡16人,伤20人,直接经济损失×××万元。

(2)主体。主体是调查报告的主要部分。这一部分应详细介绍调查中的情况和事实,以及对这些情况和事实所做出的分析。

事故调查报告的主体一般应采用纵式结构,即按事故发生的过程和事实、事故或问题的原因、事故的性质和责任、处理意见、建议整改措施的顺序写。这种写法使阅读人员对事故的发展过程有清楚的了解后,再阅读和领会所得出的相应结论,感到顺畅自然。典型的正文部分的子标题如"事故发生发展过程及原因分析,事故性质和责任,结论,教训与改进措施"。

(3)结尾。调查报告的结尾也有多种写法。一般是在写完主体部分之后,总结全文,得出结论。这种写法能够深化主题,加深人们对全篇内容的印象。当然,也有的事故调查报告没有单独的结尾,主体部分写完,就自然地结束。

3. 附件

事故调查报告的最后一部分内容是附件。在事故调查报告中,为了保证正文叙述的完整性和连贯性及有关证明材料的完整性,一般采用附件的形式将有关照片、鉴定报告、各种图类附在事故调查报告之后;也有的将事故调查组成员名单,或在特大事故中的死亡人员名单等作为附件列于正文之后,供有关人员查阅。

例如:某省"四一"特别重大爆炸事故报告(纲要)

1 事故简介
2 发生事故的企业及生产工房基本情况
2.1 发生事故的企业基本情况
2.2 发生事故的工房基本情况
3 事故调查
3.1 专家组组成及任务

天津港"8·12"特别重大火灾爆炸事故调查报告

3.2 人员伤亡状况

3.3 生产设备破坏情况

3.4 生产工房及周围建筑物破坏情况

3.5 爆炸药量估算

3.5.1 根据生产车间收发记录和对有关人员的调查推算爆炸药量

3.5.2 根据电子监控系统所记录的数据估算爆炸药量

3.5.3 根据事故周围建筑物情况推算爆炸药量

4 事故原因分析

4.1 工艺情况介绍

4.1.1 工艺流程说明

4.1.2 电子监控系统说明

4.2 排除法对爆炸源点的判断

4.3 爆炸原因的分析

4.3.1 爆炸过程的描述

4.3.2 证据链分析

4.3.2.1 现场勘查所获证据

4.3.2.2 从录像资料和生产工艺数据电脑记录资料所获证据

4.3.2.3 相关设备状况所获证据

4.3.3 同类爆炸事故类比分析

4.3.4 其他原因的排除

5 结论

6 建议

7 附件

7.1 附图1 工厂平面布置图

7.2 附图2 工艺流程图

7.3 附图3 201工艺布置图

7.4 事故照片资料(照片1~照片32)

7.5 电子监控原始记录(光盘)

7.6 专家组名单

6.4.7 事故资料归档

事故调查报告报送负责事故调查的人民政府后,事故调查工作即告结束。事故调查的有关资料应当归档保存。事故资料是记载事故的发生、调查、登记、处理全过程的全部文字材料的总和。它对于了解情况,总结经验,吸取教训,对事故进行统计分析,改进安全工作及开展科研工作都非常重要,也是进行事故复查、工伤保险、待遇资格认定的重要依据,还是对职工进行安全教育最生动的教材。因而,建立必要的事故结案制度,认真保存好事故档案,并发挥其应有的作用,是企业事故管理工作的重要内容之一。

一般情况下,事故处理结案后,应归档的事故资料如下:① 职工伤亡事故登记表;

② 事故调查报告书及批复；③ 现场调查记录、图纸和照片；④ 技术鉴定和试验报告；⑤ 物证、人证材料；⑥ 直接经济损失和间接经济损失材料；⑦ 事故责任者的自述材料；⑧ 医疗部门对伤亡人员的诊断书；⑨ 发生事故时的工艺条件、操作情况和相关设计资料；⑩ 受处分人员的检查材料和处分决定；⑪ 有关事故的通报、简报及文件；⑫ 调查组成员的姓名、职务及单位。

6.5　事故分析

　　事故分析是根据事故调查所取得的证据，进行事故的原因分析和责任分析。事故的原因分析包括事故的直接原因、间接原因和主要原因，事故责任分析包括事故的直接责任者、领导责任者和主要责任者。

6.5.1　现场分析

　　现场分析又称为临场分析或现场讨论，是在现场实地勘验和现场访问结束后，由所有参加现场勘查人员，全面汇总现场实地勘验和现场访问所得的材料，并在此基础上，对事故有关情况进行分析研究和确定对现场的处置的一项活动。它既是现场勘查活动中一个必不可少的环节，也是现场处理结束后进行深入分析的基础。

　　1. 现场分析的意义

　　现场分析在事故现场勘查中具有重要作用。

　　(1) 现场分析是对全部勘查材料的汇总和对勘查工作的检查。由于现场勘查是一项综合性较强的工作，现场各有关人员各自掌握的材料都是分散的、局部的，只有将这些材料汇总于一起，才能为全面查清事故发生的全部事实打下基础。

　　(2) 现场分析是对已收集材料从现象上升到本质的认识过程。虽然通过对现场的勘查获得的材料相当丰富，但这些材料只能反映事故事实的某一方面或表面现象，只有将获取的材料进行综合分析，相互补充才能得出较为客观、正确的结论。

　　(3) 现场分析能够充分发挥所有现场勘查人员的智慧，调动他们的工作积极性，有利于正确认识现场，全面查清事故发生的原因，保证事故处理工作的进一步开展。

　　2. 现场分析的任务

　　在事故现场处理工作中，现场分析的任务是多方面的，一般均包括以下几点：

　　(1) 分析事故性质，决定如何开展下一步工作。

　　(2) 分析事故原因。包括确定事故的直接原因和间接原因。

　　(3) 分析与事故发生有关的其他情况。包括分析事故发生的时间，分析事故发生的过程，分析事故发生造成的后果等。

　　3. 现场分析的原则和要求

　　为了保证现场分析结果的正确性，现场分析过程中必须遵守以下原则和要求：

　　(1) 必须把现场勘查中收集的材料作为分析的基础。同时，在分析前应对已收集材料甄别真伪。

（2）既要以同类现场的一般规律作指导，又要从个别案件实际出发。

（3）充分发扬民主，综合各方面的意见，得出科学的结论。

4. 现场分析的步骤

现场分析的步骤如下：

（1）汇集材料。汇集材料一般采用分门别类的方法进行。

（2）个别分析。对全部材料逐一分析、单独考虑，从而查明事故发生的全部情况。包括对各访问材料的分析和对痕迹、物证的分析等。

（3）综合分析。在对各方面情况已有初步了解的基础上，将所有材料集中起来，找出能共同证明某一问题的材料，从而判断事故直接原因。

（4）验证分析。采用"事故树分析"方法进一步验证调查事故原因的准确性和可靠性。

5. 现场分析的方法

现场分析的方法主要有以下四种：

（1）比较。即将分别收集的两个以上的现场勘查材料加以对比，以确定其真实性和相互补充、印证的一种方法。比较的内容通常有：比较现场实地勘验所见现场情况，现场目击者、操作者等所述情况，不同被访问人所述材料，提取痕迹、物证与尸体或伤口检验材料，收集的有关规章制度与实地勘验所见执行情况等。

（2）综合。即将现场勘查材料汇集起来，然后就事故事实的各个方面加以分析，由局部到整体，由个别到全面的认识过程。

（3）假设。即根据现场有关情况推测某一事实的存在，然后用汇总的现场材料和有关科学知识加以证实或否定。

（4）推理。即从已知的现场材料推断未知的事故发生的有关情况的思维活动。这要求现场分析人员运用逻辑推理方法，对事故发生的原因、过程、直接责任人等进行推论，这也是揭示事故案件本质的必经途径。

6.5.2 事后深入分析

事后深入分析是在充分掌握资料和现场分析的基础上，进行全面深入细致的分析，其目的不仅在于找出事故的责任者并做出处理，更在于发现事故的根本原因并找出预防和控制的方法和手段，是实现事故调查处理的最终目的。

对于较为严重或复杂的事故，特别是重特大伤亡或损失事故，仅仅依赖于现场分析是远远不够的。大多数事故都应在现场分析及所收集材料的基础上进行进一步的去粗取精、去伪存真、由此及彼、由表及里的深入分析，只有这样才有可能找出事故的根本原因和预防与控制事故的最佳手段。而且由于这类分析相对于现场分析来说时间性不是很强，因而，我们可以更多、更全面地分析相关资料，聘请一些较高水平但受各种因素限制不能参与现场分析的专家，进行更为深入、全面的分析。

这类事故分析方法可分为综合分析法、个别案例技术分析法和系统安全分析方法三大类。

1. 综合分析法

这是针对大量事故案例进行事故分析的一种方法。它总结事故发生、发展的规律,有针对性地提出普遍适用的预防措施。该类方法大体上分为统计分析法和按专业分析法。

统计分析法是以某一地区或某个单位历来发生的事故为对象,进行统计综合分析。而按专业分析法则是将大量同类事故的资料进行加工、整理、提出预防事故措施的方法。按专业分析法对不同事故类型,如爆破、煤气、厂内运输、机械、电气等事故进行分析,得出结论。

2. 个别案例技术分析法

这是针对某个事故案例,特别是重大事故,从技术方面进行的事故分析方法。即应用工程技术知识、生产工艺原理及社会学等多学科的知识,对个别案例进行旨在研究事故的影响因素及其组合关系,或根据某些现象推断事故过程的事故分析方法。

这种分析法一般分为四种类型:

(1)根据基本技术原理进行分析。如根据生产工艺原理、工程力学原理、矿山岩体力学原理、燃烧爆炸机理、静电理论等分析事故。例如某亚麻厂以粉尘为对象,重点从爆炸的条件,即可燃物与空气以特定比例混合后的物质,以及具有火源或静电入手进行分析,提出了防范爆炸事故的具体措施。

(2)以基本计算进行分析。如某石油化工企业天然气管道与阀门发生的燃烧事故导致 3 人死亡,通过计算管道流量流速,找出了管道内积存的可燃性杂质是发生事故的基本因素,并提出了有效措施。

(3)从中毒机理进行分析。如某冶炼厂电炉检修时,因炉内洒水降温,产生有毒气体砷化氢,导致 3 人死亡。该厂从中毒机理、产生砷化氢的化学反应及根源上分析事故原因,提出了防范措施。

(4)以责任分析法进行分析。该方法着重从作业者和肇事者、生产指挥者及企业级领导及事故涉及的有关人员的个人表现进行分析,重点分析人的不安全行为,在管理上、操作上的违章和违纪行为等。

3. 系统安全分析方法

系统安全分析是运用逻辑学和数学方法,结合自然科学和社会科学的有关理论,分析系统的安全性能,揭示其潜在的危险性和发生的概率以及可能产生的伤害和损失的严重程度。

系统安全分析是系统安全的重要内容之一,是进行安全评价和进行危险控制以及安全防护的前提和依据。只有准确地分析,才能正确地评价,也才有可能采取相应的安全措施,消除或控制事故的发生。

系统安全分析当然也适用于在事故调查中进行事故原因的分析。常用的系统安全分析方法,如故障树分析(FTA)、事件树分析(ETA)、管理失效和风险树分析(MORT)等,都可以应用于事故分析中,只是需要在应用时根据具体情况,适当地选用有关方法。各种系统安全分析方法,请参考有关系统安全或安全系统工程类书籍。

此外,各种事故致因理论也可用于进行事故分析之中,也是系统安全分析方法中的一个重要的组成部分。

6.5.3 原因分析

事故原因分析是调查事故的关键环节。事故原因确定正确与否将直接影响到事故处理。事故原因的确定是在调查取得大量第一手资料的基础上进行的。事故原因分直接原因和间接原因。

6.5.3.1 直接原因

所谓直接原因是指直接加害于受害人的因素。由于生产现场包含着来自人和物两方面的多种隐患,因而事故的直接原因通常是指直接导致伤亡事故的人的不安全行为或机械、物质的不安全状态。

1. 人的不安全行为

《企业职工伤亡事故分类标准》(GB6441—86)中所列举的不安全行为包括:

(1) 操作错误、忽视安全、忽视警告。

(2) 造成安全装置失效。

(3) 使用不安全设备。

(4) 手代替工具操作。

(5) 物体存放不当。

(6) 冒险进入危险场所。

(7) 攀、坐不安全位置。

(8) 在起吊物下作业、停留。

(9) 机器运转时加油、修理、检查、调整、焊接、清扫等工作。

(10) 分散注意力。

(11) 未用个人防护用具。

(12) 不安全装束。

(13) 对易燃、易爆物处理不当。

2. 机械、物质或环境的不安全状态

《企业职工伤亡事故分类标准》(GB6441—86)中所列举的不安全状态包括:

(1) 防护、保险、信号等装置缺乏或有缺陷。

(2) 设备、设施、工具、附件有缺陷。

(3) 个人防护品用具——防护服、手套、护目镜及面罩、呼吸器官护具、听力护具、安全带、安全帽、安全鞋等缺少或有缺陷。

(4) 生产场地环境不良。

人的不安全行为和机械、物质的不安全状态有时是相互关联的。人的不安全行为可以造成物的不安全状态,而物的不安全状态又会在客观上促成人产生不安全行为的环境条件。因此,迅速、准确地调查人的不安全行为或物的不安全状态并判明二者间的关系,是分析事故原因及确定事故责任的重要方面。

6.5.3.2 间接原因

(1) 技术和设计上有缺陷。

（2）教育培训不够、未经培训、缺乏或不懂得安全操作技术知识。

（3）劳动组织不合理。

（4）对现场工作缺乏检查或指导错误。

（5）没有安全操作规程或不健全。

（6）没有或不认真实施事故防范措施，对事故隐患整改不力。

（7）相应安全生产管理制度没有或不完善。

（8）其他。

分析事故的时候，应从直接原因入手，逐步深入到间接原因，从而掌握事故的全部原因；再分清主次，进行责任分析。

6.5.4　责任分析

事故责任分析是根据事故调查所确认的事实，通过对直接原因和间接原因的分析，确定事故中的直接责任者和领导责任者。其目的在于划清事故责任，做出适当处理，使企业领导和职工群众从中吸取教训，改进工作。

在进行事故责任分析时，要注意区分责任事故与非责任事故，调查处理的重点是责任事故。所谓责任事故是指因有关人员的过失而造成的事故；非责任事故是指由于自然因素造成的人力不可抗拒的事故，或在技术改造、发明创造、科学试验活动中，因科学技术条件的局限无法预测而发生的事故。例如，1971 年 6 月 30 日，苏联"联盟-11"号宇宙飞船在返回途中因船舱上一个与外界连接的活门提前打开，造成 3 名宇航员死亡的事故。

对于责任事故的责任划分，通常有肇事者责任、领导者责任等。

1. 因下列情形之一造成工伤事故的，应追究肇事者的责任

（1）违章操作。

（2）违章指挥。

（3）玩忽职守，违反安全责任制和劳动纪律。

（4）擅自拆除、毁坏、挪用安全装置和设备。

2. 有下列情形之一的，应当追究事故单位领导者的责任

（1）未按规定对职工进行安全教育和技术培训。

（2）设备超过检修期限或超负荷运行，或设备有缺陷。

（3）没有安全操作规程或规章制度不健全。

（4）作业环境不安全或安全装置不齐全。

（5）违反职业禁忌症的有关规定。

（6）设计有错误，或在施工中违反设计规定和削减安全卫生设施。

（7）对已发现的隐患未采取有效的防护措施，或在事故后仍未采取防护措施，致使同类事故重复发生。

3. 因下列情形之一造成重大或特别重大伤亡事故时，应当追究厂矿企业或主管部门主要领导者的责任

（1）发布违反劳动保护法规的指示、决定和规章制度，因而造成重大伤亡事故的。

（2）无视安全部门的警告，未及时消除隐患而造成重大伤亡事故的。

（3）安全责任制、安全规章制度、安全操作规程不健全，职工无章可循，或安全管理措施不到位，安全管理混乱而造成重大伤亡事故的。

（4）签订的经济承包、租赁等合同，没有劳动安全卫生内容和相应劳动安全措施，造成伤亡事故的。

（5）未按规定对职工进行安全教育培训、考核，未持证上岗操作或指挥生产，造成伤亡事故的。

（6）劳动条件和作业环境不安全、不卫生，又未采取措施造成伤亡事故的。

（7）新建、改建、扩建工程和技术改造项目，安全卫生设施未与主体工程"三同时"而造成伤亡事故的。

（8）对危及安全生产的隐患问题不负责任，玩忽职守，不及时整改而导致伤亡事故的。

4. 对有下列情形之一的事故责任者或其他有关人员，应从重处罚

（1）利用职权对事故隐瞒不报、谎报、虚报或者故意拖延不报的。

（2）故意毁灭、伪造证据，伪造、破坏事故现场，干扰事故调查或嫁祸于人的，无正当理由拒绝接受调查以及拒绝提供有关情况资料的。

（3）事故发生后，不积极组织抢救或指挥抢救不力，造成更大伤亡的。

（4）企业接到《劳动安全监察意见书》后，逾期不消除隐患而发生伤亡事故的。

（5）屡次不服从管理、违反规章制度或者强令职工冒险作业的。

（6）对批评、制止违章行为和如实反映事故情况的人员进行打击报复的。

（7）故意拖延事故调查处理，不按时结案的。

6.6 事故处理

6.6.1 事故处理的依据

当前我国对于生产事故的处理主要依据以下法律法规：

（1）《中华人民共和国刑法》。

（2）《中华人民共和国安全生产法》。

（3）《国务院关于特大安全事故行政责任追究的规定》（国务院令第302号）。

● 生产安全事故罚款处罚规定（试行）
● 安全生产违法行为行政处罚办法

（4）《生产安全事故报告和调查处理条例》（国务院令第493号）。

（5）《安全生产领域违法违纪行为政纪处分暂行规定》（监察部、安监总局令第11号）。

（6）《生产安全事故罚款处罚规定（试行）》（安监总局令第13号，2015年修订）。

（7）《安全生产违法行为行政处罚办法》（安监总局令第15号）。

6.6.2 事故处理的内容

根据事故查处"四不放过"原则，事故处理工作包括以下内容：

（1）政府安全生产综合管理部门按时限要求批复事故调查报告。

对于重大事故、较大事故、一般事故，负责事故调查的人民政府应当自收到事故调查报告之日起 15 日内做出批复；特别重大事故，30 日内做出批复，特殊情况下，批复时间可以适当延长，但延长的时间最长不超过 30 日。

事故处理的情况由负责事故调查的人民政府或者其授权的有关部门、机构向社会公布，依法应当保密的除外。

（2）事故发生单位认真总结事故教训，及时采取防范措施。

493 号令中规定，事故发生单位的防范和整改措施的落实情况应当接受工会和职工的监督，并且安全生产监督管理部门和负有安全生产监督管理职责的有关部门应当对事故发生单位落实防范和整改措施的情况进行监督检查。

（3）人力资源管理部门根据政府批复的事故调查报告，按干部管理权限，对事故责任者进行责任追究；触犯刑律的，由司法机关部门追究刑事责任。

有关机关应当按照人民政府的批复，依照法律、行政法规规定的权限和程序，对事故发生单位和有关人员进行行政处罚，对负有事故责任的国家工作人员进行处分。

事故发生单位应当按照负责事故调查的人民政府的批复，对本单位负有事故责任的人员进行处理。

负有事故责任的人员涉嫌犯罪的，依法追究刑事责任。

6.6.3　事故处理的责任追究

安全生产事故责任追究是指因安全生产责任者未履行安全生产有关的法定责任，根据其行为的性质及后果的严重性，追究其民事、行政或刑事责任的一种制度。

6.6.3.1　民事责任

民事责任是指民事主体违反民事法律规范所应当承担的法律责任。民事责任包括合同责任和侵权责任。安全生产的民事责任主要是侵权民事责任，是指民事主体侵犯他人的人身权、财产权所应当承担的责任。民事责任的责任形式有财产责任和非财产责任，包括赔偿损失、支付违约金、支付精神损害赔偿金、停止侵害、排除妨碍、消除危险、返还财产、恢复原状以及恢复名誉、消除影响、赔礼道歉等。这些责任形式既可以单独适用，也可以合并适用。

在《安全生产法》（2014 版）中，有关的民事责任的具体规定有：

第五十三条　因生产安全事故受到损害的从业人员，除依法享有工伤社会保险外，依照有关民事法律尚有获得赔偿的权利的，有权向本单位提出赔偿要求。

第八十九条　承担安全评价、认证、检测、检验工作的机构，出具虚假证明，给他人造成损害的，与生产经营单位承担连带赔偿责任。

第一百条　生产经营单位将生产经营项目、场所、设备发包或者出租给不具备安全生产条件或者相应资质的单位或者个人的，责令限期改正，没收违法所得；违法所得十万元以上的，并处违法所得二倍以上五倍以下的罚款；没有违法所得或者违法所得不足十万元的，单处或者并处十万元以上二十万元以下的罚款；对其直接负责的主管人员和其他直接责任人员处一万元以上二万元以下的罚款；导致发生生产安全事故给他人造成损害的，与承包方、承租方承担连带赔偿责任。

生产经营单位未与承包单位、承租单位签订专门的安全生产管理协议或者未在承包合同、租赁合同中明确各自的安全生产管理职责，或者未对承包单位、承租单位的安全生产统一协调、管理的，责令限期改正，可以处五万元以下的罚款，对其直接负责的主管人员和其他直接责任人员可以处一万元以下的罚款；逾期未改正的，责令停产停业整顿。

第一百一十一条　生产经营单位发生生产安全事故造成人员伤亡、他人财产损失的，应当依法承担赔偿责任；拒不承担或者其负责人逃匿的，由人民法院依法强制执行。

6.6.3.2　行政责任

行政责任是指个人或者单位违反行政管理方面的法律规定所应当承担的法律责任。行政责任包括行政处分和行政处罚。

行政处分是行政机关内部，上级对有隶属关系的下级违反纪律的行为或者是尚未构成犯罪的轻微违法行为给予的纪律制裁。其种类有：警告、记过、记大过、降级、降职、撤职、开除留用察看、开除。

行政处罚的种类有：警告、罚款、行政拘留、没收违法所得、没收非法财物、责令停产停业、暂扣或者吊销许可证、暂扣或者吊销执照等。

1. 安全生产法中关于追究行政责任的规定

第八十八条　负有安全生产监督管理职责的部门，要求被审查、验收的单位购买其指定的安全设备、器材或者其他产品的，在对安全生产事项的审查、验收中收取费用的，由其上级机关或者监察机关责令改正，责令退还收取的费用；情节严重的，对直接负责的主管人员和其他直接责任人员依法给予行政处分。

第八十九条　承担安全评价、认证、检测、检验工作的机构，出具虚假证明，尚不够刑事处罚的，没收违法所得，违法所得在五千元以上的，并处违法所得二倍以上五倍以下的罚款，没有违法所得或者违法所得不足五千元的，单处或者并处五千元以上二万元以下的罚款，对其直接负责的主管人员和其他直接责任人员处五千元以上五万元以下的罚款；给他人造成损害的，与生产经营单位承担连带赔偿责任。撤销该机构的相应资格。

2. 关于罚款处罚的规定

事故发生单位主要负责人有下列行为之一的：

（一）事故发生单位主要负责人在事故发生后不立即组织事故抢救的，处上一年年收入100%的罚款；

（二）事故发生单位主要负责人迟报事故的，处上一年年收入60%至80%的罚款；漏报事故的，处上一年年收入40%至60%的罚款；

（三）事故发生单位主要负责人在事故调查处理期间擅离职守的，处上一年年收入80%至100%的罚款。

事故发生单位的主要负责人、直接负责的主管人员和其他直接责任人员：

（一）伪造、故意破坏事故现场，或者转移、隐匿资金、财产、销毁有关证据、资料，或者拒绝接受调查，或者拒绝提供有关情况和资料，或者在事故调查中作伪证，或者指使他人作伪证的，处上一年年收入80%至90%的罚款；

（二）谎报、瞒报事故或者事故发生后逃匿的，处上一年年收入100％的罚款。

事故发生单位对造成3人以下死亡，或者3人以上10人以下重伤（包括急性工业中毒，下同），或者300万元以上1000万元以下直接经济损失的一般事故负有责任的，处20万元以上50万元以下的罚款。存在谎报或者瞒报事故情节的，处50万元的罚款。

事故发生单位对较大事故发生负有责任的：

（一）造成3人以上6人以下死亡，或者10人以上30人以下重伤，或者1000万元以上3000万元以下直接经济损失的，处50万元以上70万元以下的罚款；

（二）造成6人以上10人以下死亡，或者30人以上50人以下重伤，或者3000万元以上5000万元以下直接经济损失的，处70万元以上100万元以下的罚款。

事故发生单位对较大事故发生负有责任且有谎报或者瞒报情节的，处100万元的罚款。

事故发生单位对重大事故发生负有责任的：

（一）造成10人以上15人以下死亡，或者50人以上70人以下重伤，或者5000万元以上7000万元以下直接经济损失的，处100万元以上300万元以下的罚款；

（二）造成15人以上30人以下死亡，或者70人以上100人以下重伤，或者7000万元以上1亿元以下直接经济损失的，处300万元以上500万元以下的罚款。

事故发生单位对重大事故发生负有责任且有谎报或者瞒报情节的，处500万元的罚款。

事故发生单位对特别重大事故发生负有责任的：

（一）造成30人以上40人以下死亡，或者100人以上120人以下重伤，或者1亿元以上1.2亿元以下直接经济损失的，处500万元以上1000万元以下的罚款；

（二）造成40人以上50人以下死亡，或者120人以上150人以下重伤，或者1.2亿元以上1.5亿元以下直接经济损失的，处1000万元以上1500万元以下的罚款；

（三）造成50人以上死亡，或者150人以上重伤，或者1.5亿元以上直接经济损失的，处1500万元以上2000万元以下的罚款。

事故发生单位对特别重大事故发生负有责任且有谎报瞒报等情形，处2000万元的罚款。

事故发生单位主要负责人未依法履行安全生产管理职责：

（一）发生一般事故的，处上一年年收入30％的罚款；

（二）发生较大事故的，处上一年年收入40％的罚款；

（三）发生重大事故的，处上一年年收入60％的罚款；

（四）发生特别重大事故的，处上一年年收入80％的罚款。

个人经营的投资人未依照《安全生产法》的规定保证安全生产所必需的资金投入，致使生产经营单位不具备安全生产条件：

（一）发生一般事故的，处2万元以上5万元以下的罚款；

（二）发生较大事故的，处5万元以上10万元以下的罚款；

（三）发生重大事故的，处10万元以上15万元以下的罚款；

（四）发生特别重大事故的，处15万元以上20万元以下的罚款。

此外,在《国务院关于特大安全事故行政责任追究的规定》(国务院令第 302 号)、《安全生产领域违法违纪行为政纪处分暂行规定》(监察部、安监总局令第 11 号)、《生产安全事故罚款处罚规定(试行)》(安监总局令第 13 号)、《安全生产违法行为行政处罚办法》(安监总局令第 15 号)等法规、规章中也有相应追究行政责任的具体规定。

6.6.3.3　刑事责任

刑事责任是指犯罪行为应当承担的法律责任,即对犯罪分子依照刑事法律的规定追究的法律责任。

刑事责任与行政责任不同之处:

一是追究的违法行为不同:追究行政责任的是一般违法行为,追究刑事责任的是犯罪行为;

二是追究责任的机关不同:追究行政责任由国家特定的行政机关依照有关法律的规定决定,追究刑事责任只能由司法机关依照《刑法》的规定决定;

三是承担法律责任的后果不同:追究刑事责任是最严厉的制裁,可以判处死刑,比追究行政责任严厉得多。

刑事处罚的种类包括管制、拘役、有期徒刑、无期徒刑和死刑这五种主刑,还包括剥夺政治权利、罚金和没收财产三种附加刑。附加刑可以单独适用,也可以与主刑合并适用。

安全生产法中有关追究刑事责任的规定包括:

1. 生产经营单位负责人的刑事责任

生产经营单位的决策机构、主要负责人或者个人经营的投资人不依照本法规定保证安全生产所必需的资金投入,导致发生生产安全事故,构成犯罪的,依照刑法有关规定追究刑事责任。

生产经营单位的主要负责人未履行本法规定的安全生产管理职责的,导致发生生产安全事故,构成犯罪的,依照刑法有关规定追究刑事责任。

生产经营单位拒绝、阻碍负有安全生产监督管理职责的部门依法实施监督检查的,构成犯罪的,对其直接负责的主管人员和其他直接责任人员依照刑法有关规定追究刑事责任。

生产经营单位有下列行为之一,构成犯罪的,依照刑法有关规定追究刑事责任。这些行为包括:

(一)未按照规定对矿山、金属冶炼建设项目或者用于生产、储存、装卸危险物品的建设项目进行安全评价的;

(二)矿山、金属冶炼建设项目或者用于生产、储存、装卸危险物品的建设项目没有安全设施设计或者安全设施设计未按照规定报经有关部门审查同意的;

(三)矿山、金属冶炼建设项目或者用于生产、储存、装卸危险物品的建设项目的施工单位未按照批准的安全设施设计施工的;

(四)矿山、金属冶炼建设项目或者用于生产、储存危险物品的建设项目竣工投入生产或者使用前,安全设施未经验收合格的;

(五)未在有较大危险因素的生产经营场所和有关设施、设备上设置明显的安全警示标志的；

（六）安全设备的安装、使用、检测、改造和报废不符合国家标准或者行业标准的；

（七）未对安全设备进行经常性维护、保养和定期检测的；

（八）未为从业人员提供符合国家标准或者行业标准的劳动防护用品的；

（九）危险物品的容器、运输工具，以及涉及人身安全、危险性较大的海洋石油开采特种设备和矿山井下特种设备未经具有专业资质的机构检测、检验合格，取得安全使用证或者安全标志，投入使用的；

（十）使用应当淘汰的危及生产安全的工艺、设备的。

以上四条对应《刑法》第一百三十五条（重大劳动安全事故罪）安全生产设施或者安全生产条件不符合国家规定，因而发生重大伤亡事故或者造成其他严重后果的，对直接负责的主管人员和其他直接责任人员，处三年以下有期徒刑或者拘役；情节特别恶劣的，处三年以上七年以下有期徒刑。

未经依法批准，擅自生产、经营、运输、储存、使用危险物品或者处置废弃危险物品的，构成犯罪的，依照刑法有关规定追究刑事责任。

生产经营单位有下列行为之一的，构成犯罪的，依照刑法有关规定追究刑事责任：

（一）生产、经营、运输、储存、使用危险物品或者处置废弃危险物品，未建立专门安全管理制度、未采取可靠的安全措施的；

（二）对重大危险源未登记建档，或者未进行评估、监控，或者未制定应急预案的；

（三）进行爆破、吊装以及国务院安全生产监督管理部门会同国务院有关部门规定的其他危险作业，未安排专门人员进行现场安全管理的；

（四）未建立事故隐患排查治理制度的；

（五）生产、经营、储存、使用危险物品的车间、商店、仓库与员工宿舍在同一座建筑内，或者与员工宿舍的距离不符合安全要求的；

（六）生产经营场所和员工宿舍未设有符合紧急疏散需要、标志明显、保持畅通的出口，或者锁闭、封堵生产经营场所或者员工宿舍出口的。

以上对应《刑法》第一百三十六条（危险物品肇事罪），违反爆炸性、易燃性、放射性、毒害性、腐蚀性物品的管理规定，在生产、储存、运输、使用中发生重大事故，造成严重后果的，处三年以下有期徒刑或者拘役；后果特别严重的，处三年以上七年以下有期徒刑。

生产经营单位主要负责人在本单位发生重大生产安全事故时，不立即组织抢救或者在事故调查处理期间擅离职守或者逃匿的，或对生产安全事故隐瞒不报、谎报或者拖延不报的，构成犯罪的，依照刑法有关规定追究刑事责任。

其对应《刑法》第一百三十九条（不报、谎报安全事故罪），在安全事故发生后，负有报告职责的人员不报或者谎报事故情况，贻误事故抢救，情节严重的，处三年以下有期徒刑或者拘役；情节特别严重的，处三年以上七年以下有期徒刑。

2. 生产经营单位从业人员的刑事责任

生产经营单位的从业人员不服从管理，违反安全生产规章制度或者操作规程的，造成重大事故，构成犯罪的，依照刑法有关规定追究刑事责任。

其对应《刑法》第一百三十四条（重大责任事故罪、强令违章冒险作业罪），在生产、作业中违反有关安全管理的规定,因而发生重大伤亡事故或者造成其他严重后果的,处三年以下有期徒刑或者拘役;情节特别恶劣的,处三年以上七年以下有期徒刑。

此外,刑法中在该条还规定,强令他人违章冒险作业,因而发生重大伤亡事故或者造成其他严重后果的,处五年以下有期徒刑或者拘役;情节特别恶劣的,处五年以上有期徒刑。

3. 政府管理部门人员的刑事责任

负有安全生产监督管理职责的部门的工作人员,不依法履行审批和监督管理职责,在监督检查中发现重大事故隐患,不依法及时处理的;滥用职权、玩忽职守的。构成犯罪的,依照刑法有关规定追究刑事责任。

有关地方人民政府、负有安全生产监督管理职责的部门,对生产安全事故隐瞒不报、谎报或者拖延不报的,构成犯罪的,依照刑法有关规定追究刑事责任。

其对应《刑法》第三百九十七条(滥用职权罪、玩忽职守罪),国家机关工作人员滥用职权或者玩忽职守,致使公共财产、国家和人民利益遭受重大损失的,处三年以下有期徒刑或者拘役;情节特别严重的,处三年以上七年以下有期徒刑。本法另有规定的,依照规定。

国家机关工作人员徇私舞弊,犯前款罪的,处五年以下有期徒刑或者拘役;情节特别严重的,处五年以上十年以下有期徒刑。

4. 安全中介机构人员的刑事责任

承担安全评价、认证、检测、检验工作的机构,出具虚假证明,构成犯罪的,依照刑法有关规定追究刑事责任。

其对应《刑法》第二百二十九条(提供虚假证明文件罪、出具证明文件重大失实罪),承担资产评估、验资、验证、会计、审计、法律服务等职责的中介组织的人员故意提供虚假证明文件,情节严重的,处五年以下有期徒刑或者拘役,并处罚金。索取他人财物或者非法收受他人财物,犯前款罪的,处五年以上十年以下有期徒刑,并处罚金。严重不负责任,出具的证明文件有重大失实,造成严重后果的,处三年以下有期徒刑或者拘役,并处或者单处罚金。

6.7　事故的统计和分析

6.7.1　事故统计分析的目的和作用

事故的统计分析是指运用数理统计的原理和方法,以某个地区、某个行业或某个部门的某时期内的职工伤亡事故资料为基础,从宏观上探索伤亡事故发生原因及规律的过程。通过事故的综合分析,可以了解一个企业、部门在某一时期的安全状况,掌握伤亡事故发生、发展的规律和趋势,探求伤亡事故发生的原因和有关的影响因素,从而为有效地采取预防事故措施提供依据,为宏观事故预测及安全决策提供依据。

事故统计分析的目的包括三个方面:

一是进行企业外的对比分析。依据伤亡事故的主要统计指标进行部门与部门之间、企业与企业之间、企业与本行业平均指标之间的对比。

　　二是对企业、部门的不同时期的伤亡事故发生情况进行对比,用来评价企业安全状况是否有所改善。

　　三是发现企业事故预防工作存在的主要问题,研究事故发生原因,以便采取措施防止事故发生。

　　事故统计分析的作用表现在以下几个方面:

　　首先,能够提供某个时期内伤亡事故的全部情况,包括事故的发生次数、事故类别、严重程度、受害者基本情况、事故所涉及的机器及工具设备、与事故有关的行为类型、事故最常发生的时间和地点等。

　　其次,通过对企业历年伤亡事故资料的统计分析,可以了解企业安全生产管理工作的发展趋势和特点,可以发现事故的发生规律,可以找出安全生产管理工作的薄弱环节及其存在的问题,为研究制定安全工作计划、进行安全检查和安全决策提供一定的依据。

　　再次,伤亡事故统计分析是实行工伤保险浮动费率制和差别费率制的基本条件。

　　最后,伤亡事故统计分析是开展安全性评价工作的重要前提条件之一。特别是能为各级领导部门掌握全局性的安全生产状况,制定安全目标值提供重要依据。

　　因而,企业必须十分重视对伤亡事故的统计分析工作,要按规定及时上报统计分析结果,切实保证统计数据的全面性和准确性。

6.7.2　事故统计的指标体系

　　为了便于统计、分析、评价企业、部门的伤亡事故发生情况,需要规定一些通用的、统一的统计指标。当前我国的安全生产控制考核指标体系由事故死亡人数总量控制指标、绝对控制指标、相对控制指标,较大、重特大事故起数控制指标等四类共 27 项具体指标构成。

　　1. 总量控制指标

　　总量控制指标包括工矿商贸、道路交通、火灾、铁路交通和农业机械等行业合计的各类事故死亡人数。

　　2. 绝对控制指标

　　绝对指标是指反映伤亡事故全面情况的绝对数值,包括了工矿商贸企业(煤矿、矿山、建筑施工、危险化学品、烟花爆竹、特种设备等)、火灾、道路交通、水上交通、铁路、渔业和农机等行业的 14 项具体指标。

　　(1) 工矿商贸生产安全事故死亡人数:① 煤矿事故死亡人数;② 金属与非金属矿事故死亡人数;③ 建筑施工事故死亡人数。

　　其中:房屋建筑及市政工程事故死亡人数:① 危险化学品事故死亡人数;② 烟花爆竹事故死亡人数;③ 特种设备事故死亡人数。

　　(2) 火灾事故死亡人数。

　　(3) 道路交通事故死亡人数。

　　(4) 水上交通事故死亡人数。

（5）铁路交通事故死亡人数。

（6）渔业船舶事故死亡人数。

（7）农业机械事故死亡人数。

3. 相对控制指标

相对指标是伤亡事故的两个相联系的绝对指标之比，表示事故的比例关系。安全生产控制考核指标体系中包括以下 8 项具体的相对控制指标。

（1）亿元 GDP 生产安全事故死亡率。

（2）工矿商贸就业人员十万人生产安全事故死亡率。

（3）道路交通万车死亡率。

（4）煤矿百万吨死亡率。

（5）十万人口火灾死亡率。

（6）水上交通百万吨吞吐量死亡率。

（7）铁路交通百万机车总行走公里死亡率。

（8）特种设备万台死亡率。

4. 较大、重特大事故起数控制指标

较大事故是指一次死亡 3～9 人的事故；重特大事故是指一次死亡 10 人以上事故，包括重大事故和特别重大事故。较大、重特大事故起数控制指标又包括以下 4 项具体指标。

（1）较大事故起数。

其中：煤矿较大事故起数。

（2）重大以上事故起数。

其中：煤矿重大以上事故起数。

安全生产控制考核指标由国务院安委会每年分解下达到各省（区市）和新疆生产建设兵团。各地逐级分解落实到基层政府和重点企业。每季度在《人民日报》公布各地安全生产控制考核指标实施情况。

以上 27 项具体控制考核指标中，水上交通、渔业船舶、房屋建筑及市政工程、特种设备事故死亡人数和十万人口火灾死亡率、水上交通百万吨吞吐量死亡率、铁路交通百万机车总行走公里死亡率、特种设备万台死亡率等 8 个指标为各行业和领域总体控制考核指标，不按地区分解下达。

控制考核指标的核心意义在于遏制事故、减少死亡，是约束性指标，对安全生产工作绩效实施量化考核。不能因为设立考核指标而瞒报事故和弄虚作假，更不能把考核指标看作政府下达的"死亡指标"。事故瞒报逃匿现象的发生，并不是由于下达控制性指标，也不是严刑厉法所造成。恰恰相反，主要是事故责任追究、依法惩处不到位，失之于宽，失之于软，致使一些非法业主和责任人存有侥幸心理，事故后隐瞒不报或者试图一跑了之。在社会公众和媒体的监督下，在强大的法制面前，任何事故都瞒不住、逃不掉，必须受到严厉的惩罚。

事故"死亡"及其"死亡人数"，是国人非常忌讳、避之忧恐不及的名词和话语，却是安全生产工作不得不直面的现实。对于一个企业，可以要求杜绝死亡、事故为零，但这是微观层面的要求;对一个国家,一个地、市,甚至一个县,现阶段以及可以预期的将来,都不可能杜绝事故死亡。因此,目前能够做的就是要控制重特大事故,逐年减少,把事故死亡压减到最低界限。近年来的实践也表明,通过实施控制考核指标,确实强化了各级干部的责任意识,有效地推动了安全生产。

6.7.3　生产安全事故统计报表制度

生产安全事故
统计报表制度

为及时、全面掌握全国生产安全事故情况,深入分析全国安全生产形势,科学预测全国安全生产发展趋势,为安全生产监管、煤矿安全监察工作提供可靠的信息支持和科学的决策依据,国家安全生产监督管理总局以安监总统计〔2016〕第 116 号文的形式印发《生产安全事故统计报表制度》的通知。

1. 统计范围

指在中华人民共和国领域内从事生产经营活动中发生的造成人身伤亡或者直接经济损失的生产安全事故。

2. 统计内容

主要包括事故发生单位的基本情况、事故造成的死亡人数、受伤人数、急性工业中毒人数、单位经济类型、事故类别等。具体包括以下五个方面:

(1)事故单位情况

包括事故单位地址、单位通信地址、单位法人代码、从业人员数、单位规模、单位控股类型、主管部门、管理分类。

(2)事故情况

包括事故发生地点、发生日期、发生时间、所属行业、事故类别、人员伤亡总数、事故原因、受害人损失工作日、直接经济损失(万元)、起因物、致害物、不安全行为。

(3)事故概况

主要填写事故发生的经过、原因分析、事故教训、防范措施、结案处理情况及其他要说明的情况。

(4)人员情况

包括伤亡人员的姓名、性别、年龄、工种、工龄、文化程度、职业、伤害程度、死亡日期、损失工作日。

(5)煤矿情况

如果是煤矿企业,还需统计包括煤矿类型、事故发生地点(地面、采煤面、掘进头、上下山、大巷、井筒或其他)、统计类别、事故类别、致害原因。

生产安全事故统计报表由各级安全生产监督管理部门、煤矿安全监察机构负责组织实施,每月对本行政区内发生的生产安全事故进行全面统计。其中:火灾、道路交通、水上交通、民航飞行、铁路交通、农业机械、渔业船舶等事故由其主管部门统计,每月抄送同级安全生产监督管理部门。各级安全生产监督管理部门和煤矿安全监察机构,在次月 7 日前报送上月事故统计报表。

6.7.4 常用的伤亡事故统计分析方法

事故统计分析方法是以研究伤亡事故统计为基础的分析方法。常见的事故统计分析方法有如下几类。

6.7.4.1 主次因素排列图

主次因素排列图简称主次图或排列图，又称巴雷特（Pareto）图，是柱状图与折线图的结合。柱状图用来表示各分类的绝对数，而折线则表示各类的累计频数。通过主次图，人们既能定性直观地、又能从图中标示的数值确定与事故有关的各种因素的影响程度大小，从而确定控制事故、预防事故的主攻方向。这是分析影响事故率主要因素、次要因素的一种简单有效的方法，将资料分类，依照统计数据的多少，按顺序排列作图以表明影响事故率的关键所在。为解决主要问题，采取最有效、最经济的安全管理手段降低事故率提供依据。

主次图系由左纵坐标、右纵坐标、横坐标、直方形和曲线等组成。左纵坐标表示绝对数；右纵坐标表示相对数；横坐标表示要分析的诸影响因素，如事故类型、事故发生点、发生时间、发生原因、事故受害者的年龄、工龄和工种等，并按各影响因素的影响程度，从左向右排列；直方形其高度表示某项影响因素的大小；曲线表示各影响因素的影响大小的累积百分数。将曲线适当地分段，以确定关键因素和次要因素。

以某市的建筑行业在"十一五"期间发生的伤亡事故为例，按照事故类别运用主次图进行分析，如图 6.5 所示。

由该图可以看出，车辆伤害、机械伤害、物体打击和触电是该企业伤亡事故的主要类别，占整个事故总数的 77%。安全管理方法中有一种以主次因素排列为基础的 ABC 管理法。它按累计百分比把所有因素划分为 A、B、C 三个级别，其中累计百分比 0%～80% 为 A 级、80%～90% 为 B 级、90%～100% 为 C 级。A 级因素相对数目较少但累计百分比达到 80%，是"关键的少数"，是管理的重点；相反，C 级因素属于"无关紧要的多数"。事故预防的重点对象是那些累计比

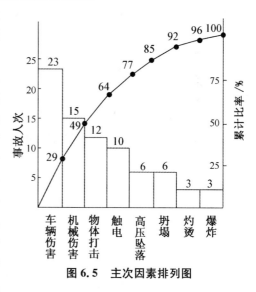

图 6.5 主次因素排列图

率在 70%～80% 的项目，而这样的项目数在总的项目数中占的比例相对较小，但这恰恰体现着主次图分析法的一个特点，即它有助于我们将极其重要的少数问题与无关紧要的多数问题区别开来，重点对待。

6.7.4.2 事故趋势图

事故趋势图又称事故动态图。它是一种折线图，用不间断的折线来表示各统计指标的数值大小和变化，最适合于表现事故发生与时间的关系。

其横坐标多由时间、年龄或工龄等构成,纵坐标则可根据分析者的需要选用不同的统计指标,如反映工伤事故规模的指标(事故次数、事故伤害总人数、事故损失工作日数、事故经济损失等)、反映工伤事故严重程度的指标(伤害严重率、伤害平均严重率、百万元产值事故经济损失值等)、以及千人死亡率(重伤率)或百万吨死亡率等反映工伤事故相对程度的指标等等。图 6.6 是负伤频率与时间所构成的事故趋势图。

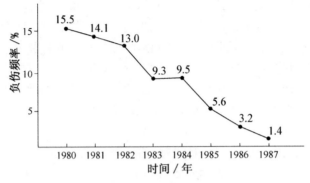

图 6.6　某企业事故趋势图

6.7.4.3　事故控制图

事故控制图又称事故管理图。它是把某一单位或某个地区的事故发生情况,按照时间顺序绘制的图形。其特点是可使人们明确伤亡事故管理目标,便于掌握事故发展趋势和对事故进行动态管理。

可以认为在一定时期内一个单位里伤亡事故发生次数的概率服从泊松分布,并且泊松分布的数学期望和方差都是 λ。这里 λ 是事故发生率,即单位时间里的事故发生次数,是衡量企业安全状况的重要指标。严格地讲,任何企业的事故发生率都是不断变化的。但是,在考察一段比较短的时间间隔内的事故发生情况时,为简单计,我们可以近似地认为事故发生率是恒定的。

设:

$$\lambda = \frac{N}{M} = n\overline{K}$$

$$\overline{K} = \frac{N}{M \times n}$$

式中:λ 为事故发生率,即单位时间里的事故发生次数;$\overline{K}$ 为每人每月发生伤亡事故的概率;N 为统计期内(一般以一年为一个统计期)伤亡人次数;M 为统计期内的时间分段(一般以月划分);n 为统计期内的平均职工人数。

统计期内对伤亡事故状况进行控制的期望值为 λ。由期望值可计算出控制图的中心线和上下控制界限的位置。

采用事故控制图进行分析,首先确定中心线 CL:

$$CL = \lambda$$

然后按以下两式确定上、下控制线位置。设上控制线为 UCL,则:

$$UCL = \lambda + 2\sqrt{\lambda(1-\overline{K})}$$

下控制线 LCL 为：

$$LCL = \lambda - 2\sqrt{\lambda(1-\overline{K})}$$

下一步是按照计算结果绘制伤亡事故控制图。具体做法是以横坐标表示时间（常用月份来表示），纵坐标表示伤亡人次数，中心线用实线表示，上下控制线用虚线表示。将每个时期（月）的伤亡情况点示在图中，最后把这些点连接成折线。

【案例】假设某石油化工企业 2009 年在册职工人数为 6 300 人，该年度按月统计的事故伤亡人次数如表 6.5 所示。试绘制该年度的事故控制图。

表 6.5　工伤事故人次数统计结果

月份	1	2	3	4	5	6	7	8	9	10	11	12	合计
伤亡人次	5	4	11	4	14	18	13	15	10	11	12	5	122

第一步，计算控制图各数值：

$\lambda = 122/12 \approx 10.17$；

$\overline{K} = 122/12/6\,300 = 0.001\,614$；

$UCL = \lambda + 2\sqrt{\lambda(1-\overline{K})} \approx 17$；

$LCL = \lambda - 2\sqrt{\lambda(1-\overline{K})} \approx 4$。

第二步，根据计算结果绘制控制图，如图 6.7 所示。

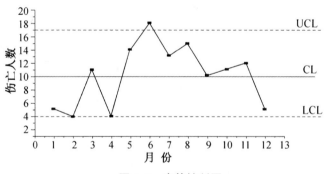

图 6.7　事故控制图

第三步，控制图的应用分析。事故次数控制图是衡量统计年份内，各个阶段相对年度水平管理程度的一种方法。如果各阶段（月份）的统计值均在中心线两侧和上下控制线之间无规则地跳动，则可认为各个阶段对事故的控制水平都保持在统计年度水平上，即保持在可容许的范围之内。如果出现了下述四种情况，则表明相应阶段的事故控制水平发生了变化，应当分析引起变化的原因并采取必要的措施。

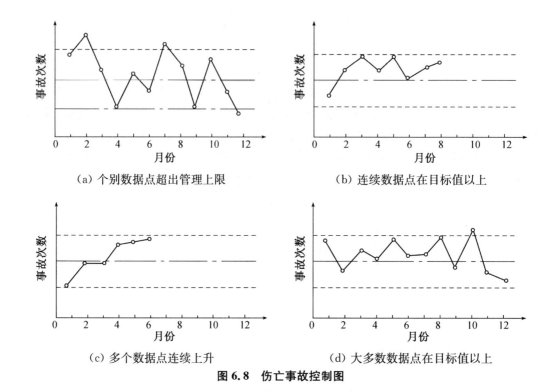

（a）个别数据点超出管理上限　　　　　　（b）连续数据点在目标值以上

（c）多个数据点连续上升　　　　　　（d）大多数数据点在目标值以上

图6.8　伤亡事故控制图

6.8　事故经济损失统计和计算

　　工伤事故的发生不仅会造成职工伤亡,同时还会给国家、企业及个人带来不同程度的经济损失。如果在事故调查处理过程中只注重于事故经过、原因分析、责任划分等环节,而不对事故导致的经济损失状况进行全面的、认真的统计分析,就不能全面、准确、直观地评价事故的危害程度。因此,对伤亡事故的经济损失进行统计分析,有助于人们从经济规律方面去认识工伤事故,研究安全与经济效益间的关系。

6.8.1　伤亡事故经济损失的定义

　　我国国家标准《企业职工伤亡事故经济损失统计标准》(GB6721—86)中对伤亡事故经济损失的定义如下:"伤亡事故经济损失是指企业职工在劳动生产过程中发生伤亡事故所引起的一切经济损失。"由于伤亡事故经济损失内容繁多、涉及面广,为了便于管理和统计,通常将其划分为直接经济损失和间接经济损失。

　　直接经济损失是指因事故造成人身伤亡及善后处理支出的费用和毁坏财产的价值。

　　间接经济损失是指因事故导致产值减少、资源破坏和受事故影响而造成其他损失的价值。

6.8.2　经济损失的统计范围

　　对直接经济损失和间接经济损失的划分方法有多种,其中较流行的主要为以下三种:

1. 以事故损失与事故本身的关系来划分

直接经济损失就是事故造成人身伤亡和毁坏财产而损失的全部费用。除直接经济损失以外，因事故造成的其他经济损失为间接经济损失。这种划分法，为我国劳动部门、企业主管部门和厂、矿企业所采用。

2. 以事故损失与保险公司的关系来划分

直接经济损失就是保险公司支付的各项赔偿费，把不由保险公司补偿的事故损失定为间接经济损失。这种划分法，在国外应用得比较普遍。

3. 从事故损失与"被伤害人"的关系来划分

直接经济损失就是与被伤害人直接相关的费用。除此以外都是间接经济损失。这种划分法，在研究部门有所应用。

我国国家标准 GB6721—86《企业职工伤亡事故经济损失统计标准》中规定经济损失的具体统计范围和指标为：

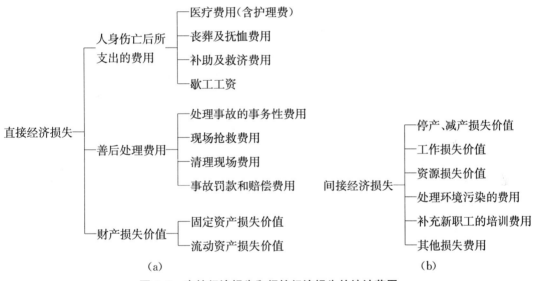

图 6.9　直接经济损失和间接经济损失的统计范围

6.8.3　伤亡事故经济损失计算方法

6.8.3.1　计算公式

$$E = E_d + E_i$$

式中：E 为经济损失，万元；E_d 为直接经济损失，万元；E_i 为间接经济损失，万元。

6.8.3.2　子项目及其计算方法

按图 6.9 的统计范围，各项目的计算方法如下：

1. 医疗费用

它是指用于治疗受伤害职工所开支的费用，如药费、治疗费、住院费等在卫生部门开支的费用,以及为照顾受伤职工请(派)专人护理所支出的费用。医疗费用一般都记录在受伤害职工的治疗单位,护理费用则由事故发生单位支付,统计时只需如实将结算的费用填上即可。对于那些受伤害职工医疗时间超过事故处理结案时间的伤亡事故,在统计医疗费用时,可按下式予以测算。

$$M=M_b+\frac{M_b}{P}D_c$$

式中:M 为被伤害职工的医疗费,万元;M_b 为事故结案日前的医疗费,万元;P 为事故发生之日至结案日的天数,日;D_c 为延续医疗天数,由企业劳资、安全、工会等部门按医生诊断意见确定,日。

上述公式只是测算一名被伤害职工的医疗费。一次事故中多名受伤害职工的医疗费应累计计算。

2. 歇工工资

它是指工伤职工在自事故之日起的实际歇工期内,企业支付其本人的工资(不论是在工资基金中的开支,还是在保险福利费中的开支),都应列为经济损失如实统计上报。若歇工日超过事故结案日时,可应用下式测算:

$$L=L_q(D_a+D_k)$$

式中:L 为被伤害职工的歇工工资,元;L_q 为被伤害职工日工资,元;D_a 为至事故结案日期的歇工日,日;D_k 为延续歇工日,即事故结案后还需要继续歇工的时间,由企业劳资、安全、工会与有关部门酌情商定,日。

3. 处理事故的事务性费用

主要包括两部分:一是伤亡职工本身善后处理的各种事务性费用,如交通费、差旅费、其亲属的安置费等;二是事故在处理过程中的事务性费用,如调查处理事故工作期间的聘请费用、接待费用等。处理事故的事务性费用均以实际支出情况如实统计。

4. 现场抢救费

它是指发生事故时,外部人员为了控制和终止灾害、援救受灾人员脱离危险现场的费用(救护伤员的费用列在医疗费用中统计),如火灾事故的现场灭火所支付的费用。

5. 清理现场费用

它是指清理事故现场的尘毒污染以及为恢复生产而对事故现场进行整理和清除残留物所支出的费用。如化工厂的输液管道发生炸裂,造成人身伤亡事故,为恢复生产,就要清理现场外泄液体,修复管道等,做这些工作支付的费用应在清理现场费用内统计。

6. 事故罚款和赔偿费用

事故罚款是指上级单位依据有关法规对事故单位的罚款,不包括对事故责任者的罚款。赔偿费用是指企业因发生事故不能按期完成合同而引致的对外单位的经济赔偿以及因造成公共设施的损坏而发生的赔偿费用。不包括对个人的赔偿和因造成环境污染的赔偿。

7. 固定资产损失价值

包括报废的固定资产损失价值和损坏(有待修复)的固定资产损失价值两个部分。前者用固定资产净值减去固定资产残值计算(按财务部门规定统计);后者按修复费用统计。

8. 流动资产损失价值

流动资产是指在企业生产和流通领域中不断变换形态的物质,如原材料、燃料、辅助材料、在制品、半成品及成品等。原材料、燃料、辅助材料等流动资产的损失价值按账面值减去残留值计算;成品、半成品、在制品等流动资产的损失价值,均以企业实际成本减去残值计算。

9. 工作损失价值的计算

事故使受害者的劳动能力部分或全部丧失而造成的损失称为工作损失,用损失工作日数来度量。其损失价值称为工作损失价值,以被伤害职工少为国家创造的价值来表示。之所以用损失工作日数来度量工作损失,是因为它表现为由于事故所造成的劳动者劳动时间的减少,且与伤害的严重程度成正比。

被伤害职工因事故而造成的工作损失价值按下式计算:

$$V_w = D_1 \frac{M}{S \cdot D}$$

式中:V_w 为工作损失价值,万元;D_1 为一起事故的总损失工作日数,死亡一名职工按 6 000 个工作日计算,受伤职工视其伤害情况按《企业职工伤亡事故分类》(GB6441—86)的附表确定损失工作日数;M 为企业上年税利(税金加利润),万元;S 为企业上年平均职工人数,人;D 为企业上年法定工作日数,日。

10. 资源损失价值

这里主要指工伤事故造成的物质资源损失价值。由于物质损失情况比较复杂,可能会出现难以计算其损失价值的局面,因而常常采用商榷或估算的办法。一般情况下资源损失价值的计算,是先确定受损的项目,然后逐项计算或估算损失价值,最后将结果求和。

11. 处理环境污染的费用

主要包括排污费、赔损费、保护费和治理费。

12. 补充新职工的培训费用

技术工人的培训费用每人按 2 000 元计算;技术人员的培训费用每人按 10 000 元计算;其他人员的培训费用参照上述人员酌定。

13. 停产、减产损失价值

按事故发生之日至恢复正常生产水平时进行统计计算。

14. 对分期支付的抚恤、补助等费用

按审定支出的费用,从开始支付日期累计到停发日期。被伤害职工供养未成年直系亲属抚恤费累计统计到 16 周岁(普通中学在校生累计到 18 周岁)。被伤害职工及供养成年直系亲属补助费、抚恤费累计统计到我国人口的平均寿命 68 周岁。

伤亡事故经济损失的计算,是遵循我国现行的管理制度和财会制度,按事故经济损失的实际情况,分项统计、累计相加完成的,即如前所述。

在事故经济损失计算过程中,由于间接经济损失的计算有时十分困难,人们有时采用对直接经济损失乘以一系数的方式来表示间接经济损失,并推荐了许多不同的比例系数,如海因里希认为直接经济损失与间接经济损失之比为1:4,美国每年的事故报告中基本上按1:1计,我国部分专家则认为应为1:7。但这个比值受事故的类型和行业性质的影响较大,所以针对不同的行业和伤害类型,如何正确确定这二者间的比值,也不是一件简单的工作。此外,事故的损失有时是无法用经济损失值来表达的。如人的生命、肢体价值多少,恐怕是难以确定的。从这点出发,减少伤亡事故的发生,就显得更为必要了。

6.8.4　伤亡事故经济损失的评价指标

由于不同的行业、不同的企业在规模、产值等方面存在着一定的甚至相当大的差异,如果单纯采用绝对的经济损失值来评价和比较其安全管理工作,尚不够全面、客观和合理,还应当考虑采用相对的评价指标。《企业职工伤亡事故经济损失统计标准》还采用千人经济损失率和百万元产值经济损失率这两个相对指标,衡量企业的安全生产状况、评价伤亡事故对企业经济效益影响的相对程度。

千人经济损失率R_s,将事故经济损失与职工群众的切身利益相连接,表明了全体职工中平均每千人因事故遭受的经济损失程度。其计算公式如下:

$$R_s = \frac{E}{S} \times 10^3$$

式中:R_s为千人经济损失率,万元/千人;E为全年经济损失,万元;S为企业平均职工人数,人。

百万元产值经济损失率R_v,则是通过企业平均每创造100万元产值中因事故而损失掉的多少,直接反映事故经济损失给企业的经济效益带来的影响。其计算公式为:

$$R_v = \frac{E}{V} \times 10^2$$

式中:R_v为百万元产值经济损失率,万元/百万元;E为全年经济损失,万元;V为企业总产值,万元。

这两项指标将事故经济损失分别同企业的劳动力和经济效益联系在一起,能反映出事故给企业全体职工的经济利益和企业经济效益带来的不良影响。

7　应急管理

7.1　概述

现代科学技术和工业生产的迅猛发展丰富了人类的物质生活,人们在享受高度物质文明的同时也承受着大量的潜在危险,灾难性的事故也时有发生。例如,1976年意大利塞维索工厂环己烷泄漏事故,造成30多人伤亡,迫使22万人紧急疏散;1984年墨西哥城液化石油气爆炸事故,使1 650人丧生、数千人受伤;1984年印度博帕尔市郊农药厂发生异氰酸甲酯泄漏的恶性中毒事故,有2 500多人中毒死亡,20余万人中毒受伤且其中大多数人双目失明致残,67万人受到残留毒气的影响;1997年6月27日北京东方化工厂爆炸事故造成9人死亡,直接经济损失达数亿元。尽管这些事故的起因和影响不尽相同,但它们都有一些共同特征:它们是失控的偶然事件,会造成大量人员伤亡,或是造成巨大的财产损失或环境损害,或是两者兼而有之。如果在发生这些事故以前,已经制定了周密的事故应急救援预案,相信后果决不会如此严重。当然有些自然灾害是人类目前技术水平无法准确预测的,如地震;有些生产事故也不以人的意志,希望它不发生就不发生的。我们不能控制自然灾害、生产事故的发生,但是我们可以在事故发生之前制定周密的事故应急救援预案,将灾害、事故发生的后果、破坏尽可能降低到最小。

例如,2003年12月23日重庆市开县高桥镇发生井喷特大事故,造成243人死亡。2007年3月25日同样的地点发生井漏事故,由于吸取了2003年"12.23"井喷事故的教训,中石油及四川油气田公司建立了事故应急救援体系和预案,并且与当地政府相互衔接,地企联动,协同应对,依靠科技,果断处置,安全转移群众1万余名,没有造成人员伤亡。

很多事例证明了事故应急救援预案的重要作用。预案虽然不是万能的,但没有预案是万万不行的。大量事实证明,"凡事预则立,不预则废"。

20世纪70年代以来,建立重大事故应急管理体制和应急救援系统受到国际社会普遍重视,许多工业化国家和国际组织都制定了一系列重大事故应急救援事故法规和政策,明确规定了政府有关部门、企业、社区的责任人在事故应急中的职责和作用,并成立了相应的应急救援机构和政府管理部门。欧盟在1982年发布了《重大工业事故危险法令》,将应急计划(预案)作为重大事故预防的必要措施。在职业安全卫生管理体系中,应急计划是关键的要素之一。1984年印度博帕尔毒物泄漏事故发生后,美国于1986年发布了《应急计划和社区知情权法》,美国联邦应急管理署、环保署、运输部发布了《应急计划技术指南》。

2003年抗击"非典"之后,我国的应急管理体系逐步建立并不断在完善,在应对2008年南方低温雨雪冰冻灾害、四川"汶川5.12"特大地震,2010年的玉树地震等公共事件中发挥了重要作用。目前,我国已基本形成具有中国特色应急管理体系,累计颁布实施突发事件应对法、安全生产法等 70 多部应急管理法律法规,制定了 550 余万件应急预案,形成了应对特别重大灾害"1 个响应总册＋15 个分灾种手册＋7 个保障机制"的应急工作体系,探索形成了"扁平化"组织指挥体系、防范救援救灾"一体化"运作体系。

在 2020 年全球"新冠"疫情和中国南方洪涝灾害面前,我国的应急管理体系经受住了考验。但是在取得成果的同时也暴露出来一些短板和不足,需要进一步健全国家应急管理体系,提高处理急难险重任务能力。

7.2　应急管理体系

应急管理是为了降低事件的危害,基于对造成突发事件的原因、突发事件发生和发展过程以及所产生负面影响的科学分析,有效集成社会各方面的资源,运用现代技术手段和现代管理方法,对突发事件进行有效地监测、应对、控制和处理。

应急管理的功能主要有:① 面向受灾人员的救援救助;② 面向受灾群体的资源管理;③ 快速及时的信息搜集处理功能;④ 面向次生灾害的防范功能。

我国的应急管理体系的核心内容是"一案三制",即应急预案、应急体制、应急机制和应急法制,共同构成了我国应急管理体系。这种以全面整合为基本特征的应急管理体系,有效地实现了应急管理从单一性到综合性、从临时性到制度化、从封闭性到开放性,以及从应急性到保障性的四大积极转变。

7.2.1　应急管理的体制

体制有时也称为领导体制、组织体制。应急管理体制是指为保障公共安全,有效预防和应对突发事件,避免、减少和减缓突发事件造成的危害,消除其对社会产生的负面影响而建立起来的以政府为核心,其他社会组织和公众共同参与的组织体系。与一般的体制有所不同,应急管理体制是一个开放的体系结构,由许多具有独立开展应急管理活动的单元体构成。

应急管理体系是国家治理体系的重要组成部分,应急管理体制则是应急管理体系的核心。它是综合性应急管理机构、各专项应急管理机构以及各地区、各部门的应急管理机构各自的法律地位、相互间的权力分配关系及其组织形式等。它包括政府与社会之间、不同系统之间、不同层级之间、不同部门之间的关系。主要包括应急管理的领导指挥机构、专项应急指挥机构、日常办事机构、工作机构、地方机构及专家组等不同层次。

应急管理机构是应急管理体制的载体。机构设置是否合理直接关系到体制的效能。2018 年 3 月的党和国家机构改革中,将国家安全生产监督管理总局的职责,国务院办公厅的应急管理职责,公安部的消防管理职责,民政部的救灾职责,国土资源部的地质灾害防治、水利部的水旱灾害防治、农业部的草原防火、国家林业局的森林防火相关职责,中国地震局的震灾应急救援职责以及国家防汛抗旱总指挥部、国家减灾委员会、国务院抗震救灾指挥部、国家森林防火指挥部的职责整合,组建应急管理部,作为国务院组成部门。

应急管理部是承担防范化解重特大安全风险的主管部门、健全公共安全体系的牵头部门、整合优化应急力量和资源的组织部门、推动形成中国特色应急管理体制的支撑部门。应急管理部与32个部门和单位建立了会商研判和协同响应机制，与军委联合参谋部建立了军地应急救援联动机制，将相关部委的各种突发应急事件相关职能部门整合在一起，有利于理顺应急管理工作体制机制，统一管理国家公共安全事务，为高效协调响应处置突发危机事件奠定了最基本的体制机制基础，有力有序有效应对了一系列超强台风、严重洪涝灾害、重大堰塞湖、重大森林火灾、特大山体滑坡和严重地震灾害。

中华人民共和国
突发事件应对法

当前我国的应急管理体制，在2007年颁布的《突发事件应对法》中已经做了明确规定，即"国家建立统一领导、综合协调、分类管理、分级负责、属地管理为主的应急管理体制"。

1. 统一领导

在突发事件应对处理的各项工作中，必须坚持由各级人民政府统一领导，成立应急指挥机构，实行统一指挥。各有关部门都要在应急指挥机构的领导下，依照法律、行政法规和有关规范性文件的规定，开展各项应对处置工作。

2. 综合协调

在突发事件应对过程中，参与主体是多样的，既有政府及其组成部门，也有社会组织、企事业单位、基层自治组织、公民个人和国际援助力量。必须明确有关政府和部门的职责，明确不同类型突发事件管理的牵头部门和单位，同时，其他有关部门和单位提供必要的支持，形成各部门协同配合的工作局面。

3. 分类管理

每一大类的突发事件应由相应的部门实行管理，建立一定形式的统一指挥体制，不同类型的突发事件依托相应的行业管理部门，由该部门收集、分析、报告信息，为政府决策机构提供有价值的决策咨询和建议。

4. 分级负责

因各类突发事件的性质、涉及的范围、造成的危害程度各不相同，应先由当地政府负责管理，实行分级负责。对于突发事件的处置，不同级别的突发事件需要动用的人力和物力是不同的。无论是哪一种级别的突发事件，各级政府及其所属相关部门都有义务和责任做好监测和预警工作。地方政府平时应做好信息的收集、分析工作，定期向上级机关报告相关信息，对可能发生的突发事件进行监测和预警。分级负责原则明确了各级政府在应对突发事件中的责任。

按照分级负责的原则，一般性灾害由地方各级政府负责，应急管理部代表中央统一响应支援；发生特别重大灾害时，应急管理部作为指挥部，协助中央指定的负责同志组织应急处置工作，保证政令畅通、指挥有效。

5. 属地管理为主

推进应急管理体制现代化，必须理顺中央与地方之间的权责关系，充分发挥中央和地方两个积极性。为此，要按照分级负责、属地管理为主的原则，把中央的统筹指导作用与地方的主体责任有机结合起来。一方面，地方是应急管理的主体，突发事件应对工作原则上由地方负责。地方各级党委政府按照分级负责的原则,就近指挥,强化协调,在应急管理工作中发挥主体作用,在第一时间、第一现场承担第一责任。另一方面,中央要通过总体设计、政策协调、统筹指导、督促推动等,发挥好统筹指导和支持作用。出现重大突发事件时,地方政府必须在第一时间采取措施控制和处理,及时、如实向上级报告,必要时可以越级报告。当出现本级政府无法应对的突发事件时,应当马上请求上级政府直接管理。

突发事件的应急处理处置工作十分复杂,需要中央和地方、政府的各个部门之间、社会和企业协同工作。为提高国家应急管理能力和水平,提高防灾减灾救灾能力,防范化解重特大安全风险,健全公共安全体系,还需要不断地整合应急力量和资源,优化应急管理体制。2019 年全国应急管理工作会议提出,"力争通过三到四年努力,基本形成统一指挥、专常兼备、反应灵敏、上下联动、平战结合的中国特色应急管理体制,基本完成统一领导、权责一致、权威高效的国家应急能力体系构建,基本健全应急管理法律制度体系,安全生产形势稳定好转,自然灾害防治能力建设明显见效,应急救援队伍形成一套完整的制度,走出中国特色新路子,系统党风政风全面改善,应急管理能力和水平显著提升,为满足人民日益增长的安全需要提供有力保障"。

7.2.2　应急管理的机制

应急管理机制是指突发事件发生、发展和变化全过程中各种制度化、程序化的应急管理方法与措施,从实质内涵来看,应急管理机制是一组以相关法律、法规和部门规章为依据的政府应急管理工作流程。从外在形式来看,应急管理机制体现了应急管理的各项具体职能。从工作重心来看,应急管理机制侧重在突发事件事前、事发、事中和事后整个过程中,各部门如何更好地组织和协调各方面的资源和能力来有效防范与处置突发事件。从运作流程来看,应急管理机制以应急管理的全过程为主线,涵盖事前、事发、事中和事后各个时间段,包括预防准备、预测预警、应急处置、善后恢复、信息发布等多个环节。

图 7.1　应急管理机制

应急管理机制通过对应急管理流程和工作内容的统一,从而实现在统一应对突发事件方法和手段的基础上,全方位调集与整合资源,实现应急管理行动的协调统一。综合来看,应急管理机制可以概括为 20 大类,围绕着有效应对突发事件,机制间相互作用、相互影响,共同构成应急管理机制不可或缺的重要组成部分。

1. 事前:预防与应急准备

预防与应急准备是应急管理中防患于未然的阶段,也是应对突发事件的重要阶段,体现预防为主,预防与应急并重,常态与非常态相结合的原则。在突发事件发生前,应急管理相关机构为消除或降低突发事件发生的可能性及其带来的危害,采取一系列风险管理行为,通过预案编制管理、宣传教育、培训演练、应急能力和脆弱性评估等,做好各项基础性、常态性的管理工作,从更基础的层面改善应急管理。

预防与应急准备阶段包括社会管理机制、风险防范机制、应急准备机制、宣传教育培训机制和社会动员机制。

2. 事发：监测与预警

监测与预警是预防与应急准备的逻辑延伸。突发事件的早发现、早报告、早预警，是有效预防、减少突发事件的发生，控制、减轻和消除突发事件引起的严重社会危害的重要保障。主要是根据有关突发事件过去和现在的数据、情报和资料，运用逻辑推理和科学预测的方法技术，对某些突发事件出现的约束条件、未来发展趋势和演变规律等进行科学的估计与推断，通过风险分级管控、事故隐患排查治理，尽早发现突发事件产生的苗头，及时预警，减少事件产生的概率和可能造成的损失。

监测与预警阶段包括国际合作机制、预警机制、信息报告机制、研判机制、监测机制。

3. 事中：应急处置与救援

应急处置与救援又称应急响应，是应对突发事件最关键的阶段。在自然灾害、事故灾难、公共卫生事件、社会安全事件发生后，快速反应、有效应对，通过采取一系列措施，防止事态扩大和次生、衍生事件的发生，最大限度地保障人民生命财产安全，最大限度地减少突发事件造成损失。

应急处置与救援阶段包括先期处置机制、快速评估机制、决策指挥机制、协调联动机制、信息发布机制。

4. 事后：恢复与重建

恢复与重建是应对突发事件全过程中的最后一个环节。政府及其部门、社会力量等致力于积极稳妥地开展生产自救，做好善后处置工作，把损失降到最低，尽快恢复正常的生产、生活、工作和社会秩序，妥善解决应急处置过程中引发的矛盾和问题，实现常态管理与非常态管理的有机转换。

恢复与重建阶段包括：恢复重建机制、救助补偿机制、心理救援机制、调查评估机制、责任追究机制。

需要说明的是，每一项机制并不是限定在某个特定的阶段，许多机制往往是贯穿在应急管理的全流程中并发挥着基础作用，如风险防范、信息报告、协调联动、社会动员、信息发布机制等，这一点需要说明并予以关注。

7.2.3 应急管理的法制

应急管理法制是"一案三制"的保障要素。由于非常态与常态是两种截然不同的状态，在正常社会状态下运行的法律法规无法完全覆盖紧急状态下的所有特殊情况，需要有应急法律法规来填补空白。

应急管理法制是指在突发事件引起的公共紧急情况下如何处理国家权力之间、国家权力与公民权利之间以及公民权利之间的各种社会关系的法律规范和原则的总和。应急管理法制是一个国家在非常规状态下实行法治的基础，是一个国家实施应急管理行为的依据，也是一个国家法律体系和法律学科体系的重要组成部分。应急管理法制的主要任务是明确紧急状态下的特殊行政程序的规范，对紧急状态下行政越权和滥用权力进行监督并对权利救济做出具体规定，从而使应急管理逐步走向规范化、制度化和法制化的轨道。

1. 应急管理法制的特征

与不常规状态下的法律运行机制相比,应急管理法制具有以下特征:

(1) 权力优先性

在紧急状态下,与立法、司法等其他国家权力及法定的公民权利相比,行政紧急权力具有更大的权威性和某种优先性。例如,可以限制或暂停某些限定或法定公民权利的行使。

(2) 紧急处置性

在紧急状态下,即便没有针对某种特殊情况的具体法律规定,政府也可以进行紧急处置,以防止公共利益和公民权利受到更大损害。

(3) 程序特殊性

在紧急状态下,行政紧急权力的行使可遵循一些特殊的法定程序。例如,可通过简易程序紧急出台某些政令和措施,或者对某些政令和措施的出台设置更高的事中或事后审查门槛。

(4) 社会配合性

在紧急状态下,社会组织和公民有义务配合政府实施行政紧急权力,并在必要时提供各种帮助。

(5) 救济有限性

在紧急状态下,政府依法行使行政紧急权力,有时会造成公民合法权益的损害。有些损害可能是普遍而巨大的,政府只提供有限的救济。如,适当补偿,但不得违背公平负担的原则。

2. 应急管理法制的功能

现代法治国家,通过应急管理法制建设,防止在紧急状态下出现权力与权利的完全失衡,使行政紧急权力的行使合法化,使公民的基本权利得到保障。应急管理法制功能主要有:

(1) 规范行政紧急权力的行使

在应急响应期间,为保证应急活动顺利进行,使政府能够统一指挥和协调人力、物力、财力及各种资源,应急法律法规需要赋予政府行政紧急权力,以便采取更加有效的措施,尽快恢复生产、生活和社会秩序,降低危害的程度。但是,政府在动用来自法律的授权而在正常社会状态下不能行使的行政紧急权力时,若不加以限制,有可能出现行政紧急权力的不恰当使用,因此,应对政府的行政紧急权力予以必要的制约,即应急法律法规在授予政府行政紧急权力的同时,要附加行政紧急权力的行使条件。

(2) 权衡政府权力和公民权利

法治是一种权力与权利得到合理配置的社会状态。在紧急状态下,正常社会状态下权力与权力的制衡条件会被打破,两者的比例关系可能会发生重大变化,出现新的配置,政府的权力会得到强化,公民的权利则会受到限制。应急法律法规一方面要有利于政府采取有效的措施,控制和消除紧急状态,尽快恢复正常的生产、生活和社会秩序,使行政紧急权力的行使合法化;另一方面要保障公民的基本权利不受侵犯,防止出现权力与权利的完全失衡,使在紧急状态下政府权力和公民权利仍能保持最大限度的合理配置。

（3）保障公民的合法权利

法治的理想是让每个人都有机会过上一种合乎人的尊严的生活。在紧急状态下,因为情势所迫,公民的部分正当权利可能受到一定的限制,有可能被要求履行正常社会状态下的法律法规没有规定的义务,而对公民基本权利的限制只能由法律法规来规定。因此,应急法律法规要对此作出相应的规定,同时还应对公民的权利保障底线作出明确规定,以免公民的基本权利受到侵害。

3. 应急管理法制的体系

我国目前在应急管理领域已经基本建成了涵盖法律、法规、行政规章、标准的法律法规体系。

（1）法律层次

主要有两部:《安全生产法》和《突发事件应对法》。

（2）法规层次

生产安全事故
应急条例

《生产安全事故应急条例》、《电力安全事故应急处置和调查处理条例》、《破坏性地震应急条例》、《铁路交通事故应急救援和调查处理条例》、《核电厂核事故应急管理条例》、《突发公共卫生事件应急条例》、《重大动物疫情应急条例》等。

（3）行政规章层次

《生产安全事故应急预案管理办法》、《交通运输突发事件应急管理规定》、《中央企业应急管理暂行办法》、《高速公路交通应急管理程序规定》、《铁路交通事故应急救援规则》、《突发环境事件应急管理办法》、《突发环境事件调查处理办法》、《企业事业单位突发环境事件应急预案备案管理办法(试行)》、《国家核事故医学应急管理规定》等。

（4）标准层次

《生产安全事故应急演练基本规范》(AQ/T 9007 - 2019)、《危险化学品事故应急救援指挥导则》(AQ/T3052 - 2015)、《生产安全事故应急演练评估规范》(AQ/T 9009 - 2015)、《生产经营单位生产安全事故应急预案评估指南》(AQ/T 9011 - 2019)、《生产经营单位生产安全事故应急预案编制导则》(GB/T29639 - 2013)。

"一案三制"是基于四个维度的综合体系,它们具有不同的内涵属性和功能特征。其中,体制是基础,机制是关键,法制是保障,预案是前提,它们共同构成了应急管理体系不可分割的核心要素。

7.3 应急预案

7.3.1 概述

应急预案是应急管理体系的关键要素之一,又称应急计划,是针对可能的重大事故(件)或灾害,为保证迅速、有序、有效地开展应急救援行动,降低事故损失而预先制定的有关计划或方案。

最早的应急预案是化工生产企业为预防、预测和应急处理"关键生产装置事故"、"重点生产部位事故"、"化学泄漏事故"而制定的。目前,事故应急救援预案已从化学工业行业扩展到其他各行各业,从针对化学事故的对策发展到多种事故和灾害的预防和救援,主要涉及火灾、爆炸、中毒、泄漏、工伤事故、自然灾害、刑事案件、恐怖活动等。所涉及的易燃易爆和危险化学品生产企业、其他有重大危险源的生产企业、公共场所、要害设施等都应该制定切实可行的事故应急救援预案。事故应急救援预案是事故预防系统的重要组成部分。

应急预案的管理实行属地为主、分级负责、分类指导、综合协调、动态管理的原则。应急管理部负责全国应急预案的综合协调管理工作。国务院其他负有安全生产监督管理职责的部门在各自职责范围内,负责相关行业、领域应急预案的管理工作。县级以上地方各级人民政府应急管理部门负责本行政区域内应急预案的综合协调管理工作。县级以上地方各级人民政府其他负有安全生产监督管理职责的部门按照各自的职责负责有关行业、领域应急预案的管理工作。

按照不同的责任主体,我国的应急预案体系设计为国家总体预案、专项预案、部门预案、地方预案、企事业单位预案以及大型集会活动预案等六个层次。

（1）国家突发公共事件总体应急预案,是全国应急预案体系的总纲,主要包括突发公共事件分类分级,国务院应对特别重大突发公共事件的组织体系、工作机制等内容,也是全国应对突发公共事件的规范性文件,由国务院制定,国务院办公厅组织实施。

● 国家安全生产事故
灾难应急预案
● 国家突发公共事件
总体应急预案
● 危险化学品事故灾
难应急预案

（2）突发公共事件专项应急预案,是国务院及有关部门为应对某一类型或某几种类型突发公共事件制定的涉及多个部门的预案,由国务院有关部门牵头制定,报国务院批准,国务院办公厅颁布,由主管部门牵头会同相关部门组织实施。例如《国家安全生产事故灾难应急预案》、《国家防汛抗旱应急预案》、《国家突发公共卫生事件应急预案》、《国家自然灾害救助应急预案》、《国家森林火灾应急预案》、《国家地震应急预案》、《国家突发地质灾害应急预案》、《国家核应急预案》等。

（3）突发公共事件部门应急预案,是国务院有关部门根据总体应急预案、专项应急预案和部门职责为应对突发公共事件制定的,由国务院有关部门制定,报国务院备案,由制定部门负责实施。例如《矿山事故灾难应急预案》、《危险化学品事故灾难应急预案》等。

（4）突发公共事件地方应急预案,包括省、市（地）、县及其基层政权组织的应急预案,由各级地方政府结合当地实际情况编制。预案确定了各地政府是处置发生在当地突发公共事件的责任主体,是各地按照分级管理原则,应对突发公共事件的依据。

（5）企事业单位应急预案,由各企事业单位根据有关法律、法规,结合各单位特点制定,主要是本单位应急救援的详细行动计划和技术方案。预案确立了企事业单位是其内部发生的突发事件的责任主体,是各单位应对突发事件的操作指南,当事故发生时,事故单位立即按照预案开展应急救援。其中,生产经营单位安全生产事故应急预案是国家安全生产应急预案的重要组成部分。

生产经营单位的应急预案按照针对情况的不同,又分为综合应急预案、专项应急预案和现场处置方案。

① 综合应急预案相当于总体预案,是从总体上阐述处理事故的应急方针、政策,应急

组织结构及相关应急职责,应急行动、措施和保障等基本要求和程序,是应对各类事故的综合性文件。

②专项应急预案是针对具体的事故类别(如煤矿瓦斯爆炸、危险化学品泄漏等事故)、危险源和应急保障而制定的计划或方案,是综合应急预案的组成部分,应按照综合应急预案的程序和要求组织制定,并作为综合应急预案的附件。专项应急预案应制定明确的救援程序和具体的应急救援措施。

③现场处置方案是针对具体的装置、场所或设施、岗位所制定的应急处置措施。现场处置方案应具体、简单、针对性强。现场处置方案应根据风险评估及危险性控制措施逐一编制,做到事故相关人员应知应会,熟练掌握,并通过应急演练,做到迅速反应、正确处置。

(6) 大型集会活动预案,由主办单位根据有关法律法规制定,应对举行如集会、灯会等大型活动时的突发事件。

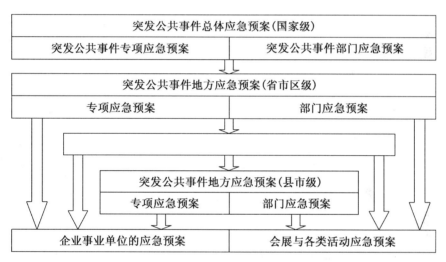

图 7.2　应急预案体系

截止到 2019 年,我国共制定包括了国家突发事件总体应急预案、专项应急预案、部门应急预案和联合应急预案,县级以上各级人民政府及其有关部门根据国家应急预案、相关法律法规和本地区的实际情况制定的突发事件应急预案,以及企事业单位、重大活动的应急预案,涵盖了自然灾害、事故灾难、公共卫生和社会安全事件等在内的各类公共突发事件,共计 550 余万件,形成"横向到边、纵向到底"的、完整的突发事件应急预案体系。

7.3.2　应急预案的主要内容

生产经营单位应根据本单位组织管理体系、生产规模、危险源的性质以及可能发生的事故类型确定应急预案体系,并可根据本单位的实际情况,确定是否编制专项应急预案。风险因素单一的小微型生产经营单位可只编写现场处置方案。对综合应急预案、专项应急预案和现场处置方案三类应急预案的主要内容,GB/T29639—2013《生产经营单位生产安全事故应急预案编制导则》也分别作了规定。

7.3.2.1　综合应急预案主要内容

1. 总则

（1）编制目的

简述应急预案编制的目的。

（2）编制依据

简述应急预案编制所依据的法律、法规、规章、标准和规范性文件以及相关应急预案等。

（3）适用范围

说明应急预案适用的工作范围和事故类型、级别。

（4）应急预案体系

说明生产经营单位应急预案体系的构成情况，可用框图形式表述。

（5）应急工作原则

说明生产经营单位应急工作的原则，内容应简明扼要、明确具体。

2. 事故风险描述

简述生产经营单位存在或可能发生的事故风险种类、发生的可能性以及严重程度及影响范围等。

3. 应急组织机构及职责

明确生产经营单位的应急组织形式及组成单位或人员，可用结构图的形式表示，明确构成部门的职责。应急组织机构根据事故类型和应急工作需要，可设置相应的应急工作小组，并明确各小组的工作任务及职责。

4. 预警及信息报告

（1）预警

根据生产经营单位检测监控系统数据变化状况、事故险情紧急程度和发展势态或有关部门提供的预警信息进行预警，明确预警的条件、方式、方法和信息发布的程序。

（2）信息报告

信息报告程序主要包括：

① 信息接收与通报。明确 24 小时应急值守电话、事故信息接收、通报程序和责任人。

② 信息上报。明确事故发生后向上级主管部门、上级单位报告事故信息的流程、内容、时限和责任人。

③ 信息传递。明确事故发生后向本单位以外的有关部门或单位通报事故信息的方法、程序和责任人。

5. 应急响应

（1）响应分级

针对事故危害程度、影响范围和生产经营单位控制事态的能力，对事故应急响应进行分级，明确分级响应的基本原则。

（2）响应程序

根据事故级别的发展态势，描述应急指挥机构启动、应急资源调配、应急救援、扩大应急等响应程序。

（3）处置措施

针对可能发生的事故风险、事故危害程度和影响范围，制定相应的应急处置措施，明确处置原则和具体要求。

（4）应急结束

明确现场应急响应结束的基本条件和要求。

6. 信息公开

明确向有关新闻媒体、社会公众通报事故信息的部门、负责人和程序以及通报原则。

7. 后期处置

主要明确污染物处理、生产秩序恢复、医疗救治、人员安置、善后赔偿、应急救援评估等内容。

8. 保障措施

（1）通信与信息保障

明确可为生产经营单位提供应急保障的相关单位及人员通信联系方式和方法，并提供备用方案。同时，建立信息通信系统及维护方案，确保应急期间信息通畅。

（2）应急队伍保障

明确应急响应的人力资源，包括应急专家、专业应急队伍、兼职应急队伍等。

（3）物资装备保障

明确生产经营单位的应急物资和装备的类型、数量、性能、存放位置、运输及使用条件、管理责任人及其联系方式等内容。

（4）其他保障

根据应急工作需求而确定的其他相关保障措施（如经费保障、交通运输保障、治安保障、技术保障、医疗保障、后勤保障等）。

9. 应急预案管理

（1）应急预案培训

明确对生产经营单位人员开展的应急预案培训计划、方式和要求，使有关人员了解相关应急预案内容，熟悉应急职责、应急程序和现场处置方案。如果应急预案涉及到社区和居民，要做好宣传教育和告知等工作。

（2）应急预案演练

明确生产经营单位不同类型应急预案演练的形式、范围、频次、内容以及演练评估、总结等要求。

（3）应急预案修订

明确应急预案修订的基本要求，并定期进行评审，实现可持续改进。

（4）应急预案备案

明确应急预案的报备部门，并进行备案。

（5）应急预案实施

明确应急预案实施的具体时间，负责制定与解释的部门。

7.3.2.2 专项应急预案主要内容

1. 事故风险分析

针对可能发生的事故风险,分析事故发生的可能性以及严重程度、影响范围等。

2. 应急指挥机构及职责

根据事故类型,明确应急指挥机构总指挥、副总指挥以及各成员单位或人员的具体职责。应急指挥机构可以设置相应的应急救援工作小组,明确各小组的工作任务及主要负责人职责。

3. 处置程序

明确事故及事故险情信息报告程序和内容、报告方式和责任等内容。根据事故响应级别,具体描述事故接警报告和记录、应急指挥机构启动、应急指挥、资源调配、应急救援、扩大应急等应急响应程序。

4. 处置措施

针对可能发生的事故风险、事故危害程度和影响范围,制定相应的应急处置措施,明确处置原则和具体要求。

7.3.2.3 现场处置方案主要内容

1. 事故风险分析

主要包括:

(1)事故类型。

(2)事故发生的区域、地点或装置的名称。

(3)事故发生的可能时间、事故的危害严重程度及其影响范围。

(4)事故前可能出现的征兆。

(5)事故可能引发的次生、衍生事故。

2. 应急工作职责

根据现场工作岗位、组织形式及人员构成,明确各岗位人员的应急工作分工和职责。

3. 应急处置

主要包括以下内容:

(1)事故应急处置程序。分析可能发生的事故及现场情况,明确事故报警、各项应急措施启动、应急救护人员的引导、事故扩大及同生产经营单位应急预案的衔接程序。

(2)现场应急处置措施。针对可能发生的火灾、爆炸、危险化学品泄漏、坍塌、水患、机动车辆伤害等,从人员救护、工艺操作、事故控制、消防、现场恢复等方面制定明确的应急处置措施。

(3)明确报警负责人和报警电话以及上级管理部门、相关应急救援单位联络方式和联系人员,事故报告基本要求和内容。

4. 注意事项

主要包括:

（1）佩戴个人防护器具方面的注意事项。

（2）使用抢险救援器材方面的注意事项。

（3）采取救援对策或措施方面的注意事项。

（4）现场自救和互救注意事项。

（5）现场应急处置能力确认和人员安全防护等事项。

（6）应急救援结束后的注意事项。

（7）其他需要特别警示的事项。

7.3.3 应急预案的基本结构

不同的预案由于各自所处的层次和适用范围的不同，因而在内容上的详略程度和侧重点会有所不同，但都可以采用相似的基本结构。如图 7.3 所示"1+4"预案编制结构，是由一个基本预案加上应急功能设置、特殊风险管理、标准操作程序和支持附件构成。

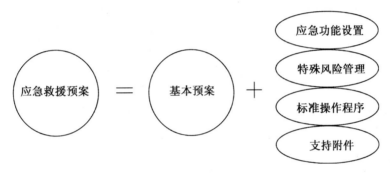

图 7.3 预案的基本结构

1. 基本预案

基本预案是预案的总体描述，包含了对紧急情况的管理政策、预案的目标，应急组织体系、方针、应急资源等内容，并明确应急组织在应急准备和应急行动中的职责以及应急预案的演练和管理等规定。

2. 应急功能设置

应急功能设置是针对任何事故应急都必需的基本应急行动和任务，包括有一系列的子程序，以保证应急行动的连续性，为事故指挥者和应急管理者提供有效的现场应急指导，保证应急行动的及时性与合理性。如报警程序、通讯程序、疏散程序、交通管制程序、恢复程序等。

（1）报警程序。报警程序就是指导人们如何使用报警与通信设备，并明确安全人员、操作人员或其他人员的报警职责。在具体执行报警操作时，应根据事故的实际情况，决定报警的接受对象即通告范围。

制定报警程序时，还必须考虑到一些对程序有用的补充图表或说明，例如，制作简易流程图表以显示信息散发的途径、如何执行紧急呼叫等内容，这些补充图表或说明能为报警人员提供便利。

（2）通信程序。通讯程序描述在应急中可能使用的通信系统,以保证应急救援系统的各个机构之间保持联系。在制定和执行该通讯程序时,应该考虑到一些必要的补充,如重要人员的家庭、办公电话、手机号码等。

程序中应考虑下列通讯联系:应急队员之间;事故指挥者与应急队员之间;应急救援系统各机构之间;应急指挥机构与外部应急组织之间;应急指挥机构与伤员家庭之间;应急指挥机构与顾客之间;应急指挥机构与新闻媒体之间等。

（3）疏散程序。疏散程序的主要内容是从事故影响区域内疏散的必要行动。疏散程序的重要地位是十分明显的,因为发生事故时,有关人员安全有序的疏散是最重要的应急行动。

疏散程序应该说明疏散的操作步骤及注意事项,并确定由谁决定疏散范围(是小部分的还是全部的),还应告知给被疏散人员疏散区域所使用的标识与具体的疏散路线。在疏散程序中,还应针对受伤人员的疏散制定特殊的保护措施。

对该程序的补充包括提供事故现场区域的路线地图、危险区的标注、可供人员休息或隐蔽的掩体等内容,目的是为了保证疏散过程中的人员安全,降低事故损失。

（4）交通管制程序。包括警戒人员的职责、警戒区域的划分、进出通道的交通管制,以保证救援人员进行现场控制事故并拯救伤员,减轻事故的影响。

（5）恢复程序。当事故现场应急行动结束以后,最紧迫的工作是使在事故中一切被破坏或耽搁的人、物和事得到恢复。由于它需要人员、资源、计划等诸多因素的支持才能开展,因此执行的时间取决于:受损程度;人员、资源、财力的约束程度;有关法规的要求;气象条件和地形地势等其他因素。

在执行恢复程序中,不可避免地要与新闻媒体接触,接受采访,甚至召开新闻发布会等。注意不要被此类事情所干扰,要由负责媒体部门全面负责此类工作。

3. 特殊风险管理

特殊风险管理程序主要针对具体事故以及特殊条件下的事故应急而制定的指导程序。应说明处置此类风险应该设置的专有应急功能或有关应急功能所需的特殊要求。常见的特殊风险管理程序如危险化学品的泄漏、火灾、爆炸、中毒、台风、洪水等风险管理程序。

4. 标准操作程序

由于基本预案、应急功能设置并不说明各项应急功能的实施细节,因此各应急功能的主要责任部门必须组织制定详细的标准操作程序,为组织或个人提供履行应急预案中规定职责和任务的详细指导。标准操作程序也称紧急行动说明书或应急行动指南。

5. 支持附件

主要包括应急救援的有关支持保障系统的描述及有关的附图、附表,危险分析附件、通信联络附件、法律法规、教育培训等。

7.3.4　应急预案的文件体系

对每一个应急预案,也应按其涉及的不同部门及其功能,将计划分成几个独立的部分,以使其作用得到充分发挥,成为应急行动的有效工具。一个完整的应急预案是包括总预案、程序、说明书、记录的一个四级文件体系。

一级文件——预案。它包含了对紧急情况的管理政策、预案的目标,应急组织和责任等内容。

二级文件——程序。它说明某个行动的目的和范围。程序内容十分具体,比如该做什么、由谁去做、什么时间和什么地点等。它的目的是为应急行动提供指南,但同时要求程序和格式简洁明了,以确保应急队员在执行应急步骤时不会产生误解。格式可以是文字叙述、流程图表或是两者的组合等,应根据每个应急组织的具体情况选用最适合本组织的程序格式。

三级文件——说明书(或称指导书)。它对程序中的特定任务及某些行动细节进行说明,供应急组织内部人员或其他个人使用,例如:应急队员职责说明书、应急监测设备使用说明书等。

四级文件——应急行动的记录。包括在应急行动期间所做的通讯记录、每一步应急行动的记录等。

从记录到总预案,层层递进,组成了一个完善的预案文件体系。从管理角度而言,可以根据这四类预案文件等级分别进行归类管理,既保持了预案文件的完整性,又因其清晰的条理性便于查阅和调用,保证应急预案能得到有效运用。

7.3.5 应急预案的编制

7.3.5.1 目的和基本要求

1. 编制事故应急救援预案的目的

(1) 一旦发生事故后控制危险源,避免事故扩大,在可能的情况下予以消除。

(2) 尽可能减少事故造成的人员和财产损失。

因此,事故应急救援预案应提出详尽、实用、明确和有效的技术与组织措施,才可能达到控制危险源、最大限度减少事故损失的目的。

2. 应急预案的基本要求

(1) 科学性。事故应急救援工作是一项科学性很强的工作,制定预案也必须以科学的态度,在全面调查研究的基础上开展科学分析和论证,制定出严格、统一、完整的应急反应方案,使预案真正具有科学性。

(2) 实用性。应急救援预案应符合企业现场和当地的客观情况,具有适用性和实用性,便于操作。

(3) 权威性。救援工作是一项紧急状态下的应急性工作,所制定的应急救援预案应明确救援工作的管理体系,救援行动的组织指挥权限和各级救援组织的职责和任务等一系列的行政性管理规定,保证救援工作的统一指挥。应急救援预案还应经上级部门批准后才能实施,保证预案具有一定的权威性和法律保障。

7.3.5.2　预案编制的依据

1. 法律法规依据

近年来,我国政府相继颁布的一系列法律法规,如《安全生产法》、《突发事件应对法》、《生产安全事故应急条例》、《突发公共卫生事件应急条例》、《生产安全事故应急预案管理办法》、《生产安全事故应急演练基本规范》、(AQ/T 9007‐2019)、《危险化学品事故应急救援指挥导则》(AQ/T3052‐2015)、《生产安全事故应急演练评估规范》(AQ/T 9009‐2015)、《生产经营单位生产安全事故应急预案评估指南》(AQ/T 9011‐2019)、《生产经营单位生产安全事故应急预案编制导则》(GB/T29639‐2013)等,对危险化学品、重特大安全事故、重大危险源等的应急救援工作、应急管理和预案编制等提出了相应的规定和要求。

2. 重大危险源的潜在事故

生产经营单位在编制事故应急救援预案前,首先应对本单位的重大危险源进行辨识,然后对重大危险源的潜在事故和事故后果进行分析,根据重大危险源的潜在事故和事故后果进行分析来编制事故应急救援预案。因此,编制事故应急救援预案的另一个重要的依据就是对危险源的潜在事故和事故后果进行分析。

潜在事故和事故后果分析就是系统地确定和评估重大危险源究竟会发生什么事故和可能导致什么紧急事件,会产生什么严重后果,危害程度如何等。不但要分析那些容易发生的事故,还应分析虽不易发生却会造成严重后果的事故。

生产经营单位所作的危险源事故后果分析包括以下内容:

（1）可能发生什么样的事故类型,应包括被考虑的最严重事件。

（2）导致那些最严重事件发生的过程。

（3）对潜在事故的描述(如容器爆炸、管道破裂、安全阀失灵、火灾等)。

（4）对泄露物质数量的预测(有毒、易燃、爆炸)。

（5）对泄露物质扩散的计算(气体或蒸发液体)。

（6）有害效应的评估(毒、热辐射、爆炸波)。

（7）非严重事件可能导致严重事件的时间间隔。

（8）如果非严重事件被中止,它的规模如何。

（9）事件之间的联系。

（10）每一个事件的后果。

7.3.5.3　编制原则

应急预案的编制,应符合以下的原则:

（1）符合有关法律、法规、规章和标准的规定。

（2）结合本地区、本部门、本单位的安全生产实际情况。

（3）结合本地区、本部门、本单位的危险性分析情况。

（4）应急组织和人员的职责分工明确,并有具体的落实措施。

（5）有明确、具体的事故预防措施和应急程序,并与其应急能力相适应。

（6）有明确的应急保障措施,并能满足本地区、本部门、本单位的应急工作要求。

（7）预案基本要素齐全、完整，预案附件提供的信息准确。

（8）预案内容与相关应急预案相互衔接。

7.3.5.4　编制步骤

应急预案的编制过程可分为六个步骤：成立预案编制小组，资料收集，危险源与风险分析，应急能力评估，应急预案编制，应急预案的评审与发布。

1. 成立预案编制小组

重大事故的应急救援行动涉及来自不同部门、不同专业领域的应急各方，需要应急各方在相互信任、相互了解的基础上进行密切配合和相互协调。因此，应急预案的成功编制需要各个有关职能部门和团体的积极参与，并达成一致意见，尤其是应寻求与危险直接相关的各方进行合作。成立预案编制小组是将各有关职能部门、各类专业技术有效结合起来的最佳方式，可有效地保证应急预案的准确性和完整性，而且为应急各方提供了一个非常重要的协作与交流机会，有利于统一应急各方的不同观点和意见。

预案编制小组的成员一般应包括：应急管理部门，下属区或县的行政负责人，消防、公安、环保、卫生、市政、医院、医疗急救、卫生防疫、邮电、交通和运输管理部门，技术专家，广播、电视等新闻媒体，法律顾问，有关企业，以及上级政府或应急机构代表等。预案编制小组的成员确定后，必须确定小组领导，明确编制计划，保证整个预案编制工作的组织实施。

2. 资料收集

收集应急预案编制所需的各种资料（相关法律法规、应急预案、技术标准、国内外同行业事故案例分析、本单位技术资料等）。

3. 危险源与风险分析

在危险因素分析及事故隐患排查、治理的基础上，确定本单位的危险源、可能发生事故的类型和后果，进行事故风险分析，并指出事故可能产生的次生、衍生事故，形成分析报告，分析结果作为应急预案的编制依据。

4. 应急能力评估

应急能力评估是指编制小组对本单位应急装备、应急队伍等应急能力进行评估，并结合本单位实际，加强应急能力建设。包括对报警系统、通信设备、防护设备、消防系统、毒物泄漏控制设备、医疗设备、气象设备、生产和照明用的备用电力设备、特殊危险的专用工具和设施、有毒物质的侦测设备、交通设备、培训设备以及人员的评估。

5. 应急预案编制

针对可能发生的事故，按照有关规定和要求编制应急预案。应急预案编制过程中，应注重全体人员的参与和培训，使所有与事故有关人员均掌握危险源的危险性、应急处置方案和技能。应急预案应充分利用社会应急资源，与地方政府预案、上级主管单位以及相关部门的预案相衔接。编制预案的程序和考虑的要素如图7.4所示。

6. 应急预案评审与发布

应急预案编制完成后，应进行评审。评审由本单位主要负责人组织有关部门和人员进行。外部评审由上级主管部门或地方政府负责安全管理的部门组织审查。评审后,按规定报有关部门备案,并经生产经营单位主要负责人签署发布。

应急预案经批准发布后,应急预案的实施便成了应急管理工作的重要环节。应急预案的实施包括:开展预案的宣传贯彻,进行预案的培训,落实和检查各有关部门的职责、程序和资源准备,组织预案的演练,并定期进行评审和更新预案,使应急预案有机地融入公共安全保障工作之中,真正将应急预案所规定的要求落到实处。

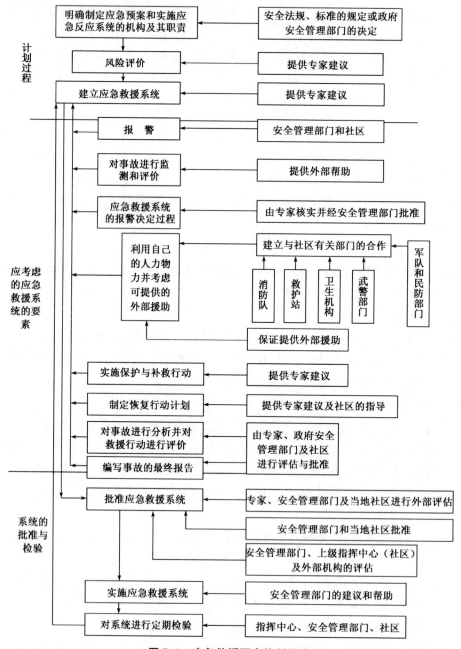

图7.4 应急救援预案编制程序

7.4 应急响应

7.4.1 应急响应分级

应急管理的最核心工作是应急响应,应急响应是针对无法预见但已经发生具体事件,这些事件是预防失效和状态失控的结果。应急管理的对象是假定肯定发生的事故,这也是"应急"的基本含义,也是制定预案的最重要前提。

根据《突发事件应对法》,我国的突发事件预警制度将自然灾害、事故灾难和公共卫生事件的预警级别,按照突发事件发生的紧急程度、发展势态和可能造成的危害程度分为一级、二级、三级和四级,分别用红色、橙色、黄色和蓝色标示,一级为最高级别。

政府按突发事件的可控性、严重程度和影响范围启动不同的响应等级,对事故实行分级响应。应急响应级别分为四级:Ⅰ级(特别重大事故)响应;Ⅱ级(重大事故)响应;Ⅲ级(较大事故)响应;Ⅳ级(一般事故)响应。

不同的响应等级对应不同级别的应急救援工作机构和指挥机构,同时,国家和地方建立若干应急救援组织以应对不同事故的抢险救援。这些不同级别的应急救援工作机构、指挥机构和应急救援组织组成我国生产安全应急救援体系。下面以安全生产事故为例,分别介绍不同级别的应急响应。

Ⅰ级应急响应行动由国务院安委会办公室或国务院有关部门组织实施。当国务院安委会办公室或国务院有关部门进行Ⅰ级应急响应行动时,事发地各级人民政府应当按照相应的预案全力以赴组织救援,并及时向国务院及国务院安委会办公室、国务院有关部门报告救援工作进展情况。

适用于造成 30 人以上死亡(含失踪),或危及 30 人以上生命安全,或者 100 人以上中毒(重伤),或者需要紧急转移安置 10 万人以上,或者直接经济损失 1 亿元以上的特别重大安全生产事故灾难。

Ⅱ级及以下应急响应行动的组织实施由省级人民政府决定。地方各级人民政府根据事故灾难或险情的严重程度启动相应的应急预案,超出其应急救援处置能力时,及时报请上一级应急救援指挥机构启动上一级应急预案实施救援。

7.4.2 应急响应程序

应急体系的标准化应急响应程序按过程可分为接警、响应级别确定、报警、应急启动、救援行动、扩大应急、应急恢复和应急结束几个过程(见图 7.5)。

1. 接警与响应级别确定

事故灾难发生后,报警信息应迅速汇集到应急救援指挥中心并立即传送到各专业或区域应急指挥中心。性质严重的重大事故灾难的报警应及时向上级应急指挥机关和相应行政领导报送。接警时应做好事故的详细情况和联系方式等记录。报警得到初步认定后应立即按规定程序发出预警信息和及时发布警报。

应急救援指挥中心接到报警后,应立即建立与事故现场的地方或企业应急机构的联

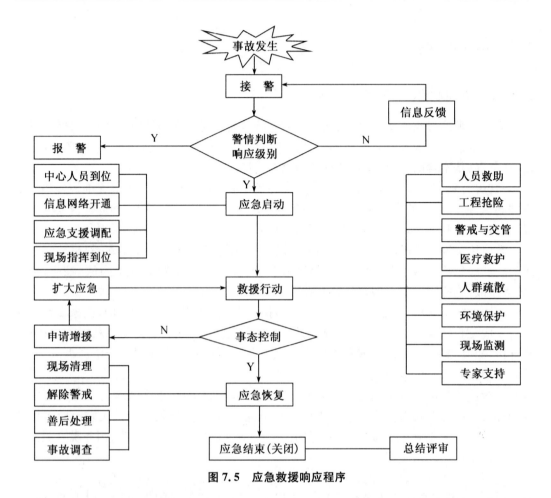

图 7.5　应急救援响应程序

系,根据事故报告的详细信息,对警情做出判断,由应急中心值班负责人或现场指挥人员初步确定相应的响应级别。如果事故不足以启动应急救援体系的最低响应级别,通知应急机构和其他有关部门后响应关闭。

2. 应急启动

应急响应级别确定后,相应的应急救援指挥中心按所确定的响应级别启动应急程序,如通知应急救援指挥中心有关人员到位、开通信息与通信网络、调配救援所需的应急资源(包括应急队伍和物资、装备等)。

3. 救援行动

现场应急指挥中心迅速启用后,救援中心应急队伍及时进入事故现场,积极开展人员救助、工程抢险等有关应急救援工作,专家组为救援决策提供建议和技术支持。当事态仍无法得到有效控制,应向上级救援机构(场外应急指挥中心)请求实施扩大应急响应。救援行动包括人员救助、工程抢险、警戒与交通管制、医疗救护、人群疏散、环境保护、现场检测和专家支持等。

4. 应急恢复

救援行动完成后,进入临时应急恢复阶段,包括现场清理、人员清点和撤离、警戒解除、善后处理和事故调查等。

5. 应急结束

应急响应结束后,应由应急救援指挥中心按照规定程序宣布应急响应结束(关闭)。

7.5　应急演练

7.5.1　概述

应急演练是指来自多个机构、组织或群体的人员针对假设事件,执行实际紧急事件发生时各自职责和任务的排练活动,是检测重大事故应急管理工作的最好度量标准。应急演练阶段是指从宣布初始事件起到演练结束的整个过程,演练活动始于报警消息。演练阶段,参加应急的组织和人员应尽可能按实际紧急事件发生时的响应要求进行演示,即"自由演示",由参演应急组织和人员根据自己对最佳解决办法的理解做出响应行动。

1. 应急演练目的

(1)检验预案:发现应急预案中存在的问题,提高应急预案的针对性、实用性和可操作性。

(2)完善准备:完善应急管理标准制度,改进应急处置技术,补充应急装备和物资,提高应急能力。

(3)磨合机制:完善应急管理部门、相关单位和人员的工作职责,提高协调配合能力。

(4)宣传教育:普及应急管理知识,提高参演和观摩人员风险防范意识和自救互救能力。

(5)锻炼队伍:熟悉应急预案,提高应急人员在紧急情况下妥善处置事故的能力。

2. 应急演练分类

应急演练按照演练内容分为综合演练和单项演练,按照演练形式分为实战演练和桌面演练,按目的与作用分为检验性演练、示范性演练和研究性演练,不同类型的演练可相互组合。

3. 应急演练工作原则

应急演练应遵循以下原则:

(1)符合相关规定:按照国家相关法律法规、标准及有关规定组织开展演练。

(2)依据预案演练:结合生产面临的风险及事故特点,依据应急预案组织开展演练。

(3)注重能力提高:突出以提高指挥协调能力、应急处置能力和应急准备能力组织开展演练。

(4)确保安全有序:在保证参演人员、设备设施及演练场所安全的条件下组织开展演练。

7.5.2　应急演练的基本流程

应急演练实施基本流程包括计划、准备、实施、评估总结、持续改进五个阶段。

7.5.2.1　计划

全面分析和评估应急预案、应急职责、应急处置工作流程和指挥调度程序、应急技能和应急装备、物资的实际情况，提出需通过应急演练解决的内容，有针对性地确定应急演练目标，提出应急演练的初步内容和主要科目。

确定应急演练的事故情景类型、等级、发生地域、演练方式、参演单位，应急演练各阶段主要任务，应急演练实施的拟定日期。

根据需求分析及任务安排，组织人员编制演练计划文本。

7.5.2.2　准备

1. 成立演练组织机构

综合演练通常应成立演练领导小组，负责演练活动筹备和实施过程中的组织领导工作，审定演练工作方案、演练工作经费、演练评估总结以及其他需要决定的重要事项。演练领导小组下设策划与导调组、宣传组、保障组、评估组。根据演练规模大小，其组织机构可进行调整。

（1）策划与导调组：负责编制演练工作方案、演练脚本、演练安全保障方案，负责演练活动筹备、事故场景布置、演练进程控制和参演人员调度以及与相关单位、工作组的联络和协调。

（2）宣传组：负责编制演练宣传方案，整理演练信息、组织新闻媒体和开展新闻发布。

（3）保障组：负责演练的物资装备、场地、经费、安全保卫及后勤保障。

（4）评估组：负责对演练准备、组织与实施进行全过程、全方位的跟踪评估；演练结束后，及时向演练单位或演练领导小组及其他相关专业组提出评估意见、建议，并撰写演练评估报告。

2. 编制文件

文件内容包括工作方案、脚本、评估方案、保障方案、观摩手册和宣传方案。

（1）工作方案：内容包括目的及要求、事故情景、参与人员及范围、时间与地点、主要任务及职责、筹备工作内容、主要工作步骤、技术支撑及保障条件、评估与总结。

（2）脚本：演练一般按照应急预案进行，根据工作方案中设定的事故情景和应急预案中规定的程序开展演练工作。演练单位根据需要确定是否编制脚本，如编制脚本，一般采用表格形式，主要内容有模拟事故情景、处置行动与执行人员、指令与对白、步骤及时间安排、视频背景与字幕、演练解说词等。

（3）评估方案：内容包括演练信息、评估内容、评估标准、评估程序、附件等。

（4）保障方案：内容包括应急演练可能发生的意外情况、应急处置措施及责任部门、应急演练意外情况中止条件与程序。

（5）观摩手册：根据演练规模和观摩需要，可编制演练观摩手册。演练观摩手册通常包括应急演练时间、地点、情景描述、主要环节及演练内容、安全注意事项。

（6）宣传方案。要明确宣传目标、宣传方式、传播途径、主要任务及分工、技术支持。

3. 工作保障

根据演练工作需要，做好演练的组织与实施的相关保障条件。保障条件主要内容：

（1）人员保障：按照演练方案和有关要求，确定演练总指挥、策划导调、宣传、保障、评估、参演人员，必要时设置替补人员。

（2）经费保障：明确演练工作经费及承担单位。

（3）物资和器材保障：明确各参演单位所准备的演练物资和器材。

（4）场地保障：根据演练方式和内容，选择合适的演练场地。演练场地应满足演练活动需要，应尽量避免影响企业和公众正常生产、生活。

（5）安全保障：采取必要安全防护措施，确保参演、观摩人员以及生产运行系统安全。

（6）通信保障：采用多种公用或专用通信系统，保证演练通信信息通畅。

（7）其他保障：提供其他保障措施。

7.5.2.3 实施

1. 现场检查

确认演练所需的工具、设备、设施、技术资料以及参演人员到位。对应急演练安全设备、设施进行检查确认，确保安全保障方案可行，所有设备、设施完好，电力、通信系统正常。

2. 演练简介

应急演练正式开始前，应对参演人员进行情况说明，使其了解应急演练规则、场景及主要内容、岗位职责和注意事项。

3. 启动

应急演练总指挥宣布开始应急演练，参演单位及人员按照设定的事故情景，参与应急响应行动，完成全部演练工作，演练总指挥可根据演练现场情况，决定是否继续或中止演练活动。

4. 执行

（1）桌面演练执行

在桌面演练过程中，演练执行人员按照应急预案或应急演练方案发出信息指令后，参演单位和人员依据接收到的信息，回答问题或模拟推演的形式，完成应急处置活动。通常按照四个环节循环往复进行：

① 注入信息：执行人员通过多媒体文件、沙盘、消息单等多种形式向参演单位和人员展示应急演练场景，展现生产安全事故发生发展情况。

② 提出问题：在每个演练场景中，由执行人员在场景展现完毕后根据应急演练方案提出一个或多个问题，或者在场景展现过程中自动呈现应急处置任务，供应急演练参与人员根据各自角色和职责分工展开讨论。

③ 分析决策：根据执行人员提出的问题或所展现的应急决策处置任务及场景信息，参演单位和人员分组开展思考讨论，形成处置决策意见。

④ 表达结果：在组内讨论结束后，各组代表按要求提交或口头阐述本组的分析决策结果，或者通过模拟操作与动作展示应急处置活动。

各组决策结果表达结束后，导调人员可对演练情况进行简要讲解，接着注入新的信息。

（2）实战演练执行

按照应急演练工作方案，开始应急演练，有序推进各个场景开展现场点评，完成各项应急演练活动，妥善处理各类突发情况，宣布结束与意外终止应急演练。实战演练执行主要按照以下步骤进行：

① 演练策划与导调组对应急演练实施全过程的指挥控制。

② 演练策划与导调组按照应急演练工作方案（脚本）向参演单位和人员发出信息指令，传递相关信息，控制演练进程；信息指令可由人工传递，也可以用对讲机、电话、手机、传真机、网络方式传送，或者通过特定声音、标志与视频呈现。

③ 演练策划与导调组按照应急演练工作方案规定程序，熟练发布控制信息，调度参演单位和人员完成各项应急演练任务；应急演练过程中，执行人员应随时掌握应急演练进展情况，并向领导小组组长报告应急演练中出现的各种问题。

④ 各参演单位和人员，根据导调信息和指令，依据应急演练工作方案规定流程，按照发生真实事件时的应急处置程序，采取相应的应急处置行动。

⑤ 参演人员按照应急演练方案要求，做出信息反馈。

⑥ 演练评估组跟踪参演单位和人员的响应情况，进行成绩评定并做好记录。

5．演练记录

演练实施过程中，安排专门人员采用文字、照片和音像手段记录演练过程。

6．中断

在应急演练实施过程中，出现特殊或意外情况，短时间内不能妥善处理或解决时，应急演练总指挥按照事先规定的程序和指令中断应急演练。

7．结束

完成各项演练内容后，参演人员进行人数清点和讲评，演练总指挥宣布演练结束。

7.5.2.4　评估总结

1．评估

通过评估发现应急预案、应急组织、应急人员、应急机制、应急保障等方面存在的问题或不足，提出改进意见或建议，并总结演练中好的做法和主要优点等。评估可按照《生产安全事故应急演练评估指南》AQ/T9009-2015相关要求执行。

2．总结

（1）撰写演练总结报告

应急演练结束后，演练组织单位应根据演练记录、演练评估报告、应急预案、现场总结材料，对演练进行全面总结，并形成演练书面总结报告。报告可对应急演练准备、策划工作进行简要总结分析。参与单位也可对本单位的演练情况进行总结。

生产安全事故应急
演练评估指南

演练总结报告的主要内容:① 演练基本概要;② 演练发现的问题,取得的经验和教训;③ 应急管理工作建议。

(2)演练资料归档

应急演练活动结束后,演练组织单位应将应急演练工作方案、应急演练书面评估报告、应急演练总结报告文字资料,以及记录演练实施过程的相关图片、视频、音频资料归档保存。

7.5.2.5 持续改进

1. 应急预案修订完善

根据演练评估报告中对应急预案的改进建议,按程序对预案进行修订完善。

2. 应急管理工作改进

应急演练结束后,演练组织单位应根据应急演练评估报告、总结报告提出的问题和建议,对应急管理工作(包括应急演练工作)进行持续改进。演练组织单位应督促相关部门和人员,制订整改计划,明确整改目标,制定整改措施,落实整改资金,并跟踪督查整改情况。

参考文献

[1] 刘荣海,陈网桦,胡毅亭编著. 安全原理与危险化学品测评技术[M]. 北京:化学工业出版社,2004.

[2] 张国顺,王泽溥编著. 火炸药及其制品燃烧爆炸事故及其预防措施(上、下)[M]. 北京:兵器工业出版社,2009.

[3] 刘景良主编. 安全管理[M]. 北京:化学工业出版社,2008.

[4] 刘铁民主编. 安全生产管理知识[M]. 北京:中国大百科全书出版社,2006.

[5] McSween,T. E. 著,王向军,范晓红译. 安全管理:流程与实施(第二版)[M]. 北京:电子工业出版社,2008.

[6] 祁有红,祁有金. 安全精细化管理[M]. 北京:新华出版社,2009.

[7] 祁有红,祁有金. 第一管理:企业安全生产的无上法则[M]. 北京:北京出版社,2009.

[8] 邓利民. 危险预知训练(KYT)在乙炔生产企业的开展[J]. 科技创新导报,2008,(28):189.

[9] 杜邦公司. 安全训练观察计划——自我研习手册"主管的STOP".

[10] 钟开斌. 回顾与前瞻:中国应急管理体系建设[J]. 政治学研究,2009,(1):78~88.

[11] 钟开斌. "一案三制":中国应急管理体系建设的基本框架[J]. 南京社会科学,2009,(11):77~83.

[12] 刘铁民 重大事故应急处置基本原则与程序[J]. 中国安全生产科学技术,2007,3(3):3~6.

[13] 李毅中. 以十二项治本之策解决安全生产深层问题. 中国新闻网,2007.

[14] 罗云. 现代安全管理[M]. 北京:化学工业出版社,2010.

[15] 么璐璐. 江苏省重大事故应急救援体系的建立与计算机管理系统的研制[D]. 南京:南京理工大学,2005.

[16] 吴明星,王生平. 目视管理简单讲[M]. 广州:广东经济出版社,2006.

[17] 于化伟,王艳廷,李晓磊. 作业安全分析研究[J]. 安全与环境工程,2008,15(2):116~118.

[18] 蒋荣光,胡毅亭. 民用爆炸物品安全管理基础[M]. 北京:兵器工业出版社,2008.

[19] 黄毅.解读安全生产"十二项治本之策". 中国经济网,2008.

[20] 国务院安全生产委员会关于印发《全国安全生产专项整治三年行动计划》的通知.安委[2020]3号.

[21] 粟镇宇. 工艺安全管理与事故预防[M]. 北京:中国石化出版社,2007.

[22] 赵劲松,陈网桦,鲁毅. 化工过程安全[M]. 北京:化学工业出版社,2015.

[23] Daniel A. Crowl Joseph F. Louvar 编著.赵东风等译.化工过程安全基本原理与应用[M].北京:中国石油大学出版社,2017.

[24] 田水承,景国勋. 安全管理学(第2版)[M]. 北京:机械工业出版社,2016.

[25] 吴穹主编.安全管理学(第2版)[M].北京:煤炭工业出版社,2016.